matematica
e cultura 2002

Springer

*Milano
Berlin
Heidelberg
New York
Barcelona
Hong Kong
London
Paris
Singapore
Tokyo*

matematica e cultura 2002

a cura di Michele Emmer

Springer

MICHELE EMMER
Dipartimento di Matematica "G. Castelnuovo"
Università degli Studi "La Sapienza", Roma

Springer-Verlag Italia
una società del gruppo BertelsmannSpringer Science+Business Media GmbH

http://www.springer.it

© Springer-Verlag Italia, Milano 2002

ISBN 88-470-0154-4

Quest'opera è protetta dalla legge sul diritto d'autore. Tutti i diritti, in particolare quelli relativi alla traduzione, alla ristampa, all'utilizzo di illustrazioni e tabelle, alla citazione orale, alla trasmissione radiofonica o televisiva, alla registrazione su microfilm o in database, o alla riproduzione in qualsiasi altra forma (stampata o elettronica) rimangono riservati anche nel caso di utilizzo parziale. La riproduzione di quest'opera, anche se parziale, è ammessa solo ed esclusivamente nei limiti stabiliti dalla legge sul diritto d'autore ed è soggetta all'autorizzazione dell'editore. La violazione delle norme comporta le sanzioni previste dalla legge.

L'utilizzo in questa pubblicazione di denominazioni generiche, nomi commerciali, marchi registrati, ecc. anche se non specificamente identificati, non implica che tali denominazioni o marchi non siano protetti dalle relative leggi e regolamenti.

Traduzioni: Carla B. Romanò, Milano
Progetto grafico della copertina: Simona Colombo, Milano
Redazione: Paola Testi Saltini, Milano
Fotocomposizione e impaginazione: Copy Card Center, S. Donato Milanese, Milano
Stampato in Italia: Centro Grafico Ambrosiano, S. Donato Milanese, Milano

In copertina: incisione di Matteo Emmer tratta da "La Venezia perfetta", Centro Internazionale della Grafica, Venezia, 1993
Occhielli: incisioni di Matteo Emmer, op. cit.

Il convegno "Matematica e cultura" è stato parzialmente finanziato con i contributi del CNR e del MURST, fondi nazionali.

SPIN: 10864430

Presentazione

Qualche mese fa si è svolta a Milano, alla galleria D'Ars un piccola mostra che proveniva dal Centre George Pompidou di Parigi in cui alcuni matematici *mostravano* delle formule, dei segni, dei graffiti *matematici*. Segni senza alcuna spiegazione scientifica, segni più o meno esoterici come tratti d'artista. Una mostra singolare, unica nel suo genere. Una mostra ideata da un matematico francese, Jean-Pierre Bourgignon, sempre molto attento ai legami tra la matematica e la cultura. Titolo della mostra *Tableaux blancs de mathematiciens*, inizialmente lanciata da un fotografo francese Bernard Lege, per accompagnare una giornata organizzata dal IHES (istituto di alti studi scientifici) al Centre Pompidou intitolata Voyage dans l'Imaginaire Mathematique in collaborazione con la rivista scientifica *Pour la Science*. Nella lettera che Bourgignon ha inviato ai matematici era richiesto uno dei loro *quadri di lavoro* su fondo bianco (e non su fondo nero, come è usuale utilizzando le lavagne). Un modo inusuale di guardare ai matematici.

Già, ma quale è l'aspetto *usuale* di un matematico?

Scriveva il matematico inglese Hardy in un famoso libro pubblicato per la prima volta negli anni Quaranta (*Apologia di un matematico*, ed. it. Garzanti, Milano, 1989) che quando su un aereo o in treno aveva voglia di chiacchierare con i vicini di posto allora alla domanda che lavoro facesse rispondeva in modo generico; quando invece voleva restare per conto suo alla domanda rispondeva: "Il matematico". I matematici sono visti come personaggi eccentrici, curiosi, strani, quando non addirittura nevrotici, che rasentano la pazzia. Personaggi isolati, che capiscono un linguaggio che solo loro possono comprendere. Distratti, fantasiosi, incapaci di occuparsi delle cose di tutti i giorni, quando non sono portati al suicidio, alla alienazione, alla pazzia.

Non credo che dovendo indicare settori della società in cui siano più presenti personaggi strani, complicati, maniacali, si debba necessariamente puntare sui matematici. Basta guardarsi intorno.

Certo non pochi matematici sono geniali, tutti hanno una attrazione più o meno manifesta per una disciplina, la matematica, che è basata su un modo di ragionare strettamente logico deduttivo; quando si formula una affermazione bisogna essere in grado di dimostrarla. Il che spiega perché fanno tanta paura!

Uno degli scopi dei convegni di *Matematica e cultura*, nati come un'avventura e diventati oggi un avvenimento atteso ogni anno, è quello di far conoscere non solo la matematica, ma anche i matematici, soprattutto i matematici. Penso che ci stiamo riuscendo.

MICHELE EMMER

Indice

matematici
La modellistica matematica nelle applicazioni
di Alfio Quarteroni 3
Domande senza risposta
di John D. Barrow 13

matematica e astronomia
La geometria dell'universo
di Margherita Hack 27
Come misurare la curvatura dell'Universo, e perché è importante farlo
di Paolo de Bernardis, Silvia Masi 35

matematica e cinema
Da *Kubrick e il fantastico*
di Michel Ciment 59

matematica e simmetria
Un esperimento di comunicazione
di Maria Dedò 69

matematica e teatro
La scienza in scena
di Luca Ronconi 79
La matematica al centro della scena
di Robert Osserman 85

matematica ed applicazioni
Matematica ed esercizio della democrazia: l'urna di Pandora
di Marco Li Calzi 97
Vito Volterra e la "biologia dei numeri"
di Giorgio Israel 109

matematica ed estetica
Bellezza matematica
di James W. McAllister 125
Variazioni sui disegni Lunda
Paulus Gerdes 135

Arte geometrica e vita
di Carmen Bonell 147

matematica e coreografia
Laban, Bernstein e Lorenz, ovvero l'arte e la scienza di comporre tasselli in movimento
di Martina Morasso, Pietro Morasso 163

matematica e letteratura
La Poetica di Euclide: le analogie tra narrativa e dimostrazione matematica
di Apostolos Doxiadis 179
La matematica al centro della scena
di Denis Guedj 187
L'emergere della narrativa scientifica
di Simon Singh 189

bolle di sapone
Superfici minime e lamine di sapone: un secolo di divulgazione scientifica
di Italo Tamanini 195
Bolle di sapone: altro che gioco da bambini!
di Michele Emmer 205
La *Bolla Magica*
di Tom Noddy 227

jolly
Superfici a una sola faccia
di Gian Marco Todesco 237

arte e geometria
Dio è ovunque
di Charles Perry 255
Riccardo Licata
di Michele Emmer 261

Venezia
Introduzione 265
Da "L'angelo della finestra d'oriente"
di Ugo Pratt 267
Vergogna dopo vergogna
di Giampaolo Seguso 269
San Francesco nel deserto
di Luciano Menetto 273

Autori 275

matematici

La modellistica matematica nelle applicazioni

Alfio Quarteroni

La modellistica matematica mira a rappresentare un problema originato dalle scienze applicate, quali, ad esempio, la fisica, la chimica, la biologia, le scienze dell'ingegneria, la medicina e l'economia, attraverso il linguaggio e le equazioni della matematica, analizza tali equazioni, individua metodi di simulazione numerica idonei ad approssimarle, ed infine, implementa tali metodi su calcolatore tramite opportuni algoritmi (Fig. 1).

Si formulano modelli matematici in molteplici contesti e con pluralità di obiettivi. Per molti problemi nelle scienze economiche, i modelli matematici consentono di desumere informazioni quantitative operando su un numero di variabili assai più grande di quelle che potrebbero essere considerate in un'analisi meramente qualitativa. Ciò avviene per quelle teorie che formulano ipotesi su agenti che non possono prendere decisioni indipendentemente uno dall'altro e che tendono a massimizzare determinati obiettivi con risorse limitate. In tale contesto, è cruciale riuscire a prevedere la risposta di sistemi fortemente interdipendenti al variare delle condizioni di riferimento (come le situazioni di mercato).

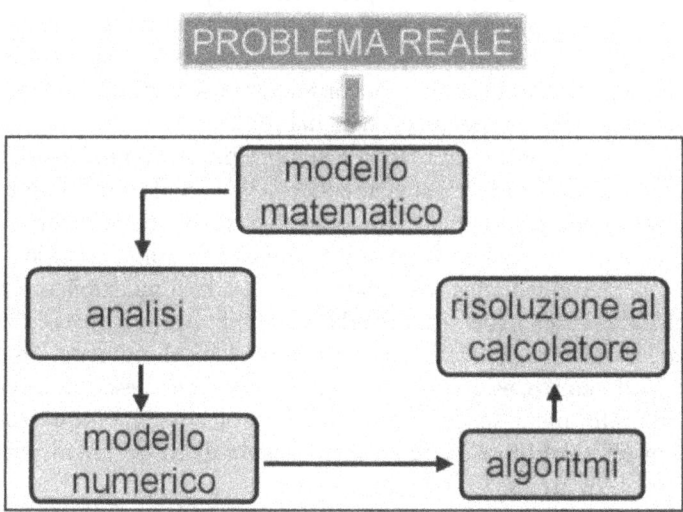

Fig. 1. La modellistica matematica

L'ingegneria ha tradizionalmente beneficiato dell'uso di modelli matematici nelle varie fasi inerenti la progettazione, il controllo, l'ottimizzazione e la gestione di processi tecnologici e produttivi, nei settori più disparati: aeronautico, meccanico-strutturistico, chimico, microelettronico, dell'industria energetica e di processo, della bio-ingegneria e dell'ambiente (Fig. 2).

Giova inoltre ricordare che un forte impulso alla creazione di modelli matematici su grande scala è venuto dall'applicazione dell'analisi dei sistemi, attraverso la quale si amplia il campo di osservazione, concependo scenari su scala globale. A titolo di esempio, citiamo il cosiddetto modello di *global change*, che vede tuttora impegnati numerosi scienziati per la descrizione dell'interazione fra oceani, terra ed atmosfera, al fine di predire in termini accurati variazioni climatiche dovute all'effetto serra.

Qualunque ne sia la motivazione, grazie alla modellistica matematica un problema del mondo reale viene trasferito dall'universo che gli è proprio in un altro *habitat* dove può essere analizzato più convenientemente, risolto per via numerica, indi ricondotto al suo ambito originario previa visualizzazione e interpretazione dei risultati ottenuti. A titolo di esempio riportiamo in Figura 3 uno schema illustrativo (e largamente incompleto) dell'uso della modellistica e simulazione numerica in ambito aeronautico, dove il campo di moto intorno ad un velivolo è descritto dalle equazioni della fluidodinamica esprimenti leggi di conservazione del momento, della massa e dell'energia. Per la loro risoluzione si ricorre ad algoritmi numerici a dimensione finita, quali gli elementi finiti o i volumi finiti, per citarne alcuni fra i più diffusi. Tali algoritmi sono tradotti in programmi lunghi e sofisticati che vengono risolti su calcolatori, infine i risultati ottenuti, come ad esempio il campo di moto, o la pressione che il fluido esercita sulla superficie dell'aereo, vengono visualizzati e confrontati con quelli sperimentali (ad esempio ottenibili nella galleria del vento).

Spesso la realtà è troppo complessa per lasciarsi rappresentare in modo esaustivo con formule matematiche. I matematici, tuttavia, in genere sanno vedere e capire la natura intrinseca di un problema, determinare quali caratteristiche sono rilevanti e quali non lo sono, e, di conseguenza, sviluppare una rappresentazione matematica che contiene l'essenza del problema stesso.

Nelle applicazioni a problemi reali si è sempre più interessati a utilizzare in modo complementare l'analisi sperimentale e la simulazione numerica. La prima è insostituibile per acquisire una corretta sensibilità fisica nei confronti del fenomeno in esame, anche se può avere costi elevati, come nel caso della galleria del vento. La modellistica matematica, unita alla simulazione numerica, è più flessibile ed elastica nello studio della variabilità della risposta in rapporto al mutare dei parametri di progetto o delle condizioni al contorno. Ad esempio nel caso fluidodinamico, essa consente di giungere a una descrizione completa del campo di moto, anche se, per regimi di flusso turbolenti, essa necessita l'introduzione di ulteriori ipotesi circa il meccanismo di trasferimento di energia fra scale di moto di diversa grandezza.

In ambito medico, l'uso della modellistica differenziale è relativamente recente, ed è favorito dal fatto che oggi è possibile ricorrere a sofisticati metodi di

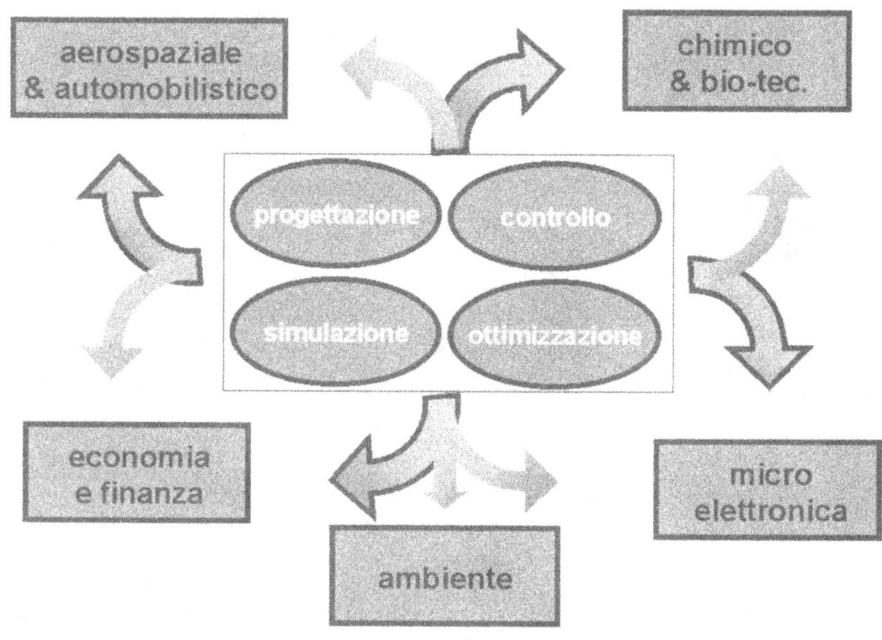

Fig. 2. Obiettivi della modellistica e alcuni settori interessati

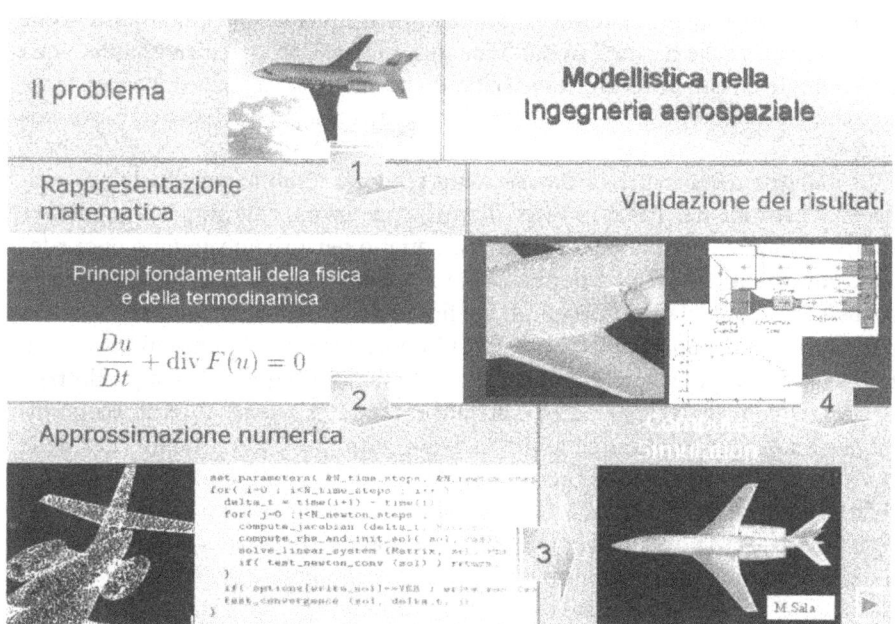

Fig. 3. Modellistica in ambito aeronautico

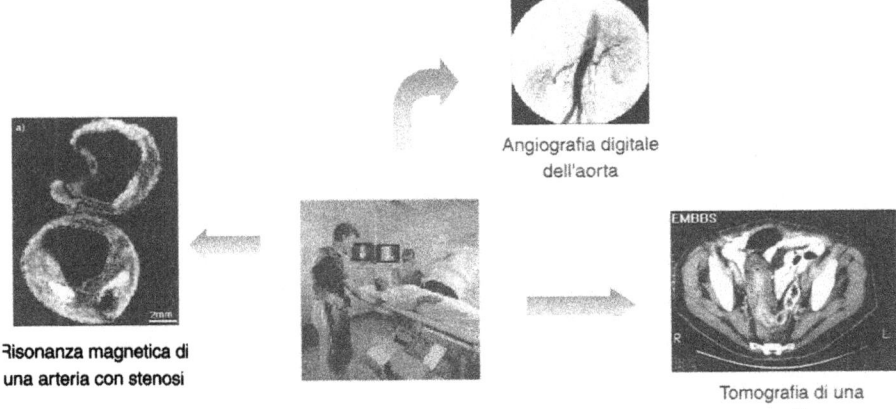

Fig. 4. Acquisizione di dati clinici

acquisizione di dati clinici, quali, ad esempio, la risonanza magnetica, la scansione digitale, l'angiografia digitale (Fig. 4).

Grazie ad essi si possono ricostruire geometrie tridimensionali realistiche, e ottenere dati fisici quali ad esempio la pressione e la portata in uno specifico tratto del sistema cardiocircolatorio. Da questi dati si ottengono le condizioni al contorno per la realizzazione del modello matematico.

D'altro canto la disponibilità di computers di grande potenza consente di simulare reali problemi tridimensionali e fornire informazioni quantitatite complementari a quelle desumibili dall'indagine clinica. Uno specifico ambito clinico nel quale questo processo sta suscitando un interesse sempre più consistente è quello che concerne gli aspetti patologici e chirurgici del sistema cardiovascolare.

Le malattie del sistema cardiovascolare rappresentano la principale causa di decessi naturali nei Paesi industrializzati, con un enorme impatto medico e socioeconomico. Condizioni di flusso sanguigno perturbato vengono oggi ritenute importanti fattori di sviluppo di patologie del sistema arterioso. Una comprensione dettagliata dei loro effetti sul flusso dell'interazione meccanica con la parete arteriosa può avere ripercussioni importanti sia dal punto di vista della ricerca medica, sia da quello industriale (ad esempio, per le aziende produttrici di protesi, come valvole aortiche o atriali, endoprotesi, *stent*). Il costo economico per i soli Stati Uniti attribuibile in modo diretto o indiretto alla cura delle malattie cardiovascolari si aggirava sui 280 bilioni di dollari nel 1999. Nel 1996, il fatturato mondiale degli *stents*, una rete metallica espansa e impiantata all'interno di un'arteria occlusa per ripristinare e mantenere la sezione vascolare originaria, è stato di oltre 5 milioni di dollari. La disponibilità di strumenti efficaci di simulazione numerica assume dunque una notevole rilevanza, sia per quanto attiene alla capacità di indagine clinica, sia per la possibilità offerta di pianificare in modo diverso gli interventi operatori.

Il raggiungimento di tale obiettivo presuppone un approccio multidisciplinare fra matematici, fluidodinamici, bioingegneri e medici in modo da consentire la costruzione di modelli realistici, disegnati su pazienti reali, in grado di fornire informazioni sia qualitative che quantitative attendibili.

Da un punto di vista strettamente matematico, obiettivo principale è lo studio dei problemi di interazione fluido-struttura (fra il flusso sanguigno e la deformazione della parete arteriosa, Fig. 5), sia in condizioni fisiologiche che patologiche, in particolare dopo l'impianto di protesi endovascolari come *by-pass* o *stent*.

Tutti i più importanti fenomeni propagativi (ad esempio l'impulso di pressione) sono correlati alle proprietà elastiche delle arterie. La deformabilità nei grossi vasi ha anche l'effetto di immagazzinare energia nella fase sistolica e rilasciarla durante la fase diastolica, al fine di assicurare un flusso sanguigno regolare (con pressione pressoché uniforme) verso le periferie.

Gli andamenti del flusso e della pressione possono così essere modificati da una variazione nelle caratteristiche meccaniche della parete, causata o da un disturbo funzionale o dalla presenza di protesi. Un tale cambiamento, anche se originato da una contingenza locale, può avere effetti sull'intero sistema circolatorio (ad esempio, l'impulso di pressione indotto dalla presenza di una protesi nella aorta addominale può avere importanti effetti sui carichi dinamici ventricolari).

I modelli numerici consentono la determinazione dei principali parametri che descrivono il moto del sangue, quali l'onda pressoria, la portata nelle varie sezioni e il campo di sforzi agenti sulle pareti dei vasi. Ad esempio, la simulazione del flusso che si andrà a determinare in un *by-pass* coronarico (Fig. 6) può fornire indicazioni su come dimensionare (e configurare) il *by-pass* stesso, onde minimizzare il tasso di ricircolazione post-operatorio che si svilupperà a valle del *by-pass* e che potrebbe indurre, sul medio periodo, l'insorgenza di restenosi (Figg. 7, 8).

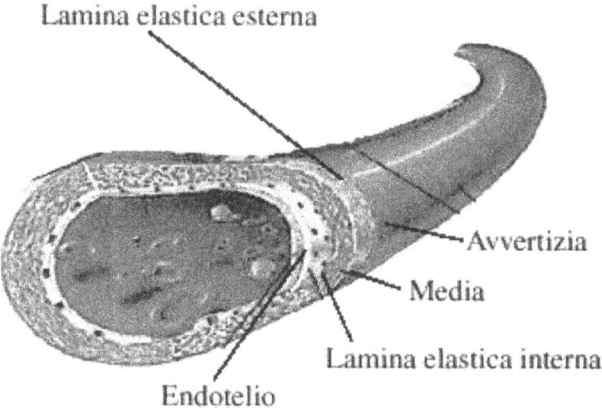

Fig. 5. Lo schema di un tratto di arteria

matematica e cultura 2002

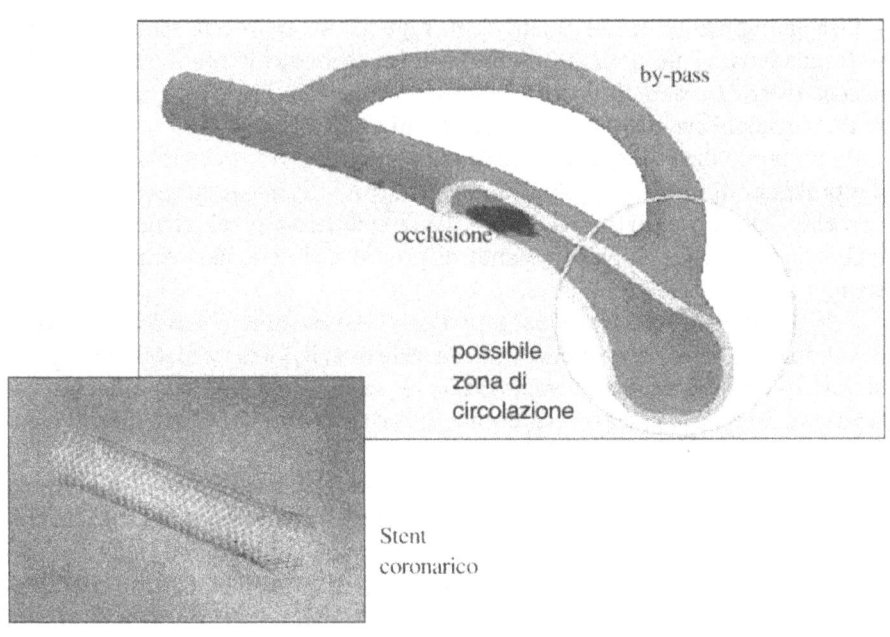

Fig. 6. Schema di by-pass coronarico

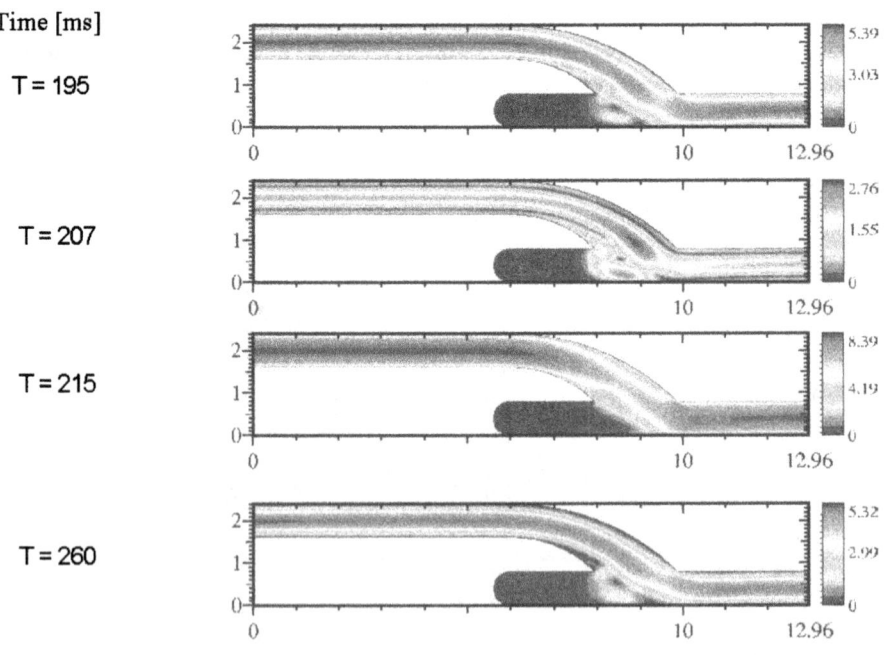

Fig. 7. Simulazione del campo di moto in un by-pass

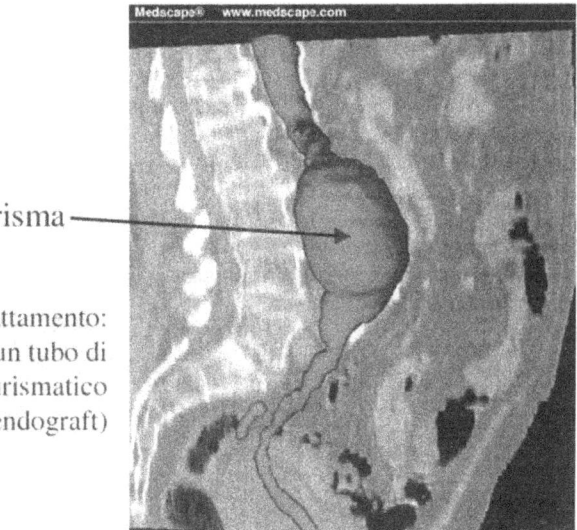

aneurisma

Possibile trattamento:
posizionamento di un tubo di
poliestere nel sacco aneurismatico
(endograft)

Fig. 8. Aneurisma dell'aorta

Un'altra possibilità è usare gli strumenti di simulazione numerica come paradigmi di addestramento. Ad esempio, nell'angioplastica, una tecnica di uso corrente per risolvere una stenosi dovuta ad un aneurisma, si inserisce nella regione stenotica un palloncino gonfiabile servendosi di un catetere. Il successo dell'operazione dipende, fra l'altro, dall'abilità del chirurgo di posizionare con accuratezza il catetere (Figg. 8, 9).

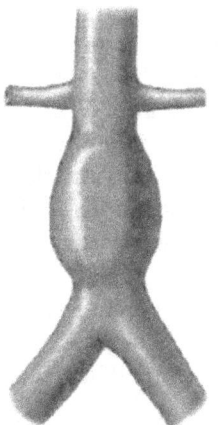

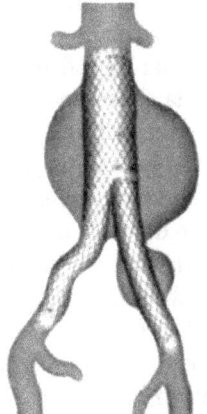

aneurisma dell'aorta addominale   sostituzione dell'aorta   esclusione dell'aneurisma con endoprotesi

Fig. 9. Endoprotesi per la neutralizzazione di un aneurisma

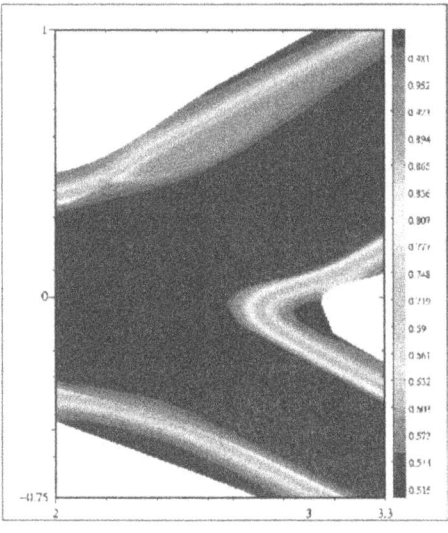

Assorbimento di ossigeno attraverso la parete arteriosa

Concentrazione di ossigeno nel lume e nella parete arteriosa in prossimità della biforcazione carotidea (qui vista in sezione)

Fig. 10. Simulazione della concentrazione di ossigeno nel lume e nella parete arteriosa

Una tecnica che combini realtà virtuale con simulazioni basate su geometria del paziente reale può servire ad addestrare nuovi chirurghi in tale ambito operazionale.

Un altro campo di indagine concerne l'interazione biochimica fra sangue e parete, ad esempio per approntare strumenti di simulazione dell'assorbimento di ossigeno o macromolecole (quali lipidi) (Fig. 10).

In queste brevi note abbiamo cercato di evidenziare come la modellistica matematica funga da elemento di congiunzione fra la modellistica sperimentale e la realizzazione progettuale. A monte, le equazioni del modello sono sempre ispirate da leggi fisiche fondamentali, quali le condizioni di equilibrio nella statica, o la conservazione della massa, dell'energia e del momento nella dinamica dei mezzi continui.

In tali equazioni, gli aspetti inerenti la reologia dei materiali, l'individuazione delle condizioni al contorno, nonché la determinazione dimensionale dei coefficienti e dei parametri caratteristici, sono fornite dall'analisi ingegneristica, chimico-fisica o bio-medica.

A valle del processo, la complessità dei risultati numerici ottenuti da un modello rende necessaria una loro analisi in forma logicamente organizzata, e una verifica alla luce delle prove sperimentali disponibili, nonché dell'intuizione dell'utilizzatore.

Quest'analisi retroattiva può a sua volta innescare un processo iterativo di modifica del modello (nelle equazioni e/o nei parametri che lo definiscono), sino a quando i risultati ottenuti su una classe significativa di casi di studio non siano ritenuti soddisfacenti da chi ha posto il problema.

Intrinseco al concetto di modello numerico vi è quello di approssimazione, e dunque di *errore*. La modellistica numerica mira a garantire che l'errore sia piccolo e controllabile e a sviluppare algoritmi di risoluzione efficienti.

Una crescita coordinata dell'hardware e del software è uno dei presupposti per trattare con successo modelli matematici di complessità sempre più grande.

Domande senza risposta

John D. Barrow

La monumentale dimostrazione di Gödel che i sistemi della matematica hanno dei limiti ha gradualmente intaccato il modo in cui i filosofi e gli scienziati hanno guardato al mondo e al nostro bisogno di comprenderlo. Apparentemente tutte le indagini dell'uomo sull'Universo sono limitate. La scienza si basa sulla matematica; la matematica non può scoprire tutta la verità; dunque la scienza non può scoprire tutta la verità. Uno dei contemporanei di Gödel, Hermann Weyl, ha descritto la scoperta di Gödel come qualcosa che ha esercitato un "drenaggio costante dell'entusiasmo" con cui egli ha continuato la sua ricerca scientifica. Egli credeva che questo pessimismo di base, così diverso dal grido di chiamata a raccolta con il quale Hilbert si era rivolto ai matematici nel 1900, fosse condiviso da "altri matematici che non sono indifferenti al significato dei loro sforzi nel contesto dell'intera esistenza umana nel mondo, fatta di preoccupazione, conoscenza, sofferenza e creatività." In tempi più recenti, uno scrittore di teologia e scienza, Stanley Jaki, crede che Gödel ci impedisca di acquisire una comprensione del cosmo come verità necessaria,

> E dunque chiaramente nessuna cosmologia scientifica, che per sua necessità deve essere profondamente matematica, può avere la sua prova di coerenza interna tanto quanto ce l'ha la matematica. In assenza di una tale coerenza, tutti i modelli matematici, tutte le teorie delle particelle elementari, compresa la teoria dei quark e dei gluoni... non riescono a diventare una teoria che mostri in virtù della sua verità a priori, che il mondo può solo essere quello che è e nient'altro. Questo è vero anche se la teoria riuscisse a spiegare molto accuratamente tutti i fenomeni del mondo fisico conosciuto in una particolare epoca [1].

e ponga una barriera fondamentale alla comprensione dell'universo:

> Sembra che in base al teorema di Gödel i fondamenti definitivi delle ardite costruzioni simboliche della fisica matematica rimarranno imprigionate per sempre nel livello più profondo del pensiero caratterizzato sia dalla saggezza sia dalla nebulosità di analogie e intuizioni. Per il fisico teorico questo implica che ci sono limiti alla precisione della certezza, che anche nel pensiero puro della fisica teorica c'è un limite... Parte integrante di questo limite è lo scienziato stesso in quanto essere pensante [2].

Nell'ultima decade, le intuizioni di Gödel sono state ulteriormente chiarite attraverso il linguaggio dell'informazione e della casualità alla maniera pionieristica di Greg Chaitin [3]. Questo ha creato un modo diverso di esaminare le implicazioni per la fisica. La scienza è ricerca di compressioni di stringhe di dati in codificazioni più brevi ("leggi di Natura") che contengono la stessa informazione. Ciascuna serie di simboli che può essere sostituita da una formula o da una regola che sia più concisa della stringa stessa sarà detta *comprimibile*. Qualunque serie che non possa essere abbreviata in questo modo sarà detta *incomprimibile*. Possiamo sempre dimostrare che una data sequenza è comprimibile mostrando il modo che permette a una compressione del suo contenuto di informazione. Tuttavia, sorprendentemente, non c'è un modo in cui si possa provare che una successione di simboli è incomprimibile. Il procedimento necessario per abbreviare la stringa di simboli potrebbe essere una di quelle verità indimostrabili. Così, non si può mai sapere se la teoria più recente è o non è quella definitiva. Potrebbe sempre esisterne una versione più profonda: potrebbe proprio essere parte di una teoria più ampia e più profonda.

Questi legami tra indecidibilità e casualità ci permettono anche di creare ulteriori connessioni inaspettate tra Gödel e l'efficienza delle macchine [4]. L'indecidibilità porrà limiti all'efficienza delle macchine in un lontano futuro. Supponiamo di prendere l'esempio di una moderna cucina a gas. È ricca di microprocessori, che hanno lo scopo di monitorare la temperatura all'interno del forno ed eseguire istruzioni programmate nel pannello di controllo. I microprocessori immagazzinano temporaneamente l'informazione fino a quanto questa è superata da nuove istruzioni. Quanto più efficacemente questa nuova informazione potrà essere codificata e immagazzinata nei microprocessori, tanto più efficientemente la cucina funzionerà, poiché minimizza il lavoro inutile compiuto cancellando e riscrivendoci sopra le istruzioni nella sua memoria. Tuttavia le ricerche di Chaitin mostrano che il teorema di Gödel equivale all'asserzione che non si può mai affermare che un programma è il più breve per compiere un dato compito. Inoltre, non si può trovare il programma più ridotto, necessario per immagazzinare le istruzioni per il funzionamento della cucina. Ne risulta che i microprocessori che usiamo sovrascriveranno sempre più informazioni di quanto ne sono necessarie: essi possederanno sempre qualche ridondanza o inefficienza. In pratica questo "disaccordo logico" produce una riduzione nell'efficienza della cucina a gas che, oggi, è miliardi di volte inferiore rispetto a quanto possa essere compensato semplicemente pulendola. Eppure, un giorno, queste considerazioni potrebbero rivelarsi importanti per il funzionamento di delicate macchine nanotecnologiche, e saranno essenziali se si dovranno determinare le capacità basilari di qualunque tecnologia.

In modo intrigante, e proprio per mostrare il ruolo importante che gioca la psicologia umana nel valutare l'importanza dei limiti, alcuni scienziati come Freeman Dyson riconoscono che Gödel pone limiti alla nostra capacità di scoprire le verità della matematica e della scienza, ma interpretano questo come la garanzia che la scienza andrà sempre avanti. Dyson vede il teorema di incompletezza come una polizza di assicurazione contro la possibilità che l'impresa scientifica, che egli ammira tanto, arrivi a concludersi con l'autosoddisfazione; infatti:

Gödel ha dimostrato che il mondo della matematica pura è inesauribile; nessun insieme finito di assiomi e regole di inferenza può racchiudere l'insieme della matematica; dato qualunque insieme di assiomi, possiamo trovare problemi matematici pieni di significato che gli assiomi lasciano senza spiegazione. Spero che una situazione analoga esista nel mondo della fisica. Se la mia visione del futuro è corretta, significa che anche il mondo della fisica e dell'astronomia sono inesauribili; non importa quanto si entri nel futuro, accadranno sempre nuove cose, ci saranno nuove informazioni, nuovi mondi da esplorare, una sfera della vita, della coscienza e della memoria in costante espansione!

Così, possiamo vedere le reazioni ottimistiche e pessimistiche a Gödel. Gli ottimisti, come Dyson, vedono il suo risultato come garanzia della caratteristica senza fine della ricerca umana. Vedono la ricerca scientifica come segmento di una parte essenziale dello spirito umano che, se fosse completato, avrebbe un effetto disastroso su di noi. Karl Popper pensava a questo quando scriveva che "la crescita continua è essenziale al carattere razionale ed empirico della conoscenza scientifica; se la scienza smettesse di crescere dovrebbe perdere quella caratteristica." I pessimisti, come Jaki, invece, interpretano Gödel come colui che stabilisce che la mente umana non può conoscere tutti i segreti della Natura (forse neppure la maggior parte). Essi pongono maggior enfasi sul possesso e sull'applicazione della conoscenza piuttosto che sul processo di acquisizione della stessa. Il pessimista non crede che il principale beneficio umano della scienza derivi dalla richiesta stessa di conoscenza.

Il medesimo tipo di avvenimenti suscita risposte diametralmente opposte. Riflettendoci non dovremmo esserne troppo sorpresi. Molte cose nella vita creano lo stesso iato. Tutto dipende dal modo di vedere il bicchiere, se mezzo vuoto o mezzo pieno. Il punto di vista di Gödel fu inaspettato come sempre. Egli pensava che l'intuizione, attraverso la quale possiamo vedere le verità della matematica e della scienza, fosse uno strumento che sarebbe stato valutato un giorno formalmente con rispetto al pari della stessa logica,

> Non vedo alcuna ragione per la quale dovremmo avere meno fiducia in questo tipo di percezione, per esempio nell'intuizione matematica, piuttosto che nella percezione dei sensi, che ci induce a costruire teorie fisiche e aspettarci che le percezioni sensoriali future concordino con loro e, inoltre, credere che un problema che non è decidibile ora abbia senso e possa essere deciso in seguito [5].

Gödel non aveva in mente di trarre nessuna conclusione forte per la fisica dai suoi teoremi sull'incompletezza. Non fece connessioni con il Principio di Indeterminazione della meccanica quantistica, che è stata un'altra grande deduzione che ha limitato la nostra abilità di conoscere, e che fu trovata da Heisenberg proprio pochi anni prima della scoperta di Gödel. Infatti questi fu abbastanza ostile a qualsiasi considerazione della meccanica quantica. Coloro che lavoravano nel suo Istituto (nessuno lavorava realmente con lui) credettero si trattasse del risultato delle sue frequenti discussioni con Einstein che, secondo quanto riferito da John Wheeler (che li conosceva entrambi) convinse Gödel a non prestare fede alla meccanica quantistica e al Principio dell'Indeterminazione. Greg Chaitin riporta il resoconto del tentativo di Wheeler di indurre Gödel ad esprimersi sulla questione dell'esistenza di una connessione tra l'incompletezza di Gödel e l'Indeterminazione di Heisenberg.

Un giorno mi trovavo presso l'Institute for Advanced Study e andai nell'ufficio di Gödel a trovarlo. Era inverno e Gödel aveva acceso una stufetta elettrica e aveva le gambe avvolte in una coperta. Dissi: "Professor Gödel quale connessione lei vede tra il suo teorema di incompletezza e il Principio di Indeterminazione di Heisenberg?" Gödel si infuriò e mi cacciò dal suo studio [6].

Per lungo tempo è circolata l'affermazione secondo cui la matematica contiene asserzioni non dimostrabili, che la fisica si basa sulla matematica e che quindi la fisica non sarà in grado di scoprire ogni verità. Ne sono state date versioni più sofisticate che sfruttano la possibilità di operazioni matematiche non calcolabili, richieste per fare previsioni su quantità osservabili. Da questo punto di vista, il fisico matematico Stephen Wolfram ha ipotizzato [7]:

si può pensare che l'indecidibilità sia comune a quasi tutte le teorie fisiche tranne le più banali. Anche i problemi formulati semplicemente in fisica teorica possono risultare non risolubili.

In effetti, è noto che l'indecidibilità è la regola piuttosto che l'eccezione tra le verità dell'aritmetica [8].
Con questi pensieri, si guardi un po' più da vicino quanto il risultato di Gödel avrebbe da dire circa il corso della fisica. La situazione non è così chiara come i commentatori vorrebbero farci credere. È utile configurare le ipotesi precise che sottostanno alla deduzione di incompletezza di Gödel. Il teorema di Gödel afferma che se un sistema formale è:
1. Specificato in modo finito
2. Sufficientemente ampio da includere l'aritmetica
3. Consistente
allora è *incompleto*.
La Condizione 1 significa che non c'è un infinito non calcolabile di assiomi. Per classificarli ci deve essere un algoritmo definito. Per esempio, non potremmo scegliere un sistema che consista di tutte le affermazioni vere sulla matematica poiché tale collezione non può essere elencata in modo finito nel senso richiesto.
La Condizione 2 significa che il sistema formale include tutti i simboli e gli assiomi usati in aritmetica. I simboli sono 0, "zero", S, "successore di", +, ×, e =. Di conseguenza, il numero due è il successore del successore di zero, scritto con il termine SS0, e due più due uguale a quattro viene espresso nella forma SS0 + SS0 = SSSS0.
La struttura dell'aritmetica gioca un ruolo centrale nella dimostrazione del

teorema di Gödel. Proprietà speciali dei numeri, come l'essere primi e il fatto che ciascun numero può essere espresso in un unico modo quale prodotto dei numeri primi suoi divisori, furono usati da Gödel per stabilire la corrispondenza essenziale tra affermazioni di matematica e affermazioni sulla matematica. In tal modo possono essere incastrati paradossi linguistici (come quello del "bugiardo") come cavalli di Troia, dentro la struttura della matematica stessa. Solo dei sistemi logici che siano ricchi abbastanza da contenere l'aritmetica consentono che tale codificazione "incestuosa" di affermazioni su se stesse venga fatta dentro il loro stesso linguaggio.

E ancora: è istruttivo vedere come queste richieste possano non essere soddisfatte. Se scegliessimo una teoria che consistesse di riferimenti (e rispettive relazioni) solo ai primi dieci numeri (0, 1, 2, 3, 4, 5, 6, 7, 8, 9) allora la Condizione 2 fallirebbe e una tale mini-aritmetica sarebbe completa. L'aritmetica fa affermazioni su numeri individuali, o su termini (come il suddetto SS0). Se un sistema non possiede termini individuali come questi ma, come la geometria euclidea, fa solo affermazioni su punti, cerchi, linee, in generale, allora non può soddisfare la Condizione 2. Di conseguenza, come ha mostrato per primo Alfred Tarski, la geometria euclidea è completa. Non c'è nulla di magico neppure nella natura piana, euclidea, della geometria: anche le geometrie non-euclidee sulle superfici curve sono complete. Analogamente, se noi avessimo una teoria logica che tratti i numeri che usano solo il concetto "più grande di" senza riferirsi a specifici numeri, allora sarebbe completa: possiamo determinare la verità o falsità di ciascuna affermazione sui numeri reali impiegando la relazione "più grande di".

Un altro esempio di sistema che è più ridotto dell'aritmetica è l'aritmetica senza l'operazione di moltiplicazione, ×. Questa è chiamata aritmetica di Presburger, mentre l'aritmetica, nel senso consueto del termine, è chiamata aritmetica di Peano in onore del matematico che per primo la espresse assiomaticamente nel 1889. All'inizio può sembrare strano, nei nostri incontri quotidiani, la moltiplicazione non è niente di più che una maniera stenografica di fare addizioni (per es: 2+2+2+2+2+2 = 2 × 6), ma nel sistema logico dell'aritmetica, in presenza di quantificatori logici come "esiste" oppure "per ognuno", la moltiplicazione consente costruzioni logiche che non sono semplicemente equivalenti a una successione di addizioni.

Gödel mostrò, come parte della sua tesi di dottorato, che l'aritmetica di Presburger è completa: tutte le affermazioni riguardanti l'addizione di numeri naturali possono essere dimostrate o confutate; tutte le verità possono essere ottenute dagli assiomi[1]. Analogamente, se creiamo un'altra versione tronca di aritmetica, che non presenti addizioni, ma mantenga le moltiplicazioni, anche questa è completa. È solo quando addizione e moltiplicazione sono contempo-

---

[1] *Sebbene la procedura decisionale sia in generale esponenzialmente lunga il doppio. Come dire che il tempo di calcolo richiesto per eseguire N operazioni cresce come* $(2^N)^N$. *L'aritmetica di Presburger ci permette di parlare di numeri interi positivi, e variabili i cui valori sono numeri interi positivi. Se noi l'ampliamo lasciando che venga usato il concetto di insieme di numeri interi, allora la situazione diventa quasi intrattabile in modo inimmaginabile. È stato dimostrato che questo sistema non ammette neanche un algoritmo esponenziale K-fold, per ogni K finito. Ogni problema decisionale è in tali situazioni non-elementare.*

raneamente presenti che emerge l'incompletezza. Estendere ulteriormente il sistema con l'aggiunta al repertorio di base di altre operazioni come l'esponenziazione non fa alcuna differenza. L'incompletezza rimane ma non se ne trova nessuna forma intrinsecamente nuova. L'aritmetica è lo spartiacque nella complessità.

L'uso di Gödel per porre limiti a ciò che una teoria matematica della fisica (o di qualsiasi altra cosa) può in definitiva dirci, sembra una diretta conseguenza. Ma se si esamina il problema con maggior attenzione, le cose non sono così semplici.

Supponiamo, per il momento, che tutte le condizioni richieste dal teorema di Gödel siano soddisfatte. In pratica a cosa assomiglierebbe l'incompletezza? Ci è familiare la situazione di avere una teoria fisica che fornisce accurate previsioni su un vasto spettro di fenomeni osservati: potremmo chiamarla "modello standard". Un giorno, potremmo essere sorpresi da un'osservazione sulla quale essa non ha nulla da dire. E che non può essere sistemata nel suo contesto. Ne abbiamo esempi in alcune delle cosiddette "grandi teorie unificate" nella fisica delle particelle. Alcune prime edizioni di queste teorie avevano la proprietà che tutti i neutrini dovessero avere massa zero.

Ora se si osserva che un neutrino ha massa non-zero (come tutti credono che abbia, e alcuni esperimenti hanno persino attestato di averla misurata), allora sappiamo che questa nuova situazione non può essere spiegata dalla nostra teoria originaria. Che fare? Ci si è imbattuti in un certo tipo di incompletezza, ma si risponde ad essa ampliando o modificando la teoria per includere le nuove possibilità. Così, di fatto, in una teoria l'incompletezza assomiglia molto all'inadeguatezza.

Nel caso dell'aritmetica, se un'asserzione dell'aritmetica è nota come indecidibile (ci sono affermazioni note di questo tipo, cioè affermazioni tali che sia la loro verità sia la loro falsità sono coerenti con gli assiomi dell'aritmetica) allora si hanno due modi di ampliare la struttura. Si possono creare due nuove matematiche: una che aggiunge la formulazione indecidibile come assioma extra, l'altra che aggiunge la sua negazione come un nuovo assioma. Naturalmente, le nuove aritmetiche saranno ancora incomplete, ma esse possono sempre essere ampliate per accomodare qualunque incompletezza. Così, in pratica, una teoria fisica può sempre essere ampliata attraverso l'aggiunta di nuovi principi che forzano tutta l'indecidibilità in quella parte del campo matematico che non ha manifestazione fisica. Potrebbe allora essere difficile, se non impossibile, distinguere l'incompletezza dalla inesattezza o inadeguatezza.

Un esempio interessante di questo dilemma è dato dalla storia della matematica. Nel corso del sedicesimo secolo, i matematici iniziarono ad esplorare ciò che avveniva quando addizionavano liste infinite di numeri. Se le quantità nella lista diventano più grandi, allora la somma "diverge", vale a dire, come il numero di termini si avvicina all'infinito così fa la loro somma. Un esempio è la somma

$$1 + 2 + 3 + 4 + 5 + \ldots = \text{infinito}.$$

Tuttavia, se i termini individuali diventano sempre più piccoli[2] in modo sufficientemente rapido, allora la somma di un numero infinito di termini può diventare sempre più vicina a un valore limite finito che chiameremo somma delle serie; per esempio

$$1 + 1/9 + 1/24 + 1/36 + 1/49 + \ldots = \pi^2/8 = 1.2337005..$$

Questo ha portato i matematici a preoccuparsi del tipo più peculiare di somma senza fine,

$$1 - 1 + 1 - 1 + 1 - 1 + 1 - \ldots = ?????$$

Se si divide la serie in coppie di termini tale somma appare così $(1 - 1) + (1 - 1) + \ldots$ e così via. E così è come $0 + 0 + 0 + \ldots = 0$ e la somma è zero. Ma se si pensa alla serie come $1 - \{1 - 1 + 1 - 1 + 1 - \ldots\}$ essa assomiglia a $1 - \{0\} = 1$. Sembra che abbiamo dimostrato che $0 = 1$.

I matematici dispongono di una varietà di scelte quando affrontano somme ambigue come queste. Potrebbero rifiutare gli infiniti in matematica e occuparsi solo di somme finite di numeri. Oppure, come Cauchy ha mostrato all'inizio del diciannovesimo secolo, la somma di una successione come l'ultima vista deve essere definita specificando più precisamente qual è il significato della sua somma. Il valore limite della somma deve essere specificato insieme alla procedura usata per il calcolo. L'assurdo $0 = 1$ sorge solo quando si omette di specificare la procedura usata per ottenere la somma. Nei due casi è diversa e così le due risposte non sono le stesse. Quindi qui vediamo un esempio semplice di come un limite possa venire superato ampliando il concetto che sembra creare limitazioni. Si possono trattare serie divergenti in modo consistente purché il concetto di una somma di una serie sia adeguatamente ampliato [9].

Un'altra possibilità è che il mondo fisico faccia solo uso di parti decidibili di matematica. Sappiamo che la matematica è un mare infinito di strutture possibili. Solo alcune di tali strutture e modelli possono esistere ed essere applicati nel mondo fisico. Può essere che essi provengano tutti dal sottoinsieme delle verità decidibili. Le cose possono essere protette ancor meglio di così: forse solo i modelli numerabili sono collocati nella realtà fisica?

È anche possibile che le condizioni richieste per dimostrare l'incompletezza di Gödel non si applichino alle teorie fisiche. La Condizione 1 richiede che gli assiomi della teoria siano elencabili. Potrebbe essere che le leggi della fisica non siano elencabili in questo senso prevedibile. Sarebbe un distacco radicale dalla situazione che noi pensiamo esista in cui si crede che il numero delle leggi fondamentali non sia davvero elencabile ma finito (e molto piccolo). Ma è sempre possibile che noi stiamo raschiando la superficie di una torre senza base di leggi e

---

[2] *Che i termini nella somma diventino progressivamente più piccoli è una condizione necessaria ma non sufficiente perché una somma infinita sia finita. Per esempio, la somma $1+1/2+1/3+1/4+1/5+\ldots$ è infinita.*

sia solo la sua cima ad avere effetti significativi sulla nostra esperienza. Tuttavia, se ci fosse un infinito non elencabile di leggi fisiche, allora noi affronteremmo un problema più formidabile di quello dell'incompletezza.

In realtà, nel 1940, Gerhard Gentzen, uno dei giovani allievi di Hilbert, che in seguito perse la vita precocemente in guerra, mostrò che era possibile eludere le conclusioni di Gödel e dedurre tutte le verità dell'aritmetica pur di includere una procedura di induzione transfinita. Di nuovo, le operazioni della natura potrebbero comprendere un sistema non finito di assiomi di questo tipo. Siamo inclini a pensare all'incompletezza come a qualcosa di indesiderabile poiché essa implica che non saremmo capaci di "fare" qualcosa. Tuttavia possiamo capovolgere la situazione e ritenere che la natura sia consistente e completa ma non possa essere catturata da un insieme finito di assiomi. C'è qualcosa di esteticamente soddisfacente in questo aspetto superumano delle cose.

Una sfida ugualmente interessante è quella della finitezza. Può essere che l'universo delle possibilità fisiche sia finito, sebbene astronomicamente grande. Tuttavia, non importa quanto sia ampio il numero delle quantità primitive a cui le leggi si riferiscono; purché esse siano in numero finito, il sistema di inter-relazioni che ne risulta sarà completo. Dobbiamo sottolineare che, sebbene abitualmente accettiamo l'esistenza di un *continuum* di punti di spazio e di tempo, si tratta di un'asserzione che è molto utile per l'uso della matematica elementare. Non c'è una ragione profonda per credere che tempo e spazio siano continui, piuttosto che discreti, a livello microscopico; in realtà ci sono alcune teorie della gravità quantistica che ipotizzano che non lo siano. La teoria dei quanti ha introdotto l'essere discreto e finito in molte situazioni in cui un tempo si credeva a un *continuum* di possibilità. Curiosamente, se noi rinunciamo alla continuità, così che non ci sia necessariamente un punto tra due vicini quanto si vuole, la struttura spazio-tempo diventa enormemente più complicata. E molte cose più complicate possono accadere. Tale ricerca di finitezza potrebbe anche essere circoscritta al problema se l'universo è finito nel volume e se il numero delle particelle elementari (o qualunque siano le più elementari entità) della natura è finito o infinito. Così potrebbe esistere solo un numero finito di termini ai quali si applica la teoria logica ultima del mondo fisico. Quindi, essa sarebbe completa.

Un'interessante possibilità che riguarda l'applicazione di Gödel alle leggi della fisica è che la Condizione 2 del teorema di incompletezza potrebbe non verificarsi. Come? Sebbene sembri che noi facciamo un largo uso dell'aritmetica, e uno ancora più largo delle strutture matematiche, quando conduciamo le indagini scientifiche delle leggi di natura, ciò non significa che la logica intrinseca dell'universo fisico abbia bisogno di impiegare un simile largo apparato. Senza dubbio è conveniente per noi usare strutture matematiche insieme a concetti come quello di infinito, ma ciò potrebbe essere un antropomorfismo. La struttura profonda dell'universo può essere radicata in una logica molto più semplice di quella dell'aritmetica, e dunque essere completa. Questo richiederebbe che la struttura sottostante contenesse o l'addizione o la moltiplicazione ma non entrambe. Ricordiamo che tutte le somme che ci è capitato di fare hanno usato la moltiplicazione semplicemente come un'abbreviazione dell'addizione. Una cosa analoga sarebbe possibile anche nell'aritmetica di Presburger. In alternativa, una struttura fondamentale della realtà che faccia uso di semplici relazioni di una varietà geometrica, o che sia derivata dalle relazioni di "più grande di" o "minore di", o da loro sottili combinazioni, potrebbe ancora rimanere completa[3]. Il fatto che la teoria einsteiniana della relatività generale sostituisca molte nozioni fisiche come quelle di forza e di peso con distorsioni *geometriche* nella costruzione dello spazio-tempo, può ben fornire alcuni indizi di ciò che è qui possibile.

Le leggi della fisica potrebbero essere pienamente esprimibili nei termini di un sistema matematico che è completo, ma in pratica noi saremmo ben lontani dalla sicurezza di aver ottenuto il *corretto* sistema piuttosto che un sistema completo.

C'è un altro importante aspetto della situazione da tenere presente. Anche se un sistema logico è completo, esso contiene sempre "verità" non verificabili. Queste sono gli assiomi che sono stati scelti per definire il sistema. Tutto ciò che può fare il sistema logico è dedurre da essi le conclusioni. Nei sistemi logici semplici, come l'aritmetica di Peano, gli assiomi appaiono ragionevolmente ovvi perché stiamo pensando a ritroso – formalizzando qualcosa che abbiamo sempre continuato a fare intuitivamente per migliaia di anni. Quando guardiamo a una materia come la fisica, troviamo analogie e differenze. Gli assiomi, o leggi, della fisica sono il primo obiettivo della ricerca fisica. Essi non sono per niente ovvi intuitivamente, poiché governano regimi che possono trovarsi molto al di fuori della nostra esperienza. Gli esiti di quelle leggi sono imprevedibili in certe circostanze perché essi comportano rotture di simmetrie. Il tentativo di dedurre leggi da tali esiti non è qualcosa che noi possiamo sempre fare in modo unico e completo per mezzo di un programma di computer.

Così scopriamo un'enfasi completamente diversa nello studio dei sistemi formali e nella scienza fisica. Nella matematica e nella logica, cominciamo col definire un sistema di assiomi e leggi di deduzione. Poi potremmo tentare di mostrare che il sistema è completo o incompleto e dedurre tanti teoremi quanti possiamo da tali assiomi. Nella scienza, non abbiamo la libertà di scegliere un qualsiasi sistema logico di leggi. Tentiamo di trovare il sistema di leggi e assiomi (ipotizzandone che ce ne sia uno – o forse più di uno) che porterà agli esiti che vediamo. Come abbiamo rimarcato poc'anzi, è sempre possibile trovare un sistema di leggi che conduce ad un insieme di esiti osservati. Ma è l'insieme reale di affermazioni non verificabili e ignorato dagli studiosi di logica e dai matematici – gli assiomi e le leggi di deduzione – che lo scienziato è maggiormente interessato a scoprire piuttosto che ad assumere semplicemente. L'unica speranza di andare avanti come fa il logico ci sarebbe se per qualche ragione ci fosse un unico possibile insieme di assiomi o leggi della fisica. Finora non sembra probabile[4] e se anche lo fosse non potremmo dimostrarlo.

---

[3] John A. Wheeler ha fatto ipotesi circa la struttura ultima dello spazio tempo, che diviene una forma di "pre-geometria" obbediente a un calcolo di proposizioni ristrette dalla incompletezza di Gödel. Noi stiamo proponendo che tale pre-geometria possa essere semplice abbastanza da essere completa. Si veda [10].

[4] La situazione nella teoria delle super stringhe è ancora molto fluida. Sembra che esistano molte teorie diverse e logicamente auto consistenti, ma ci sono anche forti indicazioni che esse possano essere rappresentazioni diverse di un numero minore di teorie (forse anche solo una).

Si possono dare esempi specifici di problemi fisici che sono indecidibili. Come ci si potrebbe aspettare da quanto appena detto, essi non implicano un'incapacità a determinare qualcosa di fondamentale circa la natura delle leggi della fisica o le più elementari particelle della materia. Piuttosto essi implicano un'incapacità nell'eseguire alcuni specifici calcoli matematici, cosa che inibisce la nostra abilità nel determinare il corso degli eventi in un problema fisico ben definito. Tuttavia sebbene il problema possa essere matematicamente ben definito, questo non significa che sia possibile creare le condizioni precise richieste per l'esistenza dell'indecidibilità.

Una serie interessante di esempi di questo tipo è stata creata dai matematici brasiliani Francisco Doria e N. da Costa [11]. Rispondendo a un problema stimolante posto dal matematico russo Vladimir Arnold, essi studiarono la possibilità di avere un criterio matematico generale per decidere se un equilibrio fosse stabile o meno. Un equilibrio stabile è una situazione simile a quella di una palla posta in fondo ad un catino – spostatela leggermente e ritornerà sul fondo; un equilibrio instabile è come un ago bilanciato verticalmente – spostatelo leggermente e si sposterà dalla verticale[5]. Quando l'equilibrio è di origine semplice, questo problema è molto elementare; gli studenti di scienze del primo anno lo imparano. Ma, quando l'equilibrio esiste in forma di associazioni più complicate tra diversi influssi concorrenti, si fa subito più complesso rispetto alla situazione studiata dagli studenti di scienze. Fino a quando ci sono solo alcuni influssi concorrenti, la stabilità dell'equilibrio può ancora essere risolta esaminando le equazioni che governano la situazione. La sfida di Arnold era di scoprire un algoritmo che ci dicesse se questo può sempre essere fatto, senza tenere conto degli influssi concorrenti e della complessità delle loro correlazioni. Con il termine "scoprire" egli intendeva trovare una formula nella quale si potessero inserire le equazioni che governano l'equilibrio insieme alla definizione di stabilità, e fuori dalla quale balzasse la risposta "stabile" o "instabile".

In modo sorprendente, da Costa e Doria scoprirono che un tale algoritmo può non esistere. Esistono equilibri caratterizzati da particolari soluzioni di equazioni matematiche la cui stabilità è indecidibile. Poiché questa indecidibilità ha un impatto sui problemi di interesse reale nella fisica matematica, gli equilibri devono coinvolgere l'interazione di un grande numero di forze intermedie. Tali equilibri non possono essere esclusi, ma non sono ancora sorti in problemi fisici reali. Doria e da Costa giunsero a identificare problemi analoghi in cui la risposta a una semplice domanda, come "può l'orbita di una particella diventare caotica?", è indecidibile secondo Gödel. Altri hanno anche tentato di identificare formalmente problemi incerti. Geroch e Hartle hanno discusso problemi sulla gravità quantistica che predicono i valori di quantità potenzialmente osservabili come somma di termini listare i quali è un'operazione che si sa essere

---

[5] *In realtà, ci sono altre possibilità molto più complicate raggruppatesi intorno alla linea divisoria tra queste due semplici possibilità e sono queste che causano l'indeterminatezza del problema in generale.*

un'operazione di Turing non calcolabile [12]. Pour-El e Richards [13] dimostrarono che le equazioni differenziali molto semplici, usate ampiamente in fisica, come l'equazione delle onde, possono avere esiti non computabili quando i dati iniziali non sono molto uniformi. Tale carenza di uniformità conduce a ciò che i matematici chiamano un "problema mal posto", vale a dire che conduce alla non computabilità. Tuttavia, Traub e Wozniakowski hanno dimostrato che ogni problema mal posto è in media ben posto sotto condizioni piuttosto generali [14].

Wolfram [15] offre esempi di non trattabilità e non decidibilità che nascono nella fisica della materia condensata.

Lo studio della teoria della relatività generale di Einstein produce ancora un problema indecidibile se le quantità matematiche impiegate possono essere qualsiasi[6]. Quando si trova una soluzione esatta delle equazioni di Einstein è sempre necessario scoprire se non è una soluzione già conosciuta scritta in una forma differente. Di solito si può fare una ricerca a mano, ma per le soluzioni complicate il computer può venire in soccorso. Per tale compito noi abbiamo bisogno di computer programmati per le manipolazioni algebriche. Questi possono esaminare grandi quantità per scoprire se una data soluzione è equivalente a una già residente nella sua memoria di soluzioni note. In casi pratici finora incontrati, questa procedura d'analisi perviene a un risultato definito dopo un numero piccolo di tentativi. Ma in generale il confronto è un processo non decidibile equivalente a un altro problema non decidibile di matematica pura, il *word problem* nella teoria dei gruppi.

Le conclusioni provvisorie che possiamo trarre da questa discussione sono che, proprio perché la fisica fa uso della matematica, non è per nulla ovvio che Gödel ponga un limite chiaro all'obiettivo ultimo della fisica che è capire la natura dell'Universo[7]. La matematica di cui la natura fa uso può essere più semplice di quella necessaria perché l'indecidibilità rialzi la testa.

Bibliografia

[1] S. Jaki (1980) *Cosmos and Creator*, Scottish Acad. Press, Edinburgh, p. 49
[2] S. Jaki (1966) *The Relevance of Physics*, Univ. Chicago P, Chicago, p. 129
[3] G. Chaitin (1987) *Information, Randomness and Incompleteness*, World Scientific, Singapore
[4] S. Lloyd (1992) The Calculus of Intricacy, *The Sciences*, pp. 38-44, (Sept/Oct 1990); J.D. Barrow, *Pi in the Sky*, Oxford U.P., Oxford, p. 139-140
[5] K. Gödel, *What is Cantor's Continuum Problem?*, Philosophy of Mathematics ed., P. Benacerraf & H. Putnam p. 483
[6] Riportato da Chaitin, si veda J. Bernstein (1993) *Quantum Profiles*, pp. 140-1 e K.

---

[6] Se le funzioni metriche sono polinomiali, allora il problema è decidibile, ma è, sul piano del calcolo, doppiamente esponenziale. Se le funzioni metriche sono sufficientemente lisce allora il problema diventa indecidibile.
Si veda l'articolo sulla semplificazione algebrica di Buchberger e Loos in Buchberger, Loos and Collins, Computer Algebra: symbolic and algebraic computation', 2nd ed., Springer, Wien, (1983). Sono grato a Malcolm MacCallum per avermi fornito questi dettagli.

[7] Per una più completa discussione dell'intera gamma dei limiti che possono esistere a proposito della nostra capacità di comprendere l'universo, si veda il mio contributo in J.D. Barrow, Impossibility, Oxford UP, (1998) su cui si basa il presente articolo.

Svozil, *Randomness and Undecidability in Physics*, World Scientific, Singapore, p. 112

[7] S. Wolfram (1994) *Cellular Automata and Complexity, Collected Papers*, Add. Wesley, Reading MA

[8] C. Calude (1994) *Information and randomness - An Algorithmic Perspective*, Springer, Berlin; C. Calude, H. Jürgensen, M. Zimand (1994) Is Independence an Exception?, *Appl. Math. Comput.* 66, 63; K. Svozil, in: *Boundaries and Barriers: on the limits of scientific knowledge*, (eds.) J. Casti (1996) A. Karlqvist, Add. Wesley, NY, p. 215

[9] R. Rosen (1996) On the Limitations of Scientific Knowledge, in: *Boundaries and Barriers: on the limits of scientific knowledge*, (eds.) J.L. Casti. A. Karlqvist, Add. Wesley, NY, p. 199

[10] C. Misner, K. Thorne, J.A. Wheeler (1973) *Gravitation*, W.H. Freeman, San. Fran, pp. 1211-2

[11] N.C. da Costa, F. Doria (1991) *Int. J. Theor. Phys.* 30, 1041, Found. Phys. Letts., 4, 363

[12] R. Geroch, J. Hartle (1986) *Computability and Physical Theories*, Foundations of Physics, 16, 533

[13] M.B. Pour-El, I. Richards (1981) A computable ordinary differential equation which possesses no computable solution, *Ann. Math. Logic*, 17, 61 (1979), The wave equation with computable initial data such that its unique solution is not computable, Adv. Math. 39, 215, Non-computability in models of physical phenomena, *Int. J. Theor* (1982) Phys. 21, 553

[14] J.F. Traub, H. Wozniakowski (1991) Information-based Complexity: New Questions for Mathematicians, *The mathematical Intelligencer*, 13, 34

[15] S. Wolfram (1985) Undecidability and Intractability in Theoretical Physics, Phys. Rev. Lett., 54, 735; Origins of Randomness in Physical Systems, *Phys. Rev. Lett.* 55, 449 (1985); Physics and Computation, *Int. J. Theo* (1982) Phys. 21, 165

matematica e astronomia

La geometria dell'universo

Margherita Hack

I geometri del cielo

Gli astronomi dell'antica Grecia riuscirono con grande ingegnosità e mezzi estremamente rudimentali a misurare il raggio terrestre, la distanza Terra-Luna, e il rapporto fra la distanza Terra-Luna e la distanza Terra-Sole, basandosi su semplici considerazioni geometriche. Più che astronomi furono dei grandi geometri.

Eratostene, vissuto fra il 276 e 194 a.C. determinò il raggio terrestre misurando la differenza di distanza zenitale del Sole al momento del suo passaggio al meridiano a Siene e Alessandria, che sono situate circa sullo stesso meridiano. In particolare egli notò che a mezzogiorno all'epoca del solstizio d'estate i pozzi di Siene erano illuminati fino in fondo, il che significava che il Sole si trovava esattamente allo zenit. Sempre all'epoca del solstizio d'estate misurò la minima distanza zenitale del Sole ad Alessandria. Poiché la distanza fra le due città era nota, e la differenza in distanza zenitale è uguale alla differenza in latitudine delle due città, l'angolo z è uguale all'arco AS diviso per il raggio terrestre R, da cui R.

Il valore trovato differiva di appena 5 km dal valore ricavato dalle moderne misure (Fig. 1).

Aristarco, vissuto all'inizio del terzo secolo a.C. propose un metodo ingegnoso per determinare il rapporto fra la distanza del Sole e quella della Luna. Quando la Luna è al primo o all'ultimo quarto, in un triangolo avente per vertici il Sole S, la Luna M e la Terra E, l'angolo EMS sotto cui dalla Luna si vedono la Terra e il Sole è di 90 gradi; allora misurando l'angolo MES sotto cui dalla Terra si vedono la Luna e il Sole, si ha anche il terzo angolo MSE = 90 − MES e dalla ben nota relazione

$$ES/\text{sen } 90 = EM/\text{sen } MSE$$

si ricava ES/EM (Fig. 2). Il risultato di queste misure dette un valore per la distanza del Sole largamente sottostimato, circa 20 volte più piccolo del valore reale. Questo perché, sebbene il principio fosse giusto, l'istante a cui si verificava il primo o l'ultimo quarto era stimato con troppa imprecisione e così pure imprecisa era la misura dell'angolo MES.

Per quanto sottostimata, la distanza del Sole fece capire ad Aristarco che il Sole doveva essere molto più grande e luminoso della Luna e degli altri pianeti, e forse per questo egli ebbe l'intuizione che fosse la Terra a girare intorno al Sole e non viceversa.

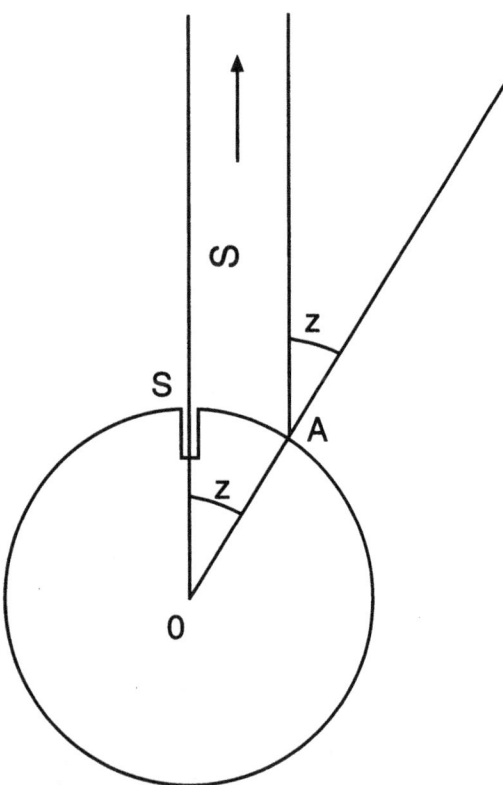

Fig. 1. Misura del raggio terrestre, col metodo di Eratostene

Altrettanto ingegnosa fu la determinazione della distanza Terra-Luna compiuta da Ipparco (190-125 a.C.) basata sulla misura del semidiametro dell'ombra della Terra durante un'eclisse totale di Luna. In Figura 3, a è l'angolo sotto cui dal Sole si vede il raggio terrestre, e cioè la parallasse del Sole, b è l'angolo sotto cui

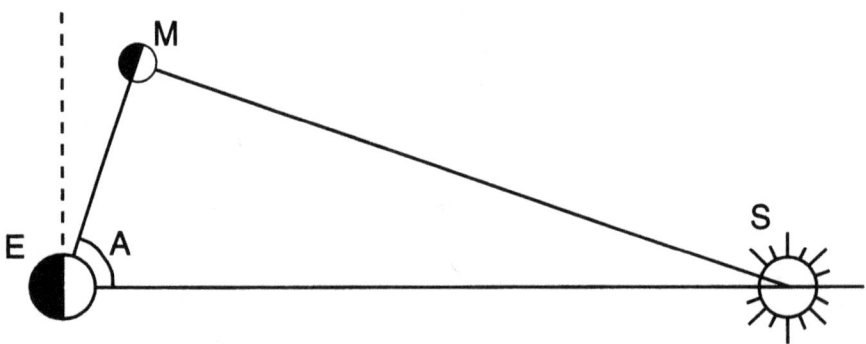

Fig. 2. Misura del rapporto fra le distanze Sole-Terra e Terra-Luna, col metodo di Aristarco

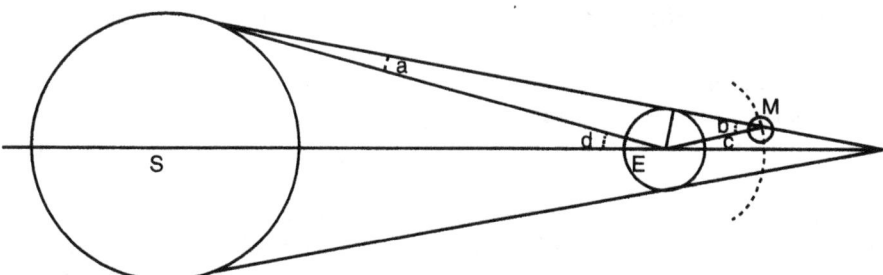

Fig. 3. Misura della distanza del Sole, sfruttando il cono d'ombra della Terra durante le eclissi di Luna

dalla Luna si vede il raggio terrestre, e cioè la parallasse della Luna, c è il semidiametro dell'ombra della Terra, d l'angolo sotto cui dal centro della Terra si vede il raggio solare. Dalla figura risulta

$$a + b + x = 180, \quad c + d + x = 180$$

e quindi $a + b = c + d$, ma poiché a è trascurabile rispetto a b, si può scrivere che b è circa eguale alla somma delle due quantità misurate c e d, da cui la distanza Terra-Luna che risultò pari a circa 60 raggi terrestri, un valore molto prossimo a quello attuale.

Da Copernico a Newton

Nell'antichità si riteneva che sfera e circolo fossero figure perfette e perciò i corpi celesti e le loro orbite dovevano essere sfere e circoli. Questo pregiudizio durò fino ai tempi di Copernico. Egli riprese l'idea di Aristarco, che per diciotto secoli era stata dimenticata, sia per l'inganno dei nostri sensi che ci fanno ritenere che sia la volta celeste a ruotare da est a ovest nel corso della notte e le costellazioni a cambiare e ritornare nel corso di un anno, sia per l'autorità di Aristotele che dava per fatto certo che la Terra fosse ferma al centro dell'Universo.

Copernico trovò argomenti corretti per provare che era la Terra a ruotare su se stessa e a orbitare attorno al Sole, ottenendo una rappresentazione molto più semplice dei moti dei pianeti che non nel sistema tolemaico, ma non ammise la possibilità che le orbite della Terra e dei pianeti si scostassero dalla perfetta figura circolare, e per questo fu costretto a complicare di nuovo il suo semplice sistema introducendo altri circoli e circoletti (epicicli), come gia era necessario nel sistema tolemaico. Copernico pubblicò la sua rivoluzionaria opera *De revolutionibus orbium coelestium* nel 1543, lo stesso anno della sua morte, e forse per questo non ebbe a subire i fulmini della Chiesa.

Fu Keplero, che utilizzando le accurate misure delle posizioni dei pianeti fatte da Ticho Brahe, scoprì le tre leggi empiriche che ne regolano il moto (nel 1609 le prime due e nel 1618 la terza):

- i pianeti descrivono orbite ellittiche attorno al Sole, che occupa uno dei due fuochi;
- il raggio vettore descrive aree uguali in tempi uguali;
- il rapporto fra il cubo del semiasse maggiore e il quadrato del rispettivo periodo è costante per tutti i pianeti.

La grandezza di Keplero è dunque anche quella di essersi liberato del pregiudizio che le orbite fossero circolari e avere accettato il risultato delle misure.

Nel 1686 Newton nei suoi *Philosophiae Naturalis Principia Mathematica* mostrava che le leggi di Keplero erano una conseguenza della sua legge di gravitazione universale, valide nel caso particolare che la massa dei pianeti sia trascurabile rispetto a quella del Sole. Edmond Halley dette poi una bella dimostrazione della validità della legge di gravitazione. Applicando i metodi di calcolo newtoniano alle orbite delle comete, dimostrò che le comete apparse nel 1531, nel 1607 e nel 1682 hanno la stessa orbita e dedusse che doveva trattarsi della stessa cometa, con periodo di rivoluzione di circa 76 anni.

Previde anche il passaggio successivo, che si verificò puntualmente nel 1758. Purtroppo Halley era morto nel 1742, ma la cometa che porta il suo nome è tornata nel 1835, nel 1910 e nel 1986.

Geometria dell'universo di Einstein e Fridman

Quando Einstein nel 1915 pubblicò la sua teoria della relatività generale, trovò che le sue equazioni indicavano che un universo statico era instabile, perché la forza di gravità lo avrebbe fatto collassare su se stesso. Ma l'idea che l'universo dovesse essere statico era fortemente radicata, a partire dall'antichità fino all'epoca di Einstein. E sebbene Einstein avesse ampiamente dimostrato, con la sua teoria della relatività ristretta, di essere capace di andare contro il senso comune, non accettò il risultato delle sue equazioni, e postulò l'esistenza di una forza di "repulsione cosmica" in grado di controbilanciare la forza di gravità e mantenere l'universo statico. Nel 1922 il matematico russo Aleksandr Fridman dimostrò invece che un universo illimitato in espansione era coerente con la teoria della relatività, e che erano possibili tre soluzioni alle equazioni di Einstein, dipendenti dalla densità dell'universo. E cioè: un universo aperto, piano, obbediente cioè alla geometria euclidea se la densità ha un valore tale, detto "critico", per cui c'è perfetto equilibrio fra forza di gravità e forza di espansione. Questo universo è infinito e la sua espansione si arresterebbe dopo un tempo infinito, cioè mai. Per densità inferiore al valore critico avremo un universo infinito iperbolico, in espansione all'infinito. Per valori della densità superiori al valore critico avremo un universo chiuso, uno spazio a geometria sferica, che rallenterebbe tanto la sua espansione, fino a che la gravità prevarrebbe sulla forza di espansione e comincerebbe a contrarsi ricadendo su se stesso.

Einstein non accettò subito i risultati di Fridman, ma quando nel 1929 la pubblicazione dei risultati delle osservazioni di Edwin Hubble mostrò che effettivamente l'universo è in espansione, si ricredette e dichiarò che la sua ipotetica forza di repulsione era stato il suo più grande errore. Fridman non assisté alla verifica sperimentale delle sue equazioni, perché morì nel 1925, a soli 37 anni. E se Einstein fosse ancora vivo, si rallegrerebbe di sapere che le più recenti osservazioni indicano che la "forza di repulsione cosmica" detta anche "costante cosmologica" sembra ci sia veramente e provochi un'espansione accelerata dell'universo, invece della prevista espansione rallentata dalla forza di gravità.

La legge di Hubble e il valore di H

La legge di Hubble dice che le galassie si allontanano da noi con velocità proporzionale alla distanza; la costante di proporzionalità H è espressa in km/sec per megaparsec (1 Mpc = 3,26 milioni di anniluce). Questa legge non significa che tutte le galassie stanno effettivamente fuggendo da noi, come il termine spesso usato di "fuga delle galassie" indurrebbe a credere. È invece lo spazio in cui sono immerse le galassie che si sta espandendo. Lo spazio dunque non è un contenitore inerte, ma un mezzo dotato di energia di espansione, e di qui segue anche naturalmente la proporzionalità fra velocità e distanza: chiamiamo G la nostra galassia, A una galassia a distanza d e B una galassia a distanza 2d. Se dopo un certo intervallo di tempo t la scala dell'universo è raddoppiata, da G vedremo A portarsi a distanza 2d e B a distanza 4d, per cui da G ci sembrerà che A abbia una velocità d/t e B una velocità 2d/t.

La misura delle velocità è semplice poichè è derivata dallo spostamento verso il rosso delle righe spettrali $z = \Delta\lambda/\lambda$ usualmente attribuita ad effetto Doppler, ma dovuta in realtà allo stiramento delle lunghezze d'onda provocato dall'espansione, che agisce su tutte le lunghezze. Molto più complicata è la misura delle distanze delle galassie, che si basa sull'assunzione che certe classi di stelle, presenti nella nostra Galassia e di cui è possibile determinare la distanza e quindi lo splendore assoluto, abbiano lo stesso splendore assoluto anche nelle altre galassie. Dalla misura dello splendore apparente e dalle ipotesi fatte sullo splendore assoluto, si risale alla distanza. Le grandi incertezze insite in queste ipotesi hanno fatto sì che la costante di Hubble passasse dal valore iniziale trovato da Hubble di circa 500 km/sec per megaparsec, a 200, poi a 100 e infine al valore, oggi ritenuto più attendibile, di 60 km/sec per megaparsec, con un'incertezza del 10-15%. In un universo evolutivo in espansione a velocità costante, l'inverso di H è il tempo trascorso dall'inizio dell'universo (il cosiddetto big bang) a oggi.

Ma poiché l'espansione dovrebbe essere decelerata per effetto dell'attrazione gravitazionale esercitata dalla materia in esso contenuta, l'età dell'universo sarà tanto minore quanto maggiore è la decelerazione. Di conseguenza il valore di H trovato da Hubble dava un'età dell'universo di circa 2 miliardi di anni, molto inferiore all'età ben nota della Terra, di 4,6 miliardi di anni. Le successive misure hanno portato l'età dell'universo a 5 e poi a 10 miliardi di anni. Anche le più recenti determinazioni di H pongono dei problemi, perché l'età dell'universo risulterebbe eguale o anche leggermente inferiore a quella delle stelle più vecchie della Galassia. Ma una recente serie di determinazioni di distanza di lontane galassie, che usano come standard una classe di supernovæ dette di tipo Ia, dalla cui curva di luce durante e dopo l'esplosione, è possibile ricavare lo splendore assoluto con grande precisione, ha portato un risultato inatteso: l'espansione non è decelerata, come si riteneva, ma accelerata. In altre parole ci sarebbe una forza che si oppone alla gravitazione: la costante cosmologica ipotizzata per altre ragioni da Einstein. Di conseguenza l'universo sarebbe più vecchio di quanto indica il valore della costante di Hubble, e questo eliminerebbe il paradosso di stelle più vecchie dell'universo.

L'universo in espansione accelerata

Un eccellente metodo di misura delle distanze delle galassie si basa su una classe di supernovæ nota come SN Ia. Esse sono presenti in tutti i tipi di galassie e costituiscono una classe di oggetti molto omogenea. i loro spettri, ottenuti dopo eguali intervalli di tempo dal massimo di splendore, sono praticamente identici. Così pure il loro splendore assoluto al massimo, determinato per quelle galassie relativamente vicine, di cui si conosceva la distanza utilizzando altre stelle standard, come le variabili cefeidi, è lo stesso per tutte. Allora la misura dello splendore apparente delle SN Ia apparse nelle più lontane galassie, dando per noto lo splendore assoluto, permette di risalire alla distanza. Due gruppi di ricercatori, l'americano "Supernova Cosmology Project" e l'australiano "High Red-Shift Supernova Search Team" stanno cercando sistematicamente di osservare l'esplosione di queste supernovæ nelle galassie lontane alcuni miliardi di anniluce. A tutt'oggi ne sono state osservate più di un centinaio, e la relazione fra distanza e spostamento verso il rosso indica che la velocità di espansione dell'universo è accelerata, il che significa che c'è una forza che si oppone alla gravità. Un'ulteriore conferma di questo risultato è stata ottenuta misurando lo spostamento verso il rosso di una supernova Ia che era stata casualmente osservata dal telescopio spaziale Hubble e che si trova ad una distanza ancora maggiore delle altre, circa 10 miliardi di anniluce. Essa indica che a quell'epoca, 10 miliardi di anni fa, l'epansione era decelerata e la gravità prevaleva sulla forza repulsiva, mentre circa 2 miliardi di anni fa, a causa dell'espansione, la forza repulsiva divenne prevalente sulla gravità. È una conferma della teoria secondo cui la costante cosmologica sarebbe effettivamente costante, mentre la forza di gravitazione diminuisce con l'espansione.

La radiazione del fondo cosmico: i risultati di Cobe e quelli di Boomerang

Nel 1965 due ingegneri della Bell Telephone Company, Wilson e Penzias, scoprirono per caso le emissioni a microonde di una radiazione predetta dal fisico George Gamow nel 1948, che sarebbe stata la prova delle altissime temperature dell'universo primordiale, se effettivamente esso fosse stato originato da una fase ad altissima temperatura e densità, e pertanto pervaso da radiazione altamente energetica, raggi gamma e raggi x. Con l'espansione, l'universo si sarebbe progressivamente raffreddato e la qualità della radiazione sarebbe cambiata, il massimo di emissione spostandosi verso onde sempre più lunghe. Si stima che fino ad un'età inferiore a circa 500.000 anni la temperatura sarebbe stata sufficientemente alta da mantenere il gas completamente ionizzato. Poiché un gas ionizzato è fortemente opaco, non potremo mai vedere direttamente l'aspetto dell'universo a età inferiori. Ma dopo i 500.000 anni, quando la temperatura è scesa a circa 3000 gradi, protoni ed elettroni si ricombinano, e poiché un gas neutro è trasparente, potremo vedere direttamente l'aspetto dell'universo a quell'epoca, circa 10 miliardi di anni fa. Per effetto dello spostamento verso il rosso, il massimo della radiazione sarà spostato a lunghezze d'onda millimetriche. La radiazione scoperta da Wilson e Penzias era quella di un perfetto corpo nero alla temperatura di 2,73 gradi kelvin. Ma queste prime osservazioni, fatte da terra e disturbate dalla radiazione prodotta dalla nostra atmosfera, indicavano una radiazione perfettamente uniforme e quindi anche una distribuzione della materia perfettamente uniforme. Si poneva allora il problema: come è possibile che da un universo primordiale in cui la materia è distribuita in modo così uniforme, sia scaturito l'universo che osserviamo oggi, in cui ci sono grandi addensamenti di materia sotto forma di ammassi di galassie e galassie, separati da grandi spazi praticamente vuoti? Il seme delle attuali discontinuità doveva essere presente anche nell'universo primordiale.

Misure molto più accurate della radiazione del fondo cosmico sono state effettuate a partire dall'inizio degli anni Novanta con un satellite chiamato COBE (Cosmic Background Explorer) che è riuscito a mettere in evidenza delle regioni appena un po' più calde e regioni appena un po' più fredde di qualche centomillesimo di grado del valore medio di 2,73 gradi kelvin. Le prime rappresentano regioni più dense, che sotto l'azione della gravità daranno luogo ai superammassi.

La risoluzione spaziale di COBE era di soli 7 gradi. Questo, visto da una distanza di circa 10 miliardi di anniluce, equivale a una dimensione lineare di circa 1,5 miliardi di anniluce, due ordini di grandezza superiore alle dimensioni dei più grandi superammassi conosciuti. Quindi l'immagine dell'universo primordiale fornita dal COBE è troppo grossolana, e non permette di vedere i progenitori degli ammassi e delle galassie.

Sono in fase di realizzazione due satelliti, MAP della NASA e Planck dell'ESA che dovranno ripetere le osservazioni di COBE, ma disponendo di una risoluzione spaziale di pochi primi d'arco.

Nel frattempo un'osservazione della radiazione di fondo con una risoluzione di circa 10 primi d'arco è stata fatta, per una ristretta regione del cielo, con strumenti a bordo di un pallone stratosferico. L'esperimento, chiamato BOOMERANG, progettato dal gruppo di Paolo de Bernardis dell'università di Roma "La Sapienza" ha ottenuto risultati che confermano le previsioni del modello teorico di universo: un universo piano, in cui la densità eguaglia la densità critica. Meno dello 0,10 è dovuto alla materia barionica, circa lo 0,4° alla materia oscura e il restante 0,50 circa alla costante cosmologica.

BOOMERANG ha quindi mostrato la geometria dell'universo primordiale che ha dato origine a quello odierno.

Letture consigliate

G. Abetti (1963) *Storia dell'astronomia*, Vallecchi, Firenze
A. Pannekoek (1961) *A history of Astronomy*, George Allen & Unwin LTD, London
M. Hack (2000) *L'universo alle soglie del terzo millennio*, Rizzoli, Milano

Come misurare la curvatura dell'Universo, e perché è importante farlo

Paolo de Bernardis, Silvia Masi

Introduzione: massa, energia e curvatura

Secondo la teoria della Relatività Generale di Albert Einstein, la presenza di massa ed energia curva lo spazio. Quindi i raggi di luce seguono traiettorie curve in presenza di grandi masse. Ciò fu dimostrato sperimentalmente nel 1919 da Eddington, che durante una eclissi di Sole evidenziò lo spostamento delle posizioni apparenti di stelle i cui raggi di luce passavano vicino alla massa del Sole. Anzi, questa misura fu una delle prime prove sperimentali della teoria di Einstein, ed ebbe un impatto particolare nella scienza e nella società, perché confutava l'assunto che i raggi di luce si propagassero sempre in linea retta.

Oggi, l'osservazione di tale fenomeno è diventata di routine. Ad esempio, nelle osservazioni di sorgenti molto lontane, come gli oggetti quasi stellari (QSO), molto spesso si osservano immagini multiple della stessa sorgente (Fig. 1). Questo significa che i raggi di luce provenienti dal QSO passano molto vicino ad una galassia che si trova tra noi ed il QSO. In quella zona lo spazio è curvato dalla massa presente nella galassia, e quindi esistono più traiettorie, inizialmente divergenti, che vengono deviate tutte verso di noi. Questo effetto viene chiamato di "lente gravitazionale" dagli addetti ai lavori, perché, come una enorme lente, concentra verso di noi raggi di luce inizialmente divergenti.

Massa ed energia presenti nell'Universo determinano quindi la geometria dello spazio vicino e lontano.

Curvatura in cosmologia

La Cosmologia studia l'universo a grande scala, trascurando i dettagli locali, e assumendo il cosiddetto "Principio Cosmologico", secondo cui noi non ci troviamo in una posizione privilegiata nell'Universo, e a grandissima scala la struttura dell'universo è la stessa ovunque: l'Universo a grande scala è isotropo e omogeneo. Se applichiamo la teoria della Relatività Generale all'Universo a grande scala, possiamo quindi scoprire qual'è la sua geometria. Einstein stesso cercò di farlo, ma fu fuorviato da un preconcetto: cercare un universo statico, eternamente uguale a se stesso. Einstein arrivò perfino a modificare le sue equazioni per trovarlo. Queste, nella loro formulazione originale e convalidata da moltissimi esperimenti, eguagliano il "tensore energia-impulso" (cioè una quantità che

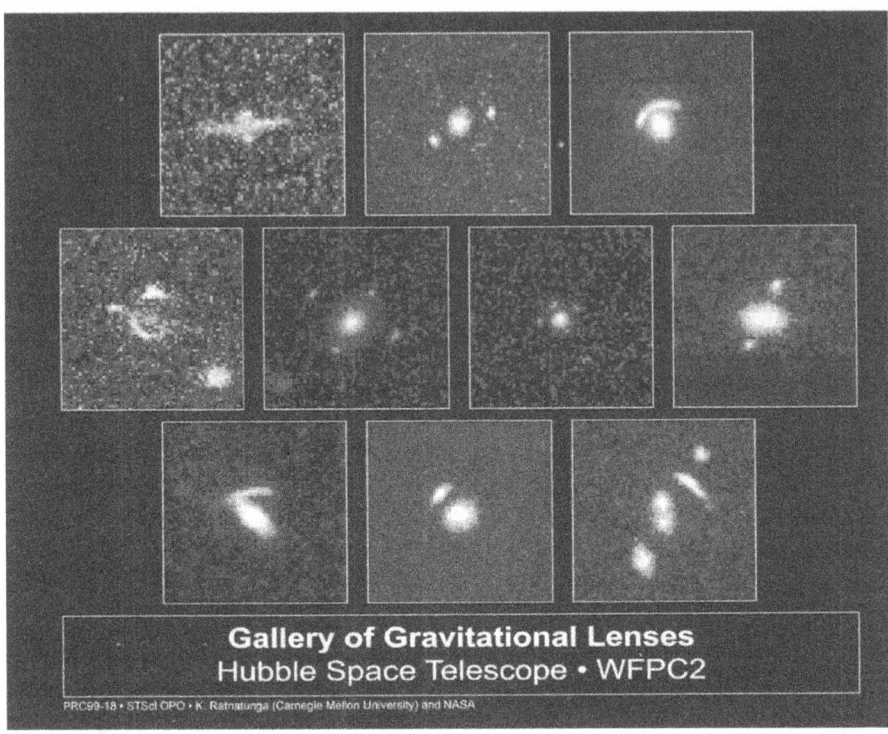

Fig. 1. Galleria di lenti gravitazionali osservate dal telescopio spaziale Hubble. Quando un sistema massivo (una galassia o un ammasso di galassie) si trova frapposto tra noi e una sorgente lontana, lo spazio viene curvato, e la luce della sorgente può seguire diversi cammini per arrivare fino a noi. Si osservano quindi immagini multiple della stessa sorgente

descrive tutte le forme di energia presenti nel problema al quale l'equazione viene applicata) a funzioni del "Tensore di Ricci", che invece descrive la curvatura dello spazio.

Quando applichiamo le equazioni di Einstein all'Universo a grande scala, questo viene schematizzato come un sistema costituito da materia distribuita in modo uniforme, e gravitazionalmente interagente. Con queste ipotesi si calcolano i due tensori e si possono risolvere le equazioni, ottenendo una risposta doppiamente sorprendente.

La prima sorpresa è che la geometria a grande scala dell'Universo è in generale curva. L'usuale geometria Euclidea, o piatta, è solo una soluzione particolare tra le infinite geometrie curve che sono tutte soluzioni delle equazioni di Einstein.

La seconda sorpresa è che l'universo in ogni caso evolve, cambiando le sue dimensioni nel tempo (espansione o contrazione). Nel tentativo di ottenere una soluzione statica, Einstein introdusse arbitrariamente un termine aggiuntivo alle sue equazioni, detto "costante cosmologica". Più tardi egli considererà questo tentativo come il più grande errore della sua ricerca.

Negli anni Trenta fu dimostrato sperimentalmente da Hubble che l'Universo in cui viviamo è davvero in espansione. L'espansione uniforme dello spazio implica che la distanza tra due galassie qualsiasi aumenta nel tempo, e lo fa tanto più velocemente quanto più le galassie sono separate inizialmente. In formule, la velocità di allontanamento v è proporzionale alla distanza tra le due galassie d (Legge di Hubble, $v = H_o d$). La quantità H_o è detta "Costante di Hubble". Le misure di H_o sono state continuamente raffinate, utilizzando molti metodi indipendenti. Il programma principale del telescopio spaziale Hubble è stato proprio la misura di H_o. La migliore stima disponibile oggi è $H_o = (72 \pm 8)$ km/s/Mpc.

Ma perché l'Universo si espande? E continuerà a farlo? Le equazioni di Einstein ci dicono che tutto dipende da qual'è il contenuto dell'Universo in massa ed energia. La domanda più difficile che potete fare ad un astrofisico è molto semplice: chiedetegli di che cosa è fatto l'Universo. Parlerà per ore, ma se è onesto dovrà concludere che ancora non lo sappiamo. Vediamo più approfonditamente cosa sappiamo a riguardo, e come ciò che c'è nell'universo influisce sulla sua geometria e sulla sua dinamica.

Il parametro di densità e la composizione dell'Universo

Se l'universo si espande, proviene da uno stato iniziale enormemente denso: il Big Bang. Se supponiamo che nell'universo ci sia solo materia ordinaria e radiazione, le equazioni di Einstein ci dicono che l'universo si espanderà sempre o rallenterà abbastanza da ricollassare a seconda di quanto è denso inizialmente. La situazione è simile al lancio di un sasso per aria: a parità di energia cinetica iniziale, il sasso ricadrà o si allontanerà indefinitamente da Terra a seconda di quanto è pesante.

L'universo ha avuto una enorme spinta iniziale, al momento del Big Bang, ed esiste una densità critica che separa l'espansione eterna dal rallentamento con collasso. La densità critica è tale da rendere l'energia cinetica dell'espansione uguale all'energia potenziale gravitazionale del volume che si sta espandendo. Consideriamo una sfera piena di galassie, centrata nella nostra posizione. Se supponiamo che la materia presente nella sfera di raggio d abbia densità ρ, la galassia di massa m a distanza d subirà l'attrazione della materia contenuta in tale sfera, (massa totale M) e quindi l'energia potenziale dell'espansione sarà $G m M / d = G m \rho \, ^4/_3 \, \pi d^3 / d$. Uguagliando questa quantità all'energia cinetica $^1/_2 \, m v^2 = ^1/_2 \, m H_o^2 d^2$ si ottiene la stima della densità critica:

$$\rho_c = \, ^3/_8 \, H_o^2 / (\pi G) = (1.0 \pm 0.2) \, 10^{-29} \text{ g/cm}^3.$$

Le equazioni di Einstein ci dicono che se la densità di massa energia è inferiore a questo valore, l'energia cinetica è superiore a quella gravitazionale, e l'universo continuerà indefinitamente la sua espansione; se invece la densità di massa energia presente nell'universo è maggiore di ρ_c, l'universo ricollasserà.

In ogni caso, se nell'universo c'è solo materia ordinaria, l'espansione dell'universo è decelerata. Nel caso a densità critica, l'espansione si fermerà solo dopo un tempo infinito, mentre nel caso ad alta densità l'espansione si fermerà prima.

Me c'è una previsione sconcertante: basta cambiare di pochissimo la densità iniziale e renderla leggermente inferiore o leggermente superiore a quella critica, e l'universo ha comportamenti violentemente diversi. Consideriamo la densità critica appena un miliardesimo di secondo dopo il big bang. È enorme, circa 10^{24} grammi per cm^3. Eppure, basta cambiarla di solo 1 grammo per centimetro cubo in più per ottenere un universo che ricollassa dopo 5 miliardi di anni, e di un solo 1 g/cm³ in meno per ottenere un universo che si espande senza fine. In altre parole, la soluzione a densità critica delle equazioni di Friedmann è una soluzione instabile.

Perché noi possiamo esistere oggi, la densità doveva essere a quell'epoca uguale a quella critica entro una parte su 10^{24}. Questa regolazione così incredibilmente precisa della densità iniziale resta un mistero irrisolvibile nel modello finora descritto. Vedremo più avanti quali sono le modifiche al modello che permetterebbero di risolvere questo paradosso. In ogni caso, l'aggettivo "critica" aggiunto al termine densità è molto appropriato.

È evidente inoltre l'importanza di stimare la densità reale dell'universo oggi. Noi ci troviamo ad una certa epoca, e misuriamo l'attuale velocità di espansione dell'universo, ma non sappiamo se siamo arrivati a questa decelerando o accelerando, e non sappiamo quanto tempo è passato dal big bang. Tutto questo perché non sappiamo esattamente di cosa è composto l'universo e qual'è la sua densità. Quindi non sappiamo qual'è stata la sua evoluzione passata, qual'è la sua età e quale sarà il suo destino. L'unico modo che abbiamo per capire tutte queste cose è misurare la densità totale di massa ed energia, e vedere se è maggiore o minore di quella critica, e stabilire qual'è la composizione dell'universo. Quanto detto finora, infatti, vale nel caso in cui le quantità che contribuiscono al tensore impulso energia siano materia ordinaria e radiazione.

La materia ordinaria è presente in molte forme nell'Universo: pianeti, stelle, polveri e gas interstellare e intergalattico. Ma se valutiamo la densità di tutta questa materia (grazie alle sue interazioni elettromagnetiche) troviamo che al massimo rende conto di circa il 5% della densità critica.

Anche la radiazione è presente in grande quantità, come energia elettromagnetica o come particelle relativistiche (ad esempio i neutrini). Ma essa rende conto di meno dell'1% della densità critica.

Quindi, se nell'universo ci fossero solo queste due forme di massa-energia, la densità sarebbe inferiore a quella critica, e l'universo continuerebbe a espandersi senza fine.

Sappiamo, però, che nell'universo esiste un'altra forma di massa-energia, la cosiddetta "materia oscura". Dobbiamo concludere che esista, se vogliamo spiegare in dettaglio i movimenti delle stelle nelle galassie e delle galassie negli ammassi di galassie. Ad esempio, le stelle più periferiche di M63 (visibile in Fig. 2) ruotano attorno al centro di quella galassia, così velocemente che volerebbero via nello spazio se non ci fosse una quantità rilevante di materia all'interno della galassia, capace di attirarle verso il centro compensando la forza centrifuga. Ebbene, se si stima quanta materia c'è in M63, partendo dall'emissione luminosa osservata, si conclude che è molto inferiore alla quantità necessaria per mantenere le stelle periferiche nelle loro orbite intorno al centro della galassia. Si deve concludere che in M63 il 90% della materia è in qualche forma oscu-

Fig. 2. La galassia M63 è un sistema di stelle ruotante. Perché le stelle più periferiche rimangano nelle loro orbite intorno al centro della galassie è necessaria la presenza di molta più massa di quella delle stelle presenti in tutta M63. Si deve concludere che in M63 (come in moltissimi altri casi) è presente molta materia in forma oscura

ra. È un'evidenza indiretta, ma molto convincente, dell'esistenza di materia oscura. Esistono altre evidenze più o meno a tutte le scale (sistemi stellari, galassie, ammassi di galassie). Ma che cosa sia questa materia oscura ancora non si sa, e non si sa nemmeno quanta sia. Le misure più recenti tendono a convergere ad una stima del 30% della densità critica, ma le incertezze associate a questa stima sono ancora molto rilevanti. In ogni caso sembra proprio che nell'universo ci sia più materia oscura che materia ordinaria.

Esiste un quarto contributo possibile alla composizione dell'universo, che è stato ipotizzato per spiegare l'osservazione di una recente accelerazione dell'espansione dell'universo stesso. Molte stelle di massa sufficiente, arrivate alla fine delle combustioni nucleari che le mantengono in vita, esplodono rilasciando una enorme quantità di energia. Queste esplosioni sono denominate "supernovæ", e se ne osservano alcune decine ogni anno. Ce ne sono di due tipi, ma quelle di tipo 1A sono particolarmente interessanti, perché avvengono tutte con la stessa dinamica. In particolare, esiste una relazione molto precisa tra la massima luminosità che emettono e il tempo che impiegano ad accendersi e spegnersi (la cosiddetta curva di luce). Si pensa che questa temporizzazione sia identica per tutte le supernovæ di tipo 1A, perché determinata da ben precisi fenomeni di decadimento nucleare. Misurando i tempi caratteristici della curva di luce è quindi possibile capire quanta energia hanno emesso. Confrontando con l'energia che arriva ai nostri telescopi si può capire quindi qual'è la distanza di queste esplosioni. Ma la loro distanza può essere determinata anche in un altro modo: dallo spostamento verso il rosso (*redshift*) di ben precise righe spettrali prodotte dagli elementi in esse contenuti. Osservando un grande numero di supernovæ molto lontane, due *team* indipendenti di astronomi sono giunti alla conclusione che queste appaiono più deboli di quanto dovrebbero essere. Un modo per riconciliare le luminosità e i *redshift* osservati c'è, ed è quello di supporre che l'universo abbia accelerato nel frattempo la sua espansione, invece che decelerare sempre. Perché questo succeda, nel tensore energia-impulso che descrive l'universo deve essere presente una strana forma di energia a pressione negativa, che è stata denominata "energia oscura". Questa produce una repulsione, e quindi aiuta l'espansione dell'universo, facendola accelerare non appena diventa la forma di energia dominante. Lo stesso effetto che aveva la costante cosmologica prima introdotta e poi ripudiata da Einstein. Per spiegare le osservazioni delle supernovæ lontane, questa forma di energia dovrebbe rappresentare oggi il 60-70% della densità critica, e quindi essere la componente più importante del nostro universo. Una forma di energia che ha le caratteristiche giuste per costituire l'"energia oscura" è l'energia del vuoto, misurata sperimentalmente e dovuta al fatto che il vuoto è, in realtà, un insieme di coppie particelle-antiparticelle che si annichilano e si creano continuamente. Purtroppo la fisica fondamentale prevede un valore dell'energia del vuoto estremamente più alto di quello osservato: non abbiamo quindi, per ora, una teoria soddisfacente del fenomeno.

Nel nostro bilancio delle componenti dell'Universo esistono comunque grandi incertezze sia per quanto riguarda la materia oscura che per quanto riguarda l'energia oscura. Il risultato e che da queste informazioni ci è impossibile stabilire se la densità totale di massa-energia presente nell'Universo sia superiore o inferiore a quella critica, e quindi che età e che evoluzione abbia il nostro universo.

I cosmologi assegnano alla densità totale di massa ed energia, o meglio al rapporto tra questa e la densità critica, la lettera greca Omega: Ω = (densità media di massa ed energia presente nell'Universo)/(densità critica). Solo un $\Omega > 1$ e l'assenza di energia oscura portano ad un ricollasso dell'universo. In tutti gli altri casi l'universo si espande in eterno, rallentando se l'energia oscura non c'è ma accelerando se questa diviene dominante.

La misura di Ω

È chiaro da quanto detto che la somma delle quattro componenti dell'universo è molto incerta, per cui non si riesce a stimare Ω semplicemente sommando tutte le diverse forma di densità che conosciamo. Un metodo indipendente è quello di determinare la geometria e la curvatura dell'universo, misurando gli effetti che questa produce sui raggi di luce provenienti da grandissime distanze.

La quantità media di massa-energia presente nell'universo agirà a grandissime scale curvando la geometria globale dell'universo, come a piccole scale la massa del sole curva la geometria dello spazio immediatamente circostante. Dalle equazioni di Einstein ci aspettiamo uno spazio a curvatura positiva se $\Omega > 1$, nulla (spazio Euclideo) se $\Omega = 1$ e negativa se $\Omega > 1$.

La curvatura dell'universo a grande scala agirà quindi curvando i raggi di luce provenienti da sorgenti sufficientemente lontane. Nel caso di curvatura positiva, i raggi convergeranno, e si avrà quindi una lente gravitazionale convergente, capace di ingrandire le immagini delle sorgenti lontane. Il contrario succederà nel caso di curvatura negativa: in un universo a bassa densità le sorgenti lontane appariranno più piccole, come dietro ad una lente divergente.

Se esistesse un metodo per stabilire se la luce proveniente da sorgenti lontanissime viaggia in linea retta oppure no, potremmo determinare la geometria globale dell'universo, e quindi Ω, e quindi stimare l'età e l'evoluzione futura del nostro universo. Se potessimo piazzare un enorme righello ad una distanza nota e molto grande, potremmo triangolare, come fanno i cartografi, osservando l'angolo sotteso dal righello (Fig. 3). Nel caso della normale geometria euclidea ($\Omega = 1$) l'angolo è pari al rapporto tra lunghezza del righello e distanza. Se $\Omega > 1$ (alta densità) l'angolo è maggiore di quello euclideo; se $\Omega < 1$ (bassa densità) l'angolo è inferiore.

Questo approccio è stato tentato a lungo in passato, utilizzando le galassie lontane come sorgenti dei raggi di luce. Ma le galassie più lontane sono anche viste

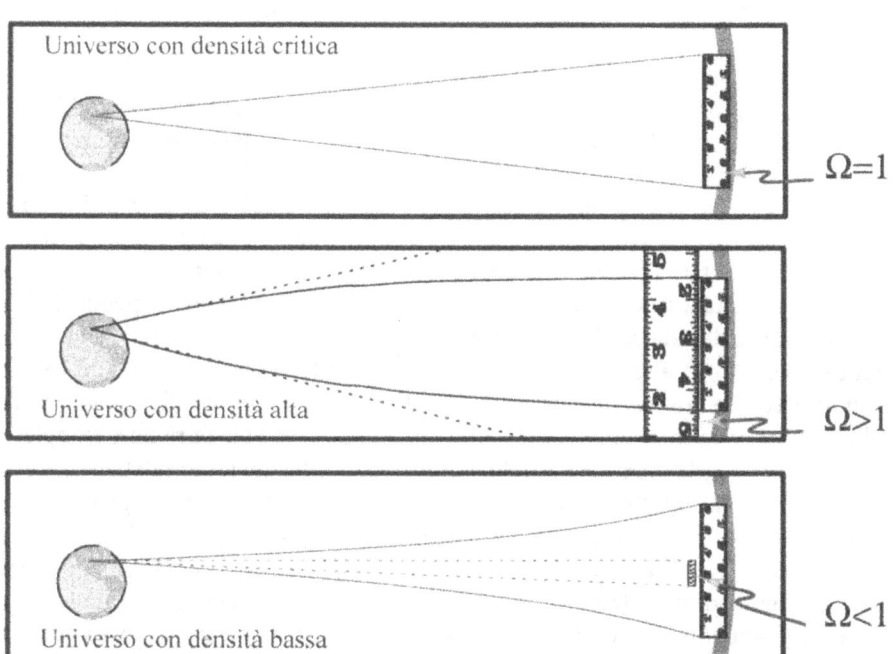

Fig. 3. Metodo del "righello cosmico" per determinare la curvatura dell'universo a larga scala (vedi testo)

in un'epoca più antica della loro evoluzione, e risultano essere irregolari, per cui è difficile capire se eventuali deformazioni delle loro immagini siano dovute ad una eventuale curvatura dei raggi di luce durante il loro cammino, o siano piuttosto il risultato della irregolarità delle sorgenti.

La radiazione cosmica di fondo

Il "righello standard" viene oggi fornito dall'osservazione di strutture nella radiazione cosmica di fondo, una radiazione proveniente dall'universo primordiale, della quale l'esperimento BOOMERanG ha ottenuto la prima immagine in cui questo metodo si può applicare per determinare Ω. Per spiegare come, si devono dare alcune informazioni sulla fisica dell'universo primordiale, e prima ancora, su come è possibile usare un telescopio come una macchina del tempo per eseguire misure su sistemi presenti nel passato.

Bisogna tenere presente, infatti, che guardare lontano significa guardare la sorgente com'era in passato. La luce si propaga con una velocità altissima (circa un miliardo di chilometri all'ora) ma non infinita. Impiega quindi molto tempo a percorrere le enormi distanze cosmiche. Ad esempio, il Sole dista 150 milioni di km, o 8 minuti-luce, perché la luce emessa dal sole impiega 8 minuti per arrivare a Terra. Lo vediamo quindi come era 8 minuti prima. Per lo stesso motivo, la stella più vicina viene vista ora come era 4.2 anni fa; la galassia di Andromeda è vista oggi come era 2.2 milioni di anni fa, e alcune delle galassie più lontane che conosciamo sono talmente lontane che la luce impiega circa 10 miliardi di anni per arrivare.

La domanda che sorge spontanea è quindi: "È possibile osservare ancora più lontano, e quindi ancora più indietro nel tempo, cercando di avvicinarsi all'origine dell'Universo?". In effetti, la risposta è positiva, ma deve confrontarsi con due fatti importanti: l'espansione dell'Universo (ed il *redshift* conseguente), e l'evoluzione delle Galassie. Vedremo che per osservare l'universo primordiale si devono costruire telescopi molto diversi dai normali telescopi ottici, e solo recentemente è stato possibile sviluppare le tecnologie necessarie.

La luce è formata da onde elettromagnetiche. Il colore della luce dipende dalla sua lunghezza d'onda λ. L'effetto Doppler, dovuto alla velocità relativa di sorgente e osservatore, altera la lunghezza d'onda della luce, trasformando un colore in un altro. Se l'universo si espande, le galassie più lontane si allontanano più velocemente, e le loro lunghezze d'onda sono più alterate. Christian Doppler dimostrò nel 1843 la dipendenza della lunghezza d'onda dal moto relativo di sorgente ed osservatore. Tanto maggiore è la velocità relativa, tanto maggiore è lo spostamento della lunghezza d'onda misurata: $\Delta\lambda/\lambda = v/c$. Una velocità positiva (di allontanamento tra sorgente e osservatore) implica quindi un allungamento delle lunghezze d'onda. Luce inizialmente blu può quindi essere osservata rossa. La luce proveniente da galassie lontane è tanto più spostata verso il rosso quanto più lontano sono le galassie: in questo modo Edwin Hubble dimostrò l'espansione dell'Universo. Lo spostamento verso il rosso (o *redshift*) di una sorgente viene denominato con la lettera z e vale $z = \Delta\lambda/\lambda$: a rigore, nel caso dell'universo primordiale non si tratta di un semplice effetto Doppler, ma di un effetto di espansione di tutte le lunghezze (e quindi anche nelle lunghezze d'onda) che può produrre *redshift* anche molto maggiori di 1.

Allora la luce proveniente da oggetti molto lontani verrà spostata a lunghezze d'onda ancora più lunghe, e quindi nell'infrarosso, o addirittura nelle microonde. Ne segue che, se vogliamo osservare l'universo primordiale, non possiamo utilizzare telescopi ottici, ma dobbiamo usare telescopi a infrarossi o telescopi a microonde.

Le galassie più lontane appaiono molto diverse da quelle vicine, e le galassie evolvono, il che implica che esiste un'epoca di formazione delle galassie stesse. Questa è stimata avvenire ad un *redshift* dell'ordine di 10: la lunghezza d'onda della luce delle galassie in formazione viene allungata di un fattore circa 10 a causa della espansione dell'universo. Nelle immagini ancora più antiche dell'universo non ci aspettiamo di vedere galassie, ma qualcosa di precedente ad esse e di molto diverso.

Negli anni Cinquanta George Gamow dimostrò che l'universo iniziale doveva anche essere più caldo, creando così la teoria del "Big Bang Caldo". Un gas isolato che si espande si raffredda. L'universo è un sistema isolato in espansione, e fa la stessa cosa. Più indietro andiamo nel tempo, più caldo doveva essere l'universo. Se guardiamo abbastanza lontano, osserveremo un'epoca talmente remota che tutto l'universo era caldo come il Sole, e tutta la materia presente era in forma ionizzata, come sul Sole. Si calcola che questa condizione si verifichi quando la temperatura scende per la prima volta sotto 3000K, e quindi circa 300.000 anni dopo il Big Bang. Questa epoca di transizione da un universo ionizzato a uno neutro è detta "ricombinazione". Non possiamo guardare più lontano, perché sarebbe come cercare di guardare dentro il Sole: il Sole e l'universo primordiale sono costituiti da gas incandescente, ionizzato e opaco. Come arriva luce dalla fotosfera del sole, così ci aspettiamo che arrivi luce dalla fotosfera cosmica, cioè dall'epoca della ricombinazione.

Da allora l'universo si è espanso di circa 1000 volte, e quindi la luce visibile presente allora (lunghezza d'onda intorno a 1 μm) subisce due effetti: un *redshift* di un fattore 1000, e una diluizione di un fattore pari alla variazione di volume dell'universo (e quindi circa un miliardo di volte). La radiazione visibile presente alla ricombinazione è quindi convertita in un flebile flusso di microonde, il "fondo cosmico a microonde".

Il fondo a microonde fu osservato per la prima volta, per caso, da Arno Penzias e Robert Wilson, nel 1965. Lavorando a una antenna per trasmissioni a microonde della Bell Telephone, i due ricercatori scoprirono la presenza di un "rumore di fondo", indipendente dalla direzione del cielo osservata. I fisici del gruppo di Princeton, guidati da Robert Dicke, capirono che il rumore di fondo misurato da Penzias e Wilson altro non era che la radiazione proveniente dall'universo primordiale, dalla ricombinazione. Negli anni successivi il fondo cosmico è stato osservato a tutte le lunghezze d'onda, da più di 30 cm a circa 0.3 mm. Nel 1992 l'esperimento FIRAS sul satellite COBE ha dimostrato che la sua intensità alle varie lunghezze d'onda (spettro) segue esattamente la legge di Planck per lo spettro di corpo nero. Questo è lo spettro caratteristico dell'equilibrio tra

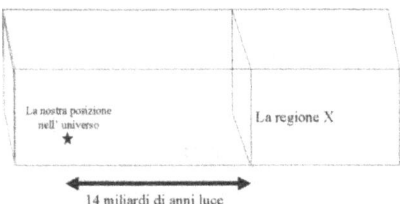

t = 0 anni dal Big Bang

Big Bang

Evoluzione di una zona dell'Universo e della sua immagine

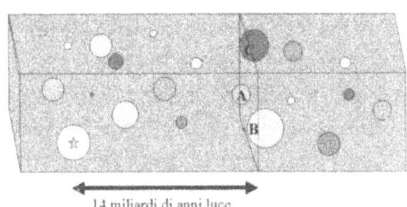

t = 300000 anni dal Big Bang
Ricombinazione. L'universo diventa neutro.
La luce ora può propagarsi in linea retta.
Le perturbazioni di densità possono cominciare a crescere

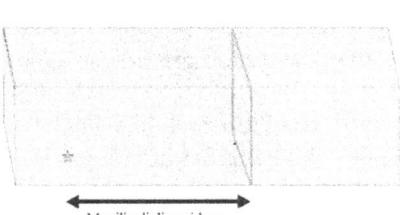

t = 1000 anni dal Big Bang
L'Universo è un plasma caldissimo. La luce non si propaga

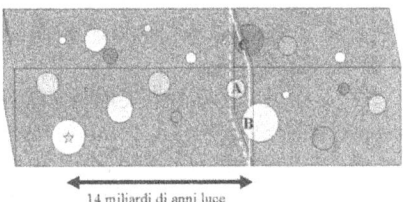

t = 1 milione di anni dal Big Bang
L'universo è neutro. La luce ora si propaga in linea retta.
Un'immagine della regione X è partita verso di noi

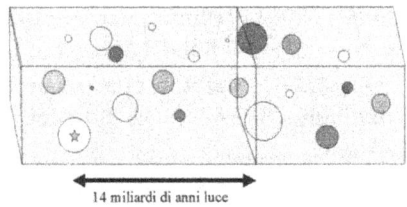

t = 200000 anni dal Big Bang
L'Universo è un plasma caldissimo in lento raffreddamento.
Aumentando moltissimo il contrasto si vedono
piccole fluttuazioni di temperatura e densità

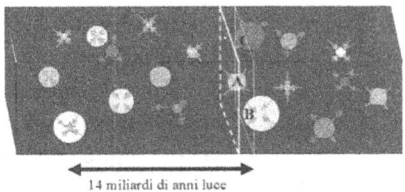

t = 1 miliardo di anni dal Big Bang
Si formano le strutture sotto l'azione della gravità:
ammassi di galassie dalle zone più calde e sovradense
vuoti cosmici dalle zone più fredde e sottodense

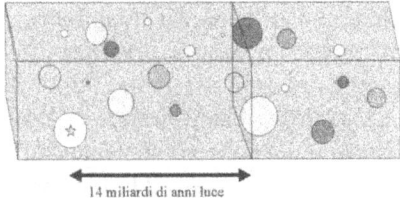

t = 250000 anni dal Big Bang
L'Universo si raffredda lentamente. La luce non si propaga
Le bolle di densità non possono crescere,
la luce intensissima lo impedisce

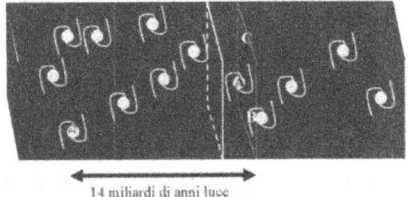

t = 2 miliardi di anni dal Big Bang
Si sono formate le strutture.
L'immagine della regione X nel suo stato primordiale
continua a viaggiare verso di noi

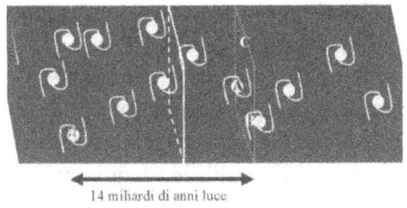
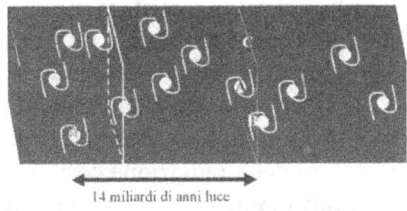

t = 5 miliardi di anni dal Big Bang
Nelle galassie nascono e bruciano le diverse popolazioni stellari. L'immagine della regione X nel suo stato primordiale continua a viaggiare verso di noi

t = 10 miliardi di anni dal Big Bang
Si forma la Terra
L'immagine della regione X nel suo stato primordiale continua a viaggiare verso di noi

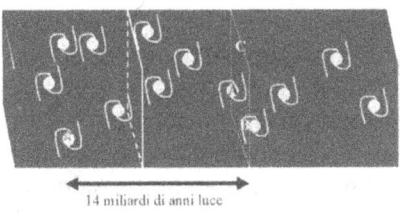
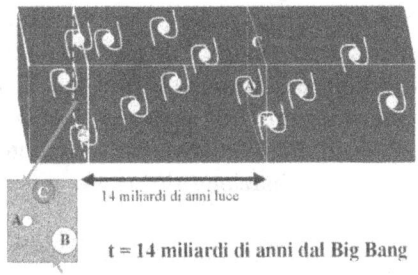

t = 8 miliardi di anni dal Big Bang
Nelle galassie nascono e bruciano le diverse popolazioni stellari. L'immagine della regione X nel suo stato primordiale continua a viaggiare verso di noi

t = 14 miliardi di anni dal Big Bang
Oggi. L'immagine primordiale della regione X è arrivata fino a noi, visibile come *anisotropia* nel fondo cosmico a microonde. Come possiamo vedere nei fossili l'immagine di specie primitive, possiamo vedere nel fondo a microonde l'immagine delle protostrutture che si evolveranno in galassie

Fig. 4. Il viaggio dei fotoni del fondo cosmico nell'universo in evoluzione

radiazione e materia che si instaura in un mezzo ionizzato. Per la radiazione di fondo le deviazioni dall'espressione di Planck sono inferiori a una parte su 10.000!

L'esistenza della radiazione cosmica di fondo è quindi una conferma sperimentale della teoria del Big Bang Caldo: viviamo in un universo in espansione, che deve provenire da uno stadio iniziale enormemente caldo e denso.

Abbiamo quindi a disposizione luce che arriva da un'epoca di "appena" 300.000 anni dopo il big bang, quando l'universo era 1000 volte più piccolo, 1000 volte più caldo, un miliardo di volte più denso e 50.000 volte più giovane di oggi.

L'immagine del fondo cosmico e la scala caratteristica

Se riusciamo ad ottenere un'immagine di questa radiazione, abbiamo un'immagine dell'universo primordiale, all'epoca più antica investigabile con la luce. È una sfida per gli sperimentatori fin dal 1965! Che immagine dobbiamo aspettarci? Nel gas incandescente (plasma) primordiale ci possono essere piccole fluttuazioni casuali di densità e di temperatura. Queste fluttuazioni possono crescere di densità solo dopo la ricombinazione, formando le strutture (ammassi di galassie, galassie, stelle ecc.) presenti oggi nell'universo vicino. Prima della ricombinazione la crescita viene impedita dall'altissima pressione dei fotoni, che interagiscono con il plasma molto più che con la materia neutra.

C'è quindi un legame profondo tra l'immagine del fondo cosmico a microonde e le strutture cosmiche: ambedue sono conseguenza delle fluttuazioni di densità e temperatura presenti alla ricombinazione! Nella Figura 4 possiamo seguire i fotoni della radiazione cosmica di fondo nel loro incredibile viaggio attraverso tutto l'universo osservabile, vedendo come trasportino un'immagine dal passato, un fossile dell'universo come era circa 15 miliardi di anni fa.

Ci aspettiamo quindi di poter osservare nell'immagine del fondo cosmico le protostrutture presenti nell'universo a quell'epoca così remota e così diversa. Ma quanto sono grandi le strutture primordiali? Alla ricombinazione l'età dell'universo è di circa 300.000 anni. La distanza che un qualsiasi fotone ha percorso dell'inizio del tempo è di 300.000 anni-luce. Ne consegue che regioni di universo distanti più di 300.000 anni-luce alla ricombinazione non possono scambiarsi informazioni, non possono interagire tramite le forze, non sono in contatto causale. Si dice che esiste un "orizzonte causale": regioni di spazio che all'epoca della ricombinazione distavano più di 300.000 anni-luce erano causalmente sconnesse.

Le forze non hanno il tempo di agire su distanze più grandi dell'orizzonte causale, e quindi non si possono addensare strutture più grandi dell'orizzonte causale. Ci aspettiamo che esista nell'immagine una dimensione caratteristica, quella di 300.000 anni-luce, che separa le strutture in due classi: quelle più grandi e quelle più piccole dell'orizzonte causale.

Quelle più grandi, se ci sono, sono congelate, perché comunque si siano formate, le interazioni (che agiscono alla velocità della luce) non hanno – in tutta la vita dell'universo fino alla ricombinazione – avuto il tempo di far interagire i due estremi della perturbazione.

In quelle più piccole invece c'è stato abbastanza tempo per far agire forze come la gravità e la pressione dei fotoni. Queste sono forze contrastanti: la prima favorisce l'addensamento, la seconda lo impedisce. Il risultato è che la densità oscilla, facendo prevalere alternativamente la gravità (fasi di compressione) o la pressione dei fotoni (fasi di rarefazione). Un comportamento, questo, molto diverso da quello delle perturbazioni più grandi dell'orizzonte causale.

La scala di 300.000 anni-luce è quindi una scala naturale che deve essere evidente nell'immagine, perché separa comportamenti fisici del plasma completamente diversi. Questa scala caratteristica è il righello lontanissimo di cui avevamo bisogno per misurare la curvatura dell'Universo.

Una struttura grande 300.000 anni-luce alla ricombinazione sottende oggi un angolo di circa un grado, se la geometria è euclidea. Infatti, in una geometria euclidea statica l'angolo sotteso è pari alla dimensione propria della struttura divisa per la distanza tra noi e la struttura. Ma qui l'universo si espande di circa 1000 volte nel frattempo, quindi Angolo sotteso = [dimensione/distanza] × 1000 = [300.000 anni-luce / 15 miliardi di anni-luce] × 1000 = 1 grado. Se le strutture presenti nella mappa del fondo cosmico hanno dimensioni tipiche vicine al grado, significa che la geometria è Euclidea, e quindi l'universo ha una densità critica ($\Omega = 1$). Se invece le strutture hanno dimensioni più grandi, vuol dire che

$\Omega = 1$, e quindi l'alta densità di massa-energia agisce come una lente convergente, ingrandendo la loro immagine (vedi Fig. 5).

Le misure

Fin dagli anni Settanta fu chiaro che l'immagine della radiazione cosmica di fondo è estremamente poco contrastata. La radiazione di fondo è con ottima approssimazione isotropa. Le anisotropie (variazioni di temperatura da una zona all'altra del cielo) sono inferiori a 100 parti per milione (300 milionesimi di grado o 300 µK) a qualunque scala angolare inferiore a 90 gradi.

Le misure sono estremamente difficili, a causa dell'emissione (10 K) e delle fluttuazioni di emissione (10 mK) dell'atmosfera terrestre, molto maggiori del segnale da misurare. Le misure vanno fatte in alta montagna, o in Antartide, o da palloni stratosferici o da satelliti in orbita.

Sul satellite COBE (1992) erano presenti dei radiometri differenziali (DMR), costruiti per ottenere una immagine della radiazione cosmica di fondo dall'esterno dell'atmosfera terrestre. La misura fu estremamente importante, perché per la prima volta evidenziò l'esistenza delle strutture nella CMB, anche se ad un livello di sole 10 parti per milione! Le tre mappe a tutto cielo ottenute a 31.5, 53 e 90 GHz differiscono a causa del rumore dei rivelatori, ma le strutture del fondo cosmico sono visibilmente correlate nelle tre mappe, e hanno proprio lo spettro relativo alla derivata di un corpo nero a 2.73K.

Siccome DMR non aveva un vero e proprio telescopio, le strutture più piccole distinguibili nelle mappe hanno dimensioni di circa 10 gradi. Questo non è sufficiente per osservare le strutture più piccole di un grado, di cui abbiamo parlato sopra. È un pò come osservare la *Notte stellata* di Van Gogh (Fig. 6), in cui sono dipinte strutture presenti in cielo di dimensioni di circa un grado, attraverso un visore capace di risolvere strutture non più piccole di 10 gradi. L'immagine risulta totalmente sfuocata, si può solo osservare un gradiente a grande

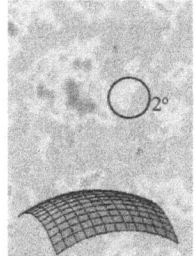 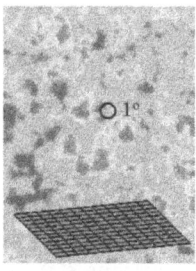 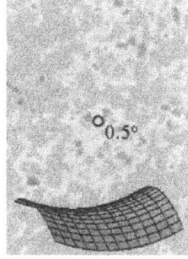

Fig. 5. Curvatura dell'universo e dimensioni apparenti delle strutture nel fondo cosmico a microonde. Nel pannello di sinistra l'universo ha una curvatura positiva, e le strutture hanno grandi dimensioni. Nel pannello centrale l'universo ha curvatura nulla, e le strutture hanno dimensioni tipiche di 1 grado. Nel pannello di destra l'universo ha curvatura negativa, e le strutture hanno dimensioni tipiche inferiori al grado

"Notte stellata", vista da:

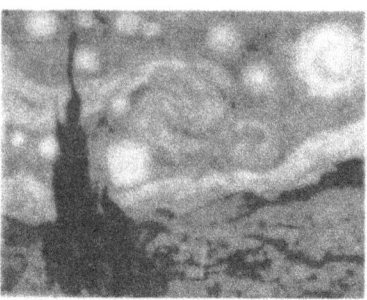
BOOMERanG (risoluzione 1/6°)

Van Gogh

COBE (risoluzione 7°)

Fig. 6. Nella *Notte stellata* dipinta da Van Gogh ci sono strutture in cielo con dimensioni tipiche di un grado. Attraverso il telescopio di COBE, che aveva una risoluzione di circa 10°, le strutture non sono visibili, mentre attraverso il telescopio di BOOMERanG, che ha risoluzione di 1/6°, cominciano ad essere completamente risolte

scala, ma tutti i dettagli utili sono persi. Per risolvere le strutture è necessario un visore con risoluzione di almeno 10 minuti d'arco (1/6 di grado).

Tutto questo era ben chiaro fin dalla scoperta della radiazione cosmica di fondo nel 1965, e la misura di anisotropie del fondo cosmico con risoluzione migliore del grado ha rappresentato una sfida per gli sperimentatori per oltre vent'anni.

Il grosso problema è il bassissimo contrasto dell'immagine che si vuole ottenere: si devono osservare fluttuazioni di poche decine di milionesimo di K in presenza di segnali dall'atmosfera terrestre e dalla nostra galassia di alcune decine di K e di segnali provenienti da terra di alcune centinaia di K.

Gli sperimentatori hanno dovuto combinare elaborate tecnologie di modulazione e demodulazione per estrarre i flebili segnali dell'universo primordiale da un fondo di origine locale estremamente più intenso, sofisticate tecnologie criogeniche per ridurre il rumore di origine strumentale, ed innovative tecnologie ottiche per rigettare completamente i segnali provenienti da direzioni diverse da quella di osservazione.

BOOMERanG

Per quanto detto sopra, è necessario un esperimento con risoluzione migliore di un grado per poter fare la misura. Per ottenere la risoluzione, si deve costruire un vero e proprio telescopio per microonde, che permetterà di vedere l'Universo primordiale, di studiare e vedere le protostrutture, i semi da cui nasceranno le galassie, nella loro fase iniziale, e di determinare la geometria dell'universo, e quindi la sua evoluzione passata e futura, di determinare la densità totale di massa ed energia, con la quale va confrontata la somma di tutte le componenti note (materia luminosa, materia oscura, energia oscura) per vedere se il totale torna.

Oltre al telescopio a microonde, servono rivelatori sensibilissimi, e un sistema per raffreddarli a temperature criogeniche. Serve una località con atmosfera trasparente o inesistente. Serve una strategia ed un apparato di scansione che permetta di separare il piccolo segnale cosmologico da tutti gli effetti strumentali, e che permetta di eliminare tutti gli effetti sistematici. Serve una direzione di osservazione lontana da sorgenti locali, e serve la possibilità di ripetere molte volte le misure in condizioni sperimentali diverse, per vedere se i risultati sono ripetibili e liberi da contaminazioni strumentali. L'esperimento BOOMERanG (Fig. 7) è stato progettato e realizzato tenendo ben presenti i punti elencati sopra.

Il telescopio, progettato all'Università di Roma "La Sapienza", raccoglie la

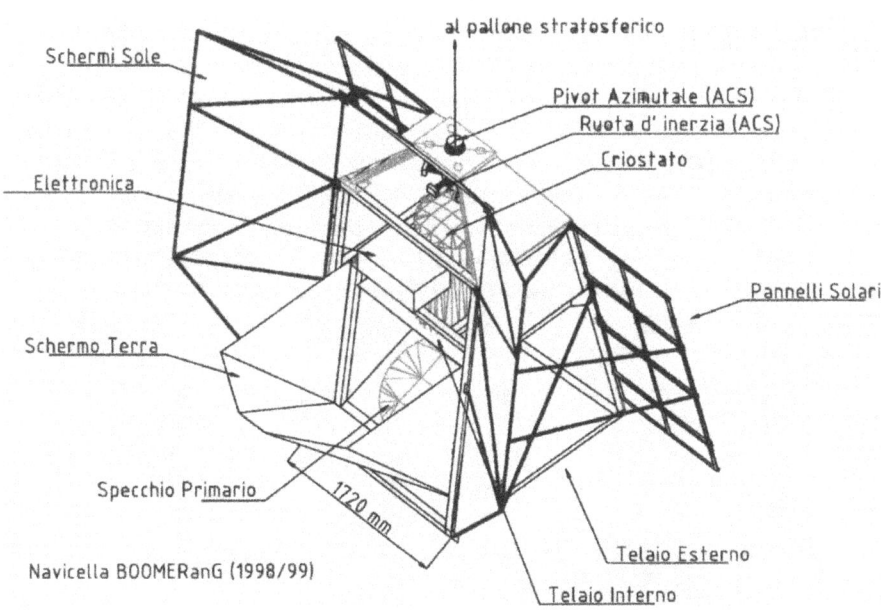

Fig. 7. L'esperimento BOOMERanG e i suoi componenti principali. La navicella pesa circa 1500 Kg e viene sollevata a 37 Km di altezza da un pallone stratosferico riempito con un milione di metri cubi di elio

debole radiazione a microonde e la concentra sui rivelatori. Lo specchio primario ha dimensioni ragguardevoli: 1.3 m. È un telescopio fuori asse, che raccoglie esclusivamente radiazione proveniente dalla direzione osservata. Anche un solo miliardesimo della potenza proveniente da direzioni sghembe rovinerebbe le misure! È costruito con specchi metallici, in alluminio, da 1.3 metri di diametro, perché sono isotermi ed emettono poche microonde. Lo specchio principale è stato costruito a San Donà di Piave (Marcon), il secondario e il terziario presso l'officina del Dipartimento di Fisica de "La Sapienza". Secondario e terziario sono raffreddati a -271°C (2 K) dentro il criostato, insieme ai rivelatori.

I rivelatori sono sensibilissimi "bolometri a ragnatela" per onde millimetriche, realizzati a Caltech e JPL. Raccolgono i fotoni a microonde e si scaldano leggermente (pochi miliardesimi di grado). Questo fatto produce a sua volta una variazione di resistenza elettrica in un cristallo di germanio, che viene misurata. Più microonde arrivano, più cambia la resistenza. Montati nel fuoco del telescopio di BOOMERanG hanno una sensibilità tale da misurare il calore prodotto da una caffettiera posta sulla Luna!

Per funzionare devono essere raffreddati a 273 gradi sotto zero (0.3 K). Il sistema criogenico, costruito in collaborazione tra ENEA di Frascati e Università di Roma, è una macchina termica complessa che, usando azoto liquido, elio liquido ed elio-3 liquido, raffredda i rivelatori e li mantiene stabilmente a 0.28 K (-273 C) per tutta la durata delle misure (15 giorni), funzionando automaticamente senza interventi esterni.

L'atmosfera terrestre emette fortemente nelle microonde. Far misure di fondo cosmico da terra è come voler ottenere immagini ottiche di galassie lavorando di giorno. A quota di pallone stratosferico (37 km) l'emissione dell'atmosfera terrestre è invece estremamente ridotta. Il pallone stratosferico costa circa 100 volte meno di un satellite. L'Agenzia Spaziale Italiana lancia palloni stratosferici dalla base di Trapani. La NASA-NSBF lancia palloni stratosferici dall'Antartide, che circumnavigano il continente in 1-2 settimane. Questo permette di ripetere le misure molte volte, in modo da ridurre il rumore residuo dei rivelatori e da essere sicuri che la mappa ottenuta non sia contaminata da effetti strumentali.

Durante il volo si fanno scansioni del cielo ruotando tutta la navicella e misurando pazientemente l'emissione in ogni direzione ad azimuth diversi. Le scansioni e la ricostruzione del puntamento avvengono tramite un sofisticato sistema di controllo d'assetto sviluppato all'IROE di Firenze con contributi dall'INGV di Roma. Il piano focale contiene rivelatori su due file, in modo da confermare più volte i segnali misurati. La rotazione della volta celeste permette di scansionare una ampia zona di cielo, e di ripassare nelle stesse direzioni provenendo da direzioni diverse. Si fanno scansioni a velocità diverse, in modo da separare effetti strumentali dal vero segnale proveniente dal cielo. Si ripete la stessa procedura ogni giorno, per vedere gli eventuali effetti del movimento del pallone rispetto alla terra e del Sole sulla volta celeste.

L'esperimento ha ottenuto quattro mappe del cielo, a quattro diverse lunghezze d'onda: 3, 2, 1.3, 0.8 mm. Nelle prime due bande ci si aspetta che domini il segnale della radiazione di fondo, mentre nelle due bande a lunghezze d'onda più brevi sono presenti emissioni contaminanti, dall'atmosfera e dalla nostra

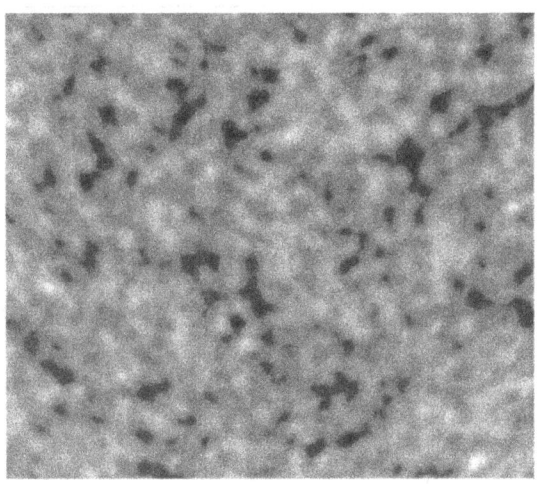

Fig. 8. Mappa di una remota regione dell'universo primordiale ottenuta dall'esperimento BOOMERanG. Le zone più chiare e più scure corrispondono rispettivamente a regioni leggermente più calde e dense o più fredde e rarefatte nel gas incandescente presente nell'Universo circa 300.000 anni dopo il big bang (14 miliardi di anni fa). Le fluttuazioni di temperatura misurate sono dell'ordine di 30 parti per milione della temperatura media del fondo cosmico. La mappa ha dimensioni di circa 20 gradi per 30

galassia, che possono così essere monitorate. La mappa a 2 mm è visibile in Figura 8. È evidente la presenza nel cielo di piccole fluttuazioni di brillanza, corrispondenti a fluttuazioni di temperatura del fondo cosmico di alcune decine di parti per milione. Le dimensioni angolari tipiche di queste strutture sono dell'ordine del grado. Questo risultato è confermato dalle mappe a 3 mm e a 1.3 mm, mentre la mappa a 0.8 mm monitora l'emissione della nostra galassia, mostrando che le strutture galattiche non possono contaminare il segnale cosmologico presente nelle mappe a 3, 2 e 1.3 mm.

Implicazioni cosmologiche delle misure di BOOMERanG

Le dimensioni tipiche delle strutture possono essere studiate più quantitativamente ricorrendo ad una procedura matematica detta "analisi di spettro di potenza". Questa procedura calcola qual è l'abbondanza delle macchie di diverse dimensioni: i risultati sono i punti riportati (con le loro barre d'errore) in Figura 9. In pratica, nella mappa sono massimamente abbondanti strutture di dimensioni angolari pari a poco meno di un grado, mentre sono relativamente meno abbondanti strutture angolarmente più grandi o più piccole. È proprio quello che ci si aspettava per un universo a geometria euclidea, a curvatura nulla. Secondo la relatività generale, la densità dell'universo è quindi proprio pari a quella critica.

I cosmologi teorici riescono a calcolare in dettaglio, dati i parametri cosmologici (come la curvatura, le densità di barioni, di materia oscura e di energia oscura, la costante di Hubble e i parametri tipici delle fluttuazioni primordiali di densità), lo spettro di potenza aspettato. Quello che meglio descrive le misure di BOOMERanG è mostrato come linea continua nel grafico di Figura 9 e corrisponde ad un parametro di densità $\Omega = (1.02 \pm 0.03)$, ad una densità di materia

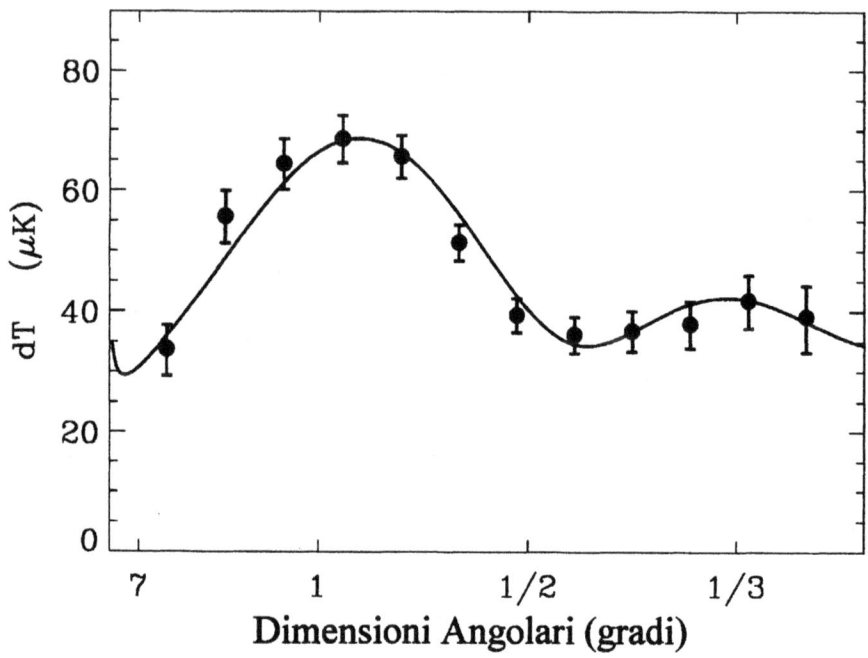

Fig. 9. Spettro di potenza delle variazioni di temperatura della radiazione cosmica di fondo misurate da BOOMERanG (punti con barre d'errore). Lo spettro mostra un picco per dimensioni angolari delle strutture dell'ordine di un grado, evidenza di una geometria Euclidea dell' Universo

barionica $\Omega_b = (0.021 \pm 0.003)/h^2$ e a perturbazioni iniziali di densità uguali a tutte le scale. Altri parametri possono essere determinati combinando queste misure con altre misure cosmologiche.

Se la densità totale è quella critica, e sappiamo da altre evidenze che le altre forme di densità di massa non superano il 35% di quella critica, allora manca all'appello un 65-70% di densità di massa-energia. Potrebbe essere l'energia oscura introdotta per spiegare l'apparente accelerazione dell'espansione? L'ipotesi è affascinante, ma difficile da comprendere. Infatti non abbiamo ancora un modello fisico convincente per questa forma di energia. È per ora più una soluzione empirica-matematica – simile a quella che aveva introdotto Einstein per ottenere un universo statico. Qui introduciamo nel tensore impulso-energia un termine a pressione negativa, e vediamo che in quantità opportuna riesce a spiegare sia l'accelerazione dell'universo, sia la sua piattezza. Ma non sappiamo cos'è. I fisici teorici stanno lavorando intensamente su questo problema, ormai da alcuni anni.

L'altra conseguenza della curvatura nulla è il fatto che il nostro universo sta seguendo la soluzione instabile delle equazioni di Einstein. Basterebbe una piccolissima fluttuazione iniziale, e noi non esisteremmo, perché l'universo sarebbe oggi o estremamente collassato o estremamente diluito. Questo paradosso (detto "paradosso della piattezza") si somma al paradosso degli orizzonti, che si era presentato ai cosmologi fin dalle misure di COBE-DMR. Le mappe di COBE e BOOMERanG mostrano fluttuazioni di temperatura non superiori a poche decine di parti per milione, anche per regioni separate da decine di gradi, e quindi causalmente sconnesse all'epoca da cui ci proviene l'immagine. Come è possibile che regioni di universo distanti molto più dell'orizzonte causale abbiano temperature così incredibilmente simili? Erano state regolate all'inizio? E da quale processo fisico?

L'ipotesi dell'Inflazione Cosmologica tenta di spiegare questi e altri paradossi, e anche di fornire un'origine alle fluttuazioni iniziali di densità che osserviamo oggi come fluttuazioni di temperatura della radiazione cosmica a microonde.

Questa ardita teoria collega le scale microscopiche a quelle cosmologiche.

Secondo questa teoria, un attimo dopo il Big Bang, all'epoca dell'unificazione delle forze, ci fu una enorme espansione dello spazio. L'espansione è talmente enorme che tutto l'universo osservabile oggi si trovava in un volume microscopico, e quindi in contatto causale, prima della fase di inflazione. Così viene risolto il paradosso degli orizzonti. Quindi, secondo questa teoria, le strutture viste da BOOMERanG e COBE sono il risultato delle fluttuazioni quantistiche presenti a livello microscopico prima dell'inflazione. Staremmo osservando l'Universo ad energie molto più alte di quelle mai raggiungibili nei nostri laboratori.

I fisici delle alte energie riescono a calcolare che tipo di distribuzione delle fluttuazioni ci si deve aspettare nel campo quantistico iniziale, e come questa genera fluttuazioni di densità a livello cosmologico dopo l'inflazione. Queste fluttuazioni di densità vengono generate a tutte le scale, sia più grandi dell'orizzonte sia più piccole. Sono quindi responsabili delle anisotropie misurate a scale maggiori dell'orizzonte dal satellite COBE, e delle oscillazioni del fluido di materia e radiazione a scale più piccole dell'orizzonte, prima della ricombinazione, che generano le strutture misurate da BOOMERanG.

La distribuzione delle loro dimensioni, cioè lo spettro di potenza osservato da BOOMERanG e COBE è in ottimo accordo con quanto previsto dalla teoria inflazionaria.

Indipendentemente dalla curvatura iniziale, lo spazio venne stirato dall'espansione come la superficie di un palloncino che viene gonfiato, che in una zona limitata diventa indistinguibile da piatta. Così si produce una geometria Euclidea, risolvendo anche il paradosso della piattezza.

Una ulteriore previsione della teoria dell'inflazione è che le fluttuazioni di densità e di temperatura siano distribuite in modo gaussiano. Anche questa previsione trova conferma nelle mappe di BOOMERanG.

Non possiamo dire, con questo, che la teoria inflazionaria sia stata dimostrata vera. Manca ancora da verificare, ad esempio, se nella fase inflazionaria si sia formato davvero un fondo di onde gravitazionali (perturbazioni tensoriali della metrica). E manca anche una descrizione dettagliata della transizione di fase che portò alla separazione delle forze pochi attimi dopo il Big Bang.

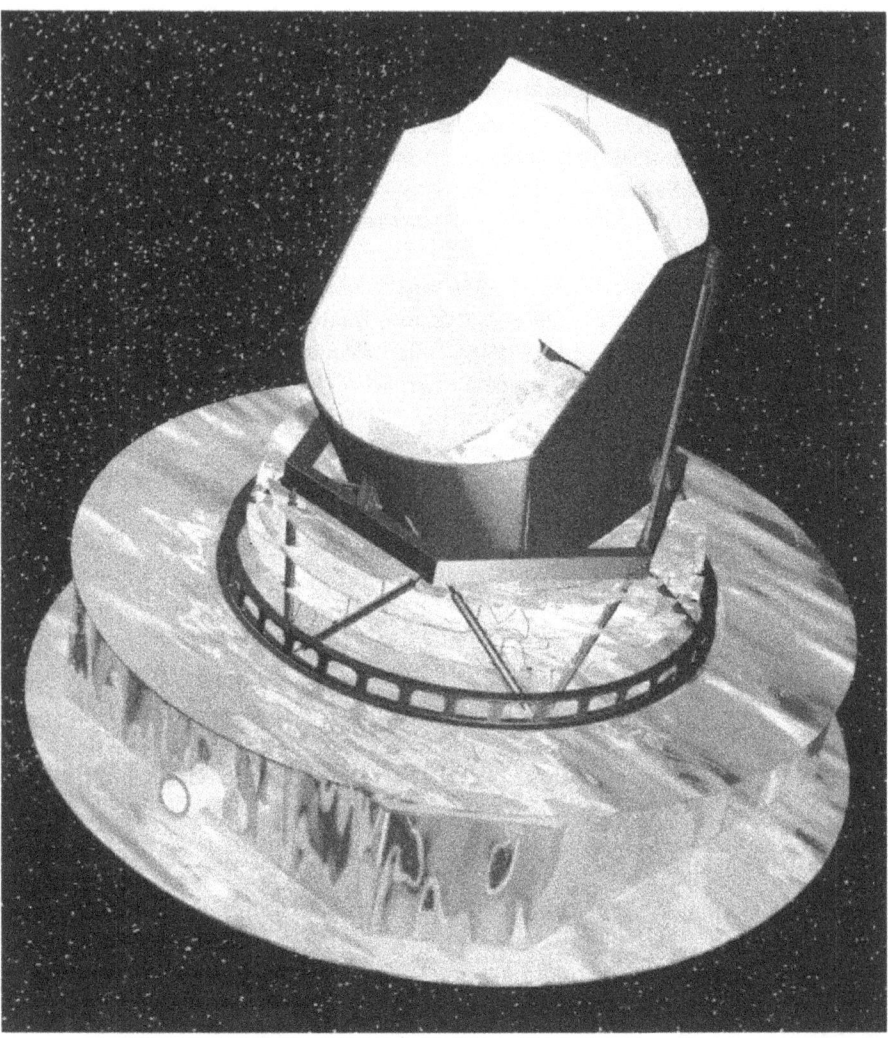

Fig. 10. Il satellite Planck dell' Agenzia Spaziale Europea, che nel 2007 eseguirà dettagliatissime misure della radiazione cosmica di fondo

Il futuro

Altri esperimenti (MAXIMA, DASI, CBI) hanno confermato recentemente le misure di BOOMERanG. Ma rimane moltissimo da fare, sia in campo teorico che in campo sperimentale. Per quanto riguarda le mappe del cielo a microonde, si deve estendere la copertura di cielo di BOOMERanG (che ha osservato solo il 2-3% del cielo) a tutto il cielo, in modo da ottenere maggiore precisione nella misura dello spettro di potenza. È quello che sta facendo il satellite MAP, lanciato dalla NASA a 1.5 milioni di chilometri da terra, in una punto dello spazio dove la contaminazione delle misure da parte dell'emissione termica della terra, della luna e del sole sono completamente irrilevanti. Intorno al 2007 il satellite Planck dell'Agenzia Spaziale Europea (Fig. 10) eseguirà misure ancora più accurate, con risoluzione angolare migliore di quella di BOOMERanG e MAP, e coprendo un intervallo di lunghezze d'onda molto più ampio. La speranza di queste ulteriori misure è di determinare in modo ancora più accurato tutti i parametri cosmologici che descrivono il nostro universo. Si spera così di capire la natura della materia oscura, dell'energia oscura, e del processo inflazionario iniziale. Più a breve termine, la navicella BOOMERanG è stata modificata con l'aggiunta di rivelatori sensibili alla polarizzazione dei fotoni del fondo cosmico, cioè alla direzione di oscillazione delle onde elettromagnetiche ad essi associate. Il segnale da misurare è piccolissimo, dal 5% al 10% del segnale – già piccolo – delle anisotropie. Ed ancora più piccolo è il segnale polarizzato che dovrebbero produrre le onde gravitazionali generate dall'inflazione. Ma l'informazione ottenibile è veramente importante, e potrebbe dare una conferma molto più completa della affascinante teoria inflazionaria.

Letture consigliate

La letteratura sulla cosmologia è molto ampia. A livello introduttivo e generale raccomandiamo *I primi tre minuti* di Steven Weinberg (Oscar Mondatori), *Origine ed evoluzione dell'universo* di Livio Gratton (NIS). Per gli sviluppi più recenti e le connessioni con la fisica delle altissime energie raccomandiamo *L'Universo Elegante* di Brian Greene (Einaudi). Articoli in italiano su BOOMERanG sono stati scritti dagli autori per la rivista *Sapere* (Giugno 2000 e Agosto 2001).

matematica e cinema

Da *Kubrick e il fantastico*

MICHEL CIMENT*

Il film di Kubrick - eccezion fatta per *Barry Lyndon*, opera demiurgica che pretende di ricreare tutto un mondo e rispecchiare tutta una civiltà - hanno cercato di superare i limiti del "realismo" cinematografico, per quanto elastica possa essere questa definizione, a cui avevano aderito tanto i suoi film di guerra che i suoi film gialli, oltre a *Lolita*. *Il dottor Stranamore* (1963) e *Arancia meccanica* (1971) non dipendono tanto dalla fantascienza propriamente detta quanto dalla fantapolitica (la politica internazionale e la guerra atomica, i meccanismi del sistema politico interno), poiché la loro storia si svolge in un futuro prossimo, e poiché sono imparentati nel primo caso con la farsa burlesca e nel secondo con il racconto filosofico e satirico. In essi il genio comico di Kubrick - che è presente in tutti i suoi film - si dispiega liberamente, con il suo senso del sarcasmo e della derisione, della caricatura e dell'humour. *Il dottor Stranamore* (con lo stesso personaggio del dottore e con la macchina della fine del mondo) e *Arancia Meccanica* (con il trattamento Ludovico) s'incontrano talora tangenzialmente con il genere fantastico. Ma si presentano soprattutto come film unici, senza veri antecedenti né successori, mentre ci sembra invece che *2001: Odissea nello spazio* e *Shining* appartengano al campo del fantastico, il primo nella forma della fantascienza, il secondo in quella del film dell'orrore. I teorici del fantastico sono concordi nel vedere nel fantastico una rottura dell'ordine riconosciuto, uno scandalo inammissibile per l'esperienza e per la ragione.

"Il fantastico è l'esitazione che prova un individuo che conosce soltanto le leggi naturali di fronte ad un avvenimento apparentemente soprannaturale" [2].

Il fantastico è quindi lo shock tra il reale e l'immaginario, ed esclude il meraviglioso in cui niente sorprende o sconvolge, perché è il campo dell'immaginario puro ove tutto può succedere. Si capisce come questa trasgressione di una regolarità prestabilita, questa sfida all ragione, possa piacere a Kubrick. Le apparizioni del monolite in *2001*, quelle degli spettri in *Shining*, e più ancora l'arrivo del cosmonauta Dave Bowman nella stanza in stile Luigi XVI, proprio come la presenza di Jack alla festa dell'hotel Overlook il 4 luglio 1921, hanno qualcosa di

---

* Per gentile concessione dell'editore

Fig. 1. Dal film *2001: Odissea nello spazio*

incomprensibile, per non dire d'impensabile. In ambedue i casi lo spettatore non può dare una spiegazione razionale ai fatti di cui è testimone e deve perciò accettare il soprannaturale. Questo fantastico tende allora al meraviglioso (senza confondersi con esso), se si accetta la definizione di Todorov:

"O il lettore (spettatore) ammette che avvenimenti apparentemente soprannaturali possano ricevere una spiegazione razionale e si passa quindi dal fantastico allo strano; oppure ammette la loro esistenza in quanto tali e ci si ritrova nel meraviglioso"[2].

Ma si è visto che il fantastico non può nascere se non su uno sfondo con una "realtà" molto forte. Perché vi sia una contrapposizione tra il reale e l'immaginario, e poi eventualmente una fusione tra i due, il quadro reale dev'essere rispettato scrupolosamente. La grande tradizione della letteratura fantastica è nata anch'essa nel secolo dei lumi (cioè nell'epoca in cui Kubrick vede una rappresentazione di tutti i nostri problemi), prima con il romanzo gotico inglese, e poi con il romanticismo tedesco; si è sviluppata nel XIX secolo parallelamente alla scienza e al positivismo, di cui rappresenta un po' la parte nascosta, ed è istruttivo notare come i grandi autori fantastici, da Hoffmann a Gogol, da Balzac a Maupassant, furono anche i seguaci del realismo, o del naturalismo, prima che Jules Verne e H.G. Wells non illustrassero con la fantascienza l'incontro tra la tecnica e la magia.

2001: Odissea nello spazio e *Shining* esplorano insomma le due vie del fantastico, così come sono state definite da Gérard Lenne nel suo importante saggio [3]. Nella prima il pericolo proviene dall'uomo. È lo schema dell'apprendista stregone a cui appartiene il mito di Frankenstein. L'uomo vuol dominare l'universo e crea una macchina che diventa un pericolo per lui. Vi si riconosce uno dei temi di *2001* in cui il reale diventa immaginario. Nella seconda via al contrario il pericolo proviene da fuori, ed essa è esemplificata dal mito di Dracula; stavolta l'uomo è dominato, trasformato, e diventa lui stesso un pericolo. *Shining*, in cui l'immaginario diventa reale, è conforme a questa definizione. Ma Lenne dimostra assai bene che queste contrapposizioni tra vertigini dell'iper-razionale e vertigini dell'irrazionale, tra incertezza della materia e incertezza dello spirito, si esercitano soltanto al livello dell'intrigo esplicito. "In effetti tutte le superstizioni e tutti i pericoli provengono dall'uomo".

2001: Odissea nello spazio e *Shining* si congiungono nell'esprimere queste minacce interiori. Il fatto che uno appaia come il film più audace che Kubrick abbia mai fatto e l'altro come il più soggetto alle leggi di un genere (come se il regista avesse compreso che non ci si poteva permettere d'ignorare i codici rigorosi del terrore cinematografico) non dovrebbe nascondere ciò che queste due opere hanno in comune. Dal macrocosmo di *2001* al microcosmo di *Shining*, l'indagine è la stessa: attraverso il fantastico ed i suoi miti ricercare la *ragione* di quei terrori *irrazionali* che governano l'essere umano.

Le prime inquadrature de *Il dottor Stranamore* ci facevano scoprire un luogo minaccioso, sconosciuto, al limite tra terra e cielo; le ultime sequenze ci mostravano l'esplosione del pianeta. Preannunciavano *2001: Odissea nello spazio*. In ogni utopia vi è un gioco cerebrale, un calcolo vertiginoso che non potevano che affascinare Kubrick. E ambientare una storia nel 2001 (1000 in Arabia significa ciò che non è numerabile, e 1001 evoca l'infinito, come nei celebri racconti; 2001 è anche l'anno in cui Ray Bradbury ambienta una parte delle sue *Cronache marziane* e in cui si svolge *La Repubblica dei saggi* di Arno Schmidt), voleva dire porsi al di là di quel crollo della civiltà di cui si era fatto finora il nero illustratore. Aurel David ha dimostrato che "l'equilibrio tra la parte viva e la parte inerte del mondo è ora spezzato da una continua perdita di sostanza della parte viva. La vita sfugge dalle mani del biologo in quelle del fisico" [4]. Il fine della cibernetica è quello di sostituire l'uomo con la macchina per ogni lavoro servile, per tutto ciò che è meccanico e intermediario. Se non è possibile definire l'umano, si può allora riassorbire o distruggere ciò che è inumano e rimpiazzabile con la tecnica, e forse persino venire a capo dell'ultimo 0,01%, cioè la parte intellettua-

Fig. 2. Dal film *2001: Odissea nello spazio*

le dell'essere. L'uomo sarebbe allora interamente meccanizzabile e non vi sarebbe più l'uomo. Queste ipotesi non sono tanto lontane da quelle di Arthur Clarke, il co-sceneggiatore del film, che prevede un mondo popolato da robot, in cui le macchine domineranno semplicemente perché il loro potenziale è ben più grande di quello dell'uomo [5]. Aurel David constata come in questa ricerca degli ultimi rifugi della vita entri il gusto dell'infelicità, un cupo romanticismo congeniale alla nostra epoca, com'è stato espresso dal grande studioso di cibernetica Norbert Wiener: "Siamo dei naufraghi su un pianeta votato alla morte".

Il mondo di *2001* è pronto a morire, è maturo per la distruzione, come sottolinea la musica intensamente malinconica di Kachaturian che accompagna l'esistenza monotona e vuota dei cosmonauti all'interno del Discovery.

E a partire dalle questioni che lo tormentano – da dove vengo, chi sono, dove vado? – che Kubrick ha composto la sinfonia visiva di *2001*. Kubrick offre una splendida smentita ad Heisenberg, che pensava che l'immagine dell'universo fornita dalle scienze naturali non avesse influenzato direttamente il dialogo dell'artista moderno con questa stessa natura. Partendo dal pensiero di Arthur Clarke che riconosce di condividere – "Talora penso che siamo soli nell'universo e talora penso di no: in ambedue i casi quest'idea mi fa vacillare" – il regista ha concepito un film che ha fatto invecchiare d'un colpo tutto il cinema di fantascienza, fino a rischiare di deludere gli "specialisti" che non vi ritrovavano materializzati i loro beneamati extraterrestri, e fino a rendere perplessi gli "appassionati" del genere per l'audacia della sua narrazione.

Infatti una delle trappole che minacciano la fantascienza è la sua frequente incapacità di liberarsi di una visione antropomorfica del cosmo. Vi sono cento miliardi di stelle nella galassia e cento miliardi di galassie nell'universo visibile, e uno dei temi preferiti è appunto quello delle civiltà "aliene". Ma è difficile immaginare questi mondi differenti senza far ricorso alle nostre "misure" umane e senza renderle così irrisorie. Kubrick sottolinea che il pensiero umano è allora impotente. "Certe parole debbono porsi ad un livello che l'umano non può situare. Quegli esseri avrebbero probabilmente dei poteri incomprensibili. Potrebbero essere in comunicazione telepatica attraverso l'intero universo. Potrebbero avere la facoltà di plasmare gli avvenimenti in un modo che appare divino. Potrebbero persino rappresentare una specie di coscienza immortale che faccia parte dell'universo. Quando si comincia ad interessarsi a questo tipo di problemi, le implicazioni religiose sono inevitabili, perché tutte queste caratteristiche sono di quelle che si attribuiscono a Dio. Ecco qui insomma, se si vuole, una definizione di Dio perfettamente scientifica". La forza di *2001* sta nel fatto di confrontare la nostra civiltà con un'altra conservando il mistero su questo incontro. Il monolite nero appare come una minaccia e nel contempo come un sogno di speranza nei quattro momenti decisivi dell'evoluzione umana: all'inizio è la scimmia che vi si accosta con rispetto, e poi scopre a poco a poco l'uso dell'osso come arma, primo passo di un dominio *tecnico* sul mondo. Ma questa scoperta compiuta nel segno della paura la induce a servirsene per uccidere un'altra scimmia. (Ogni progresso della specie è legato alla soddisfazione degli istinti. Quando questi sono attenuati o repressi come nella società del 2001, l'uomo si raggela. È solo uccidendo HAL 9000 che Bowman ha accesso ad uno sta-

Fig. 3. Dal film *2001: Odissea nello spazio*

dio superiore). Così i rapporti tra la paura e l'aggressione, sempre presenti nei film di Kubrick, vengono espressi in *2001* in modo sconvolgente. Quell'osso lanciato in aria dalla scimmia divenuta uomo si trasforma all'altro capo della civiltà con una di quelle ellissi brutali care al regista, in un'astronave che si dirige verso la luna. La lastra misteriosa ricompare sulla luna, emette degli strani segnali che vengono studiati dagli astronauti, e precede stavolta il gigantesco salto nell'ignoto rappresentato dal viaggio verso Giove. Nel cielo di Giove la lastra appare per la terza volta, prima del tuffo di Bowman "oltre l'infinito". Infine, è in un'altra dimensione del tempo e dello spazio che il monolite si erge nuovamente, mentre un vegliardo punta il suo dito verso di lui, gesto che prelude alla nascita d'un altro uomo. *2001* assume l'aspetto di una ricerca che lo avvicina a *Moby Dick*, altro grande viaggio documentario (in cui Melville dimostra di essere informato e preciso sulla pesca alla balena quanto Kubrick sull'astronautica), altra indagine sul senso della vita.

Il monolite – sia esso un'immagine di Dio, degli extraterrestri o di una forza cosmica – è una nuova manifestazione del determinismo che tende a governare la visione del mondo di Kubrick. Fin dall'alba dell'umanità, prima la scimmia e poi l'uomo sono dei servitori passivi. Rinviano ad un'autorità superiore che li manipola proprio come sono manipolati i soldati di *Orizzonti di gloria*, come lo è Alex durante il trattamento Ludovico e come lo è Jack da parte degli abitanti dell'hotel Overlook. Ma il monolite può sfuggire anche a questa riduzione simbolica e fare dunque tutt'uno con quello slancio vitale che spinge l'uomo a superarsi.

L'oratorio di György Ligeti che serve da motivo conduttore musicale alla presenza del monolite si ricollega all'idea di Arthur Clarke secondo cui ogni tecnologia sufficientemente avanzata è inseparabile dalla magia e da una certa irrazionalità. Questo accompagnamento di cori ci introduce alle soglie dell'ignoto, così come l'uso da parte di Kubrick delle prime battute di *Così parlò Zarathustra* ci informa sulle sue intenzioni profonde. Il poema sinfonico di Richard Strauss non è l'illustrazione della visione nietzschiana, proprio come non lo è il film di Kubrick, altro poema sinfonico. Ne prolungano l'eco con una ricreazione artistica perfettamente autonoma. *2001* propone quello stesso progresso che in Nietzsche è rappresentato dal passaggio della scimmia all'uomo e poi dall'uomo al superuomo ("Cos'è la scimmia per l'uomo? Una derisione o una vergogna dolorosa. Ed è ciò che l'uomo dev'essere per il superuomo: una derisione o una vergogna dolorosa"). Il titolo che precede la prima parte del film, *L'alba dell'uomo*, può valere per tutta l'opera. Il feto che appare alla fine e che forma una specie di secondo globo di fronte alla terra, quel nuovo essere alle soglie di un'alba nuova, è l'espressione di un eterno ritorno. Si è visto come Kubrick spogliasse l'uomo della sua individualità. Ciò che vi è di più singolare in *2001* è il fatto che nel momento stesso in cui Kubrick pone la questione umana fondamentale, priva di personaggi il suo universo.

1968 – 2001: A SPACE ODISSEY
(2001: ODISSEA NELLO SPAZIO)
Compagnia di produzione: Metro-Goldwin-Mayer
Una produzione *Stanley Kubrick*
Sceneggiatura: *Stanley Kubrick, Arthur C. Clarke*, dal racconto "The Sentinel" di A.C. Clarke
Fotografia: *Geoffrey Unsworth*
Operatore: *Kelvin Pike*
Montaggio: *Ray Lovejoy*
Musiche: "Gayane Ballet Suite "di *Aram Ilich Kachaturian*, interpretata dalla Leningrad Philarmonic Orchestra; "Atmosphères", "Lux Aeterna", "Requiem" di *Gyorgi Ligeti*; "Il bel Danubio blu" di *Johann Strauss*; "Così parlò Zarathustra" di *Richard Strauss*
Suono: *A.W. Watkins*
Costumi: *Hardy Amies*
Effetti speciali fotografici: *Stanley Kubrick, Wally Veevers, Douglas Trumbull, Con Pederson, Tom Howard, Colin J. Cantwell, Brian Loftus, Frederick Martin, Bruce Logan, David Osborne, John Jack Malick* (35 mm e 70 mm, Super Panavision – Technicolor e Metrocolor)
Consiglieri scientifici: *Frederick I, Ordways III*
Interpreti: *Keir Dullea* (David Bowman), *Gary Lockwood* (Frank Poole), *William Sylvester* (dott. Heywood Floyd), *Daniel Richter* (la scimmia "Moonwatcher"), *Duoglas Rain* (la voce di HAL 9000), *Leonard Rossiter* (Smyslov), *Margaret Tyzack* (Elena), *Robert Beatty* (Halvorsen), *Sean Sullivan* (Michaels), *Frank Miller* (controllore della missione), *Penny Brahms* (stewardess), *Alan Gifford* (padre di Poole), *Vivian Kubrick* (figlia del dott.Floyd)
Durata originale: 160', poi portata a 141'. Gran Bretagna
Distribuzione: M.G.M.-C.I.C:

Bibliografia

[1] M. Ciment (1999) *Kubrick*, ed. definitiva, Rizzoli; ed originale Calmann-Levy, Parigi 1980
[2] T. Todorov (1970) *Introduction à la littérature fantastique*, Éditions du Seuil, Parigi, pp. 190; trad. italiana: *La letteratura fantastica*, Garzanti, Milano, 1977
[3] G. Lenne (1970) *Le Cinéma "fantastique" et ses mythologies*, Éditions du Cerf, Parigi, pp. 232
[4] A. David (1965) La Cybernétique et l'humain, *Collection Idées*, n. 67, Gallimard, Parigi, pp. 192
[5] D.M. Rorvik (1975) *As man Becomes Machine*, Abacus, Londra, pp. 206
[6] J. Gelmis (1970) *The Film Director as Superstar*, Doubleday, New York, pp. 293-316

matematica e simmetria

Un esperimento di comunicazione

Maria Dedò

Comunicare la matematica – senza banalizzarne i concetti – è difficile. Credo che tutti possano essere d'accordo su questa affermazione, anche se poi si potrà discutere su come leggerla: alcuni possono vederla come un fatto ineluttabile, di cui andar fieri o vergognosi, a seconda che si sia dentro o fuori della cerchia degli "iniziati"; altri possono cercare di fare qualcosa per sfidare questa difficoltà, nella convinzione che "difficile" non voglia però dire impossibile. Il tentativo fatto in questi anni dal Dipartimento di Matematica di Milano con la mostra *Simmetria, giochi di specchi*[1] si muove sicuramente in quest'ultima direzione, e in quanto segue intendo dare un'idea di ciò che abbiamo cercato di costruire intorno a questo esperimento.

Perché il tema della simmetria?

Le ragioni sono molteplici, alcune interne alla matematica, altre esterne; fra quelle esterne c'è sicuramente il fatto che siamo "circondati" dalla simmetria, non solo perché la simmetria interviene, come nodo concettuale profondo, in molte discipline (scientifiche e artistiche) al di fuori della matematica (e, quindi, apre la strada a rapporti di comunicazione non banali con persone di estrazione diversa e di formazione non matematica[2]), ma anche, più superficialmente, perché la vita quotidiana ci offre continui spunti di "motivi che si ripetono" secondo una certa simmetria: dalle decorazioni di un tappeto o di un cestino ai disegni sui tombini. Infine, la simmetria "è bella": torneremo in seguito su questo aspetto, e sulla sua importanza per vincere la "resistenza a priori" dei potenziali interlocutori.

Fra le ragioni interne alla matematica, c'è innanzitutto il fatto che la simmetria offre un bell'esempio di matematica "senza numeri", il che è significativo in un esperimento di divulgazione, dato che è un luogo comune fin troppo diffuso il fatto che la matematica sia solo numeri, e calcoli. Esaminare come si pone la

---

[1] Sito web: http://specchi.mat.unimi.it

[2] È proprio dai contatti stimolati da queste interazioni che è nata l'impostazione del libro Il ritmo delle forme, a cura di P. Bellingeri, M. Dedò, S. Di Sieno, C. Turrini, ed. Mimesis 2001, in cui una parte consistente comprende i contributi di persone di diversa estrazione (dalla fisica alla musica, dalla letteratura alla biologia, alla chimica, alla danza...) sul tema della simmetria.

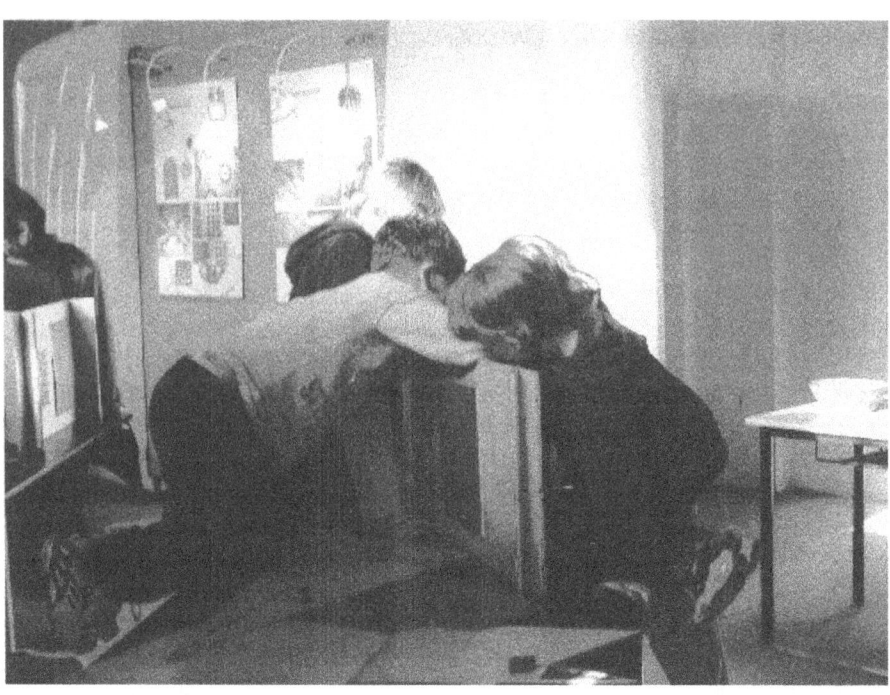

Bambini al lavoro... allestimento dell mostra itinerante a Pisa. La Limonaia, 10 novembre-7 dicembre 2001

matematica di fronte alla simmetria significa cercare uno strumento con cui poter "misurare" la simmetria di una figura e "confrontarla" con quella di un'altra figura: la parola "misurare" non è appropriata in questo contesto perché, per l'appunto, non basta un numero per caratterizzare la simmetria di una figura (e poco importa se piana o tridimensionale), ma occorre un gruppo; il *gruppo di simmetria* di una figura è l'insieme di tutte quelle trasformazioni (del piano per una figura piana, dello spazio per una figura tridimensionale) che la lasciano invariata ed è l'oggetto matematico che sintetizza le informazioni sulla simmetria della figura. E quello che conta non è tanto, o soltanto, quanto è "grosso" questo gruppo, ossia quanti elementi ha (informazione che, per lo meno nel caso dei gruppi finiti, si ridurrebbe a un numero), bensì la sua struttura. Ci si rende facilmente conto di questa affermazione se si confronta ad esempio un rettangolo e una delle usuali girandole a quattro punte: entrambe queste figure hanno un gruppo di simmetria costituito da quattro elementi, eppure le figure ci appaiono anche a prima vista (e a ragione!) qualitativamente diverse dal punto di vista della simmetria; in effetti i quattro elementi del gruppo di simmetria della girandola sono una rotazione di 90° e tutti i suoi multipli, mentre, nel caso del gruppo di simmetria del rettangolo, due elementi sono rotazioni (di 180° e di 360°, cioè l'identità) e due sono riflessioni. La struttura dei due gruppi è diversa.

La mostra *Simmetria, giochi di specchi*

L'idea-chiave che sta alla base dell'esperimento condotto con la mostra *Simmetria, giochi di specchi* è il fatto che alcuni gruppi di trasformazioni, e precisamente i gruppi generati da riflessioni, si possono "visualizzare" con un sistema di specchi. Ma c'è di più: è anche possibile una serie di ulteriori osservazioni non banali sulla loro struttura, evitando completamente la terminologia algebrica relativa al concetto di gruppo, ma senza rinunciare ai concetti sottostanti, semplicemente "traducendoli" nella geometria della posizione degli specchi.

Si tratta naturalmente di casi particolari, e la possibilità di servirsi in questa maniera degli specchi non vale certo per tutti i gruppi di trasformazioni; tuttavia, gli esempi che si possono costruire in questo modo sono sufficientemente vari perché la casistica sia ricca e interessante. Anche dal punto di vista teorico, i gruppi discreti e generati da riflessioni (o *gruppi di Coxeter*) costituiscono un argomento che è stato ampiamente studiato e che ha addentellati in settori della matematica apparentemente molto lontani.

Gli oggetti principali della mostra sono sei "macchine per costruire la simmetria". Tutte queste macchine sono costituite da tre specchi ciascuna; per le prime tre, gli specchi sono perpendicolari al piano su cui appoggiano e staccano su questo, rispettivamente, un triangolo equilatero, un triangolo rettangolo isoscele, un triangolo rettangolo di angoli 60° e 30° (le chiamiamo *camere di specchi*); per le altre tre (che chiamiamo *caleidoscopi tridimensionali*), i tre specchi sono contenuti in tre piani che concorrono in un punto O e che intercettano su una sfera di centro O tre triangoli sferici che hanno un angolo di 90° e un angolo di 60°; il terzo angolo è rispettivamente, nei tre casi, di 60°, 45°, 36°[3].

Ogni camera di specchi è completata da alcune mattonelle che permettono di ricostruire, in quella camera, delle figure (che saranno delle pavimentazioni del piano); e, in modo del tutto analogo, ogni caleidoscopio tridimensionale è dotato di alcuni mattoncini: inserendo il mattoncino nel corrispondente caleidoscopio viene ricostruito un poliedro, e tutti i poliedri che si possono vedere in uno stesso caleidoscopio hanno lo stesso tipo di simmetria.

Sia nelle camere di specchi che nei caleidoscopi viene illustrato e messo in evidenza lo stesso concetto: la classificazione di qualcosa (una figura piana nel primo caso, un oggetto solido nel secondo) rispetto al suo gruppo di simmetria. Individuare in quale camera di specchi è possibile ricostruire un certo disegno (ovvero, in quale caleidoscopio tridimensionale è possibile ricostruire un certo poliedro) significa sostanzialmente aver individuato il gruppo di simmetria della figura.

---

[3] *Nella mostra il terzo caleidoscopio, anziché corrispondere al triangolo sferico con angoli di 90°, 60° e 36°, corrisponde al triangolo ottenuto da due di questi, attaccati insieme lungo un lato (e ha angoli di 60°, 60°, 72°). Questa scelta è stata fatta per una ragione puramente tecnica: un caleidoscopio troppo stretto non avrebbe permesso a più persone contemporaneamente di guardare dentro.*

Comunicazione a diversi livelli

Gli oggetti che abbiamo descritto si prestano alla "comunicazione" di fatti matematici a livelli anche molto diversi, e quindi con categorie di pubblico molto differenziate. Partiamo da un esempio per illustrare questa idea: si è detto alla fine del paragrafo precedente che risolvere i problemi proposti di ricostruzione di figure equivale "sostanzialmente" a individuare il gruppo di simmetria della figura. E si è usata la parola "sostanzialmente" proprio per indicare che in realtà questo non è del tutto vero, ma ci sono dei casi ambigui, nel senso che in alcune camere di specchi è possibile formare figure con gruppi di simmetria diversi; e, viceversa, alcuni gruppi generati da riflessioni si possono visualizzare anche in camere diverse. Tuttavia, ciò concretamente non costituisce un ostacolo alla comunicazione, anzi ne può essere un arricchimento: infatti, per un primo livello di lettura questo problema può tranquillamente essere ignorato, e anche ignorandolo si arriva ad avere una idea nella direzione della classificazione delle figure rispetto alla loro simmetria. Per i visitatori che richiedono un livello di lettura più approfondito, viceversa, questa ambiguità non è tenuta nascosta (il che equivarrebbe a "imbrogliare", e questo sì sarebbe un ostacolo radicale alla comunicazione!), ma è anzi messa in evidenza da appositi problemi, basati ad esempio sui giochi con il colore per mettere in risalto gruppi e sottogruppi. Il gruppo di simmetria G del tetraedro è un sottogruppo del gruppo di simmetria H del cubo, quindi tutti i poliedri che si vedono nel caleidoscopio del cubo si possono in realtà vedere anche nel caleidoscopio del tetraedro: un ottaedro colorato a scacchiera mette in evidenza entrambi i gruppi, perché il gruppo di simmetria dell'oggetto è H, mentre il gruppo di simmetria dell'oggetto colorato è G; quindi si può ricostruire l'ottaedro nel caleidoscopio del cubo se non si pretende di vederlo colorato in quel modo, mentre occorre il caleidoscopio del tetraedro se si vuole anche ricostruire quella particolare colorazione. E si potrebbe andare avanti (i colori sono qui due perché l'indice di G in H è due...).

Questo esempio dovrebbe chiarire in che senso pensiamo che un altro motivo per cui la simmetria è un tema che si presta alla "comunicazione matematica" è il fatto che coinvolge matematica non banale. In prima istanza, il voler parlare di una matematica non banale potrebbe sembrare una controindicazione rispetto a un tentativo di divulgazione: in effetti divulgare la matematica vuol dire parlarne a chi è sprovvisto di strumenti tecnici; non saranno allora cose "troppo difficili"? È anche vero che, con la grande maggioranza dei visitatori (e non solo con i bimbi, ma anche con un certo tipo di pubblico, adulto e colto, ma impreparato sul fronte della matematica), non emerge certo esplicitamente da una visita alla mostra il concetto di gruppo; né, men che meno, emergono gli altri concetti che sono in qualche modo illustrati nella mostra. Tuttavia, la profondità dei temi coinvolti permette una comunicazione su più livelli, che, se si ferma a un certo punto con alcuni visitatori, ha con altri la possibilità di proseguire (dai gruppi cristallografici, ai fregi e mosaici, ai gruppi di Coxeter, alle presentazioni di gruppi con generatori e relazioni, alla geometria dei poliedri, ai gruppi colorati, alle azioni di gruppi e le loro orbite, ai domini fondamentali, ai quozienti, ...). E la nostra impressione è che questo fatto venga avvertito anche dal pubblico più sprovveduto: per rendersi conto del fatto che un dato risultato non è banale non è indispensabile avere gli strumenti per comprenderlo appieno (con tutte le sue implicazioni e giustificazioni).

Un esempio

Un esempio può forse illustrare meglio questa idea: un cartellone della mostra illustra i sette tipi di fregi (ossia, di figure piane il cui gruppo di simmetria è discreto e comprende solo traslazioni parallele a un'unica direzione) e altri tre cartelloni illustrano i 17 gruppi dei mosaici (ossia, di figure piane il cui gruppo di simmetria è discreto e comprende traslazioni in direzioni fra loro indipendenti). Ovviamente i cartelloni non contengono una dimostrazione del fatto che i gruppi dei fregi sono solo 7 e i gruppi dei mosaici sono solo 17, né sarebbe il caso, nell'ambito di una visita alla mostra, di dare uno *sketch* di questa dimostrazione. Quello che però può accadere è che alcuni visitatori (e stiamo qui pensando soprattutto al pubblico adulto, di formazione non matematica; ma non è escluso che anche ragazzi giovani abbiano questo tipo di reazioni) risultino incuriositi da questo enunciato, e spontaneamente chiedano approfondimenti e chiarificazioni. E, se non ha senso di fronte a queste richieste imbarcarsi in una dimostrazione rigorosa, ha senso però ed è possibile "preparare" la dimostrazione, cioè:
- verificare che il visitatore abbia effettivamente compreso appieno l'enunciato; questo in genere, suscita un grande stupore: "Perché proprio 7?", "Perché proprio 17?", "Come fate a essere sicuri che se io mi metto lì a disegnare non trovo l'ottavo, ovvero il diciottesimo?"; e spesso questo senso di meraviglia va insieme a un senso di "bellezza" (e mi riferisco qui alla bellezza concettuale del risultato, non alla bellezza delle immagini di fregi artistici). Il visitatore quindi avverte l'esigenza della dimostrazione;
- illustrare i diversi casi presenti, chiarendo che questo non ha nulla a che vedere con la dimostrazione che si tratti dei soli casi possibili (ma se si va alla ricerca dell'ottavo caso, occorre conoscere come sono fatti i primi sette, per poter cercare qualcosa di diverso...);
- far osservare, in questi sette casi, la presenza di alcune limitazioni (ci sono rotazioni, ma solo di 180°; ci sono riflessioni, ma solo in direzione parallela oppure ortogonale al vettore di traslazione; ci sono glissoriflessioni, ma solo in direzione parallela al vettore di traslazione);
- giustificare il fatto che questi vincoli non sono casuali, ma sono "obbligatori" se vogliamo che il gruppo di simmetria del disegno sia discreto e contenga traslazioni solo parallele a una data direzione.

Con un processo di questo tipo non siamo arrivati a dare una dimostrazione rigorosa del fatto che i gruppi dei fregi sono solo sette, ma abbiamo fatto compiere all'interlocutore alcuni passaggi importanti: rendersi conto del significato dell'enunciato che si vuole dimostrare; rendersi conto del fatto che il risultato non è banale, non è scontato, ma è necessaria una dimostrazione; infine osservare alcuni fatti collegati che, anche se non dimostrano l'enunciato da cui si è partiti, lo rendono tuttavia plausibile; e, magari, essere colpiti dal fatto che ciò "è bello".

E vogliamo qui sottolineare esplicitamente che il fatto che si tratti di matematica non banale non solo non ha costituito una controindicazione rispetto al tipo di comunicazione che abbiamo delineato, ma, viceversa, è stato il punto di partenza che l'ha reso possibile: non è pensabile infatti un simile lavoro di "preparazione" alla dimostrazione relativamente a un risultato il cui enunciato appaia banale e scontato (anche se poi tale non è, ma per accorgersene occorrerebbe un livello di consapevolezza matematica che l'interlocutore può non avere).

Naturalmente una visita a una mostra non è una lezione in un'aula: in una mostra non c'è nessuna pretesa di "sistematicità" di insegnamento, ma c'è piuttosto l'esigenza di suscitare curiosità e offrire stimoli. Tuttavia, pur con tutte le doverose cautele sugli indebiti parallelismi, ci sembra che questo aspetto di "preparazione alla dimostrazione" sarebbe fondamentale anche nell'insegnamento scolastico (e universitario) della matematica, ed è invece quasi sempre trascurato. Non ha affatto senso richiedere l'apprendimento di dimostrazioni "rigorose" a chi non sia passato da un lavoro preparatorio analogo a quello che abbiamo descritto su questo esempio: ed è naturale che l'effetto "a lungo termine" di questa richiesta sia non solo un rapidissimo oblio delle dimostrazioni medesime, ma, soprattutto, la mancata acquisizione di che cosa significhi la parola "dimostrare" (ed è fin troppo facile qui inserire la battuta – che purtroppo non è tale, ma è una citazione diretta – di quello studente che affermava di non sapere un enunciato perché "aveva studiato le dimostrazioni, ma non ancora gli enunciati").

Un laboratorio dove "fare" matematica

Tornando alla mostra, e all'esperimento di comunicazione ad essa collegato, quello che ci siamo proposti di fare è stato di creare un ambiente che potesse – a livelli diversi e in modi diversi – offrire stimoli e spunti per "parlare di matematica", e per "fare" in prima persona significative esperienze di matematica: risolvere problemi, porsi delle domande, formulare congetture, capire degli enunciati. Un ambiente che fosse utile al ragazzino che si pone il problema di quali parole riesce a leggere allo specchio e quali no, e per quale motivo; ma anche allo studente di matematica che nel fare l'animatore della mostra scopre con le domande del pubblico diversi collegamenti, a diversi livelli di profondità, con quello che sta studiando; e anche all'adulto di formazione non scientifica che spesso parte prevenuto.

Dicevamo all'inizio che comunicare la matematica è sicuramente difficile. Ci sono delle difficoltà intrinseche all'argomento, dovute al fatto che l'astrazione è difficile, e la matematica è astrazione per eccellenza; ma a questo tipo di difficoltà si sommano spesso delle difficoltà di altra natura. Tutti sappiamo molto bene che sono numerose le persone che hanno una sorta di panico nei confronti della matematica, magari un panico misto a curiosità e interesse, ma talmente forte da paralizzare la curiosità. Di fronte a queste persone, se si vuole cominciare a comunicare, occorre trovare un modo per fare una breccia in questa barriera "a priori".

Nella mostra si utilizzano a questo scopo almeno due "armi" (fra loro collegate). La prima è la bellezza: la bellezza delle tante opere d'arte che sfruttano la simmetria (e c'è solo l'imbarazzo della scelta), ma anche la bellezza più "artigianale" delle figure che il visitatore ottiene da sé nelle camere di specchi. E non vogliamo sottovalutare la bellezza concettuale dei risultati matematici (ma questa perviene semmai in un secondo momento, dopo che si è riusciti a instaurare un dialogo; generalmente non serve per il primo impatto, in cui occorre abbattere il muro di diffidenza).

La seconda arma è la tranquillità indotta dal gioco. Come si è detto, infatti, la mostra propone alcuni problemi relativi alla ricostruzione, nelle camere di specchi o nei caleidoscopi, di una data pavimentazione o di un dato poliedro, allo scopo di indurre all'osservazione dello schema di simmetria con cui si ripetono le immagini virtuali create dagli specchi. Ma "il bello è" che questa osservazione può avvenire sia se la persona risolve correttamente questi problemi, sia anche se dispone i pezzi in un modo sbagliato, o non dispone affatto i pezzi proposti, ma qualche altra cosa: infatti, lo schema con cui le immagini virtuali si ripetono (che è esattamente quello che si vuole che il visitatore osservi) è indipendente da ciò che si pone nella macchina. Ciò significa che il visitatore si rilassa, perché avverte subito che il fatto che riesca o meno a risolvere i problemi proposti non è il punto fondamentale per una sua visita proficua alla mostra (l'unica categoria che ha qualche difficoltà ad accorgersene è quella degli insegnanti di matematica, specie se in compagnia della classe...); e d'altra parte ciò che il visitatore spontaneamente fa (o è indotto a fare) è proprio ciò che si vuole che egli faccia.

Conclusioni "provvisorie"

Il successo di pubblico che la mostra sta riscontrando e la crescita di progetti didattici o generalmente di divulgazione che si stanno aggregando intorno a questa esperienza ci inducono a pensare che l'esperimento abbia, almeno parzialmente, raggiunto i suoi obiettivi. Ma se questo strumento si è rivelato così potente, la sfida è ora quella di trovare altri temi matematici adatti, attorno ai quali attirare l'attenzione dei visitatori.

matematica
e teatro

La scienza in scena

Luca Ronconi

Forse come d'obbligo di queste occasioni ufficiali, ma certo con una sincerità e una convinzione che hanno poco a che spartire con il garbato formalismo delle frasi fatte e dei cerimoniali di circostanza, desidero in primo luogo ringraziare gli organizzatori di questo convegno per la stima e la considerazione dimostratemi, invitandomi a prendere parte alla giornata di studi da loro promossa. D'altro canto a questo doveroso ringraziamento devo subito associare delle scuse non meno doverose: essendo ormai imminente il debutto del mio prossimo spettacolo, mi trovo infatti in questi giorni nella materiale impossibilità di allontanarmi da Milano accettando l'invito indirizzatomi. Non potendo prendere parte all'incontro ho allora creduto giusto affidare a queste poche cartelle di appunti il mio saluto "a distanza" a tutti i presenti e soprattutto le mie opinioni – o forse meglio impressioni – sul rapporto teatro/scienza, tema intorno al quale avrebbe dovuto vertere la mia relazione al simposio veneziano.

Per fissare immediatamente i limiti delle mie considerazioni ritengo necessario premettere a questo breve intervento – quasi "epistolare" – una sorta di dichiarazione di metodo o di principio. In oltre trent'anni d'attività mi è capitato in più di una circostanza di dichiarare di non essere, a differenza di altri miei "colleghi" del passato e del presente, un "regista teorico": come spesso mi sono trovato ad osservare nel corso di interviste, dibattiti o altri appuntamenti culturali, il mio lavoro non nasce dall'applicazione di una teoria e nemmeno amo teorizzare "a posteriori" sul teatro – ho come l'impressione infatti che se lo facessi non sarei più in grado di cimentarmi in quell'operazione sempre nuova che è la messa in scena di un testo. Proprio in virtù di questa mia spontanea inclinazione al culto di quella che, con Goethe, mi piace definire la *delicata empiria*, nell'affrontare una questione complessa come quella del rapporto tra la scena e la scienza, rifuggendo da discettazioni "astratte" intorno ai molteplici modi secondo i quali nel tempo si è coniugato il rapporto tra discorso scientifico ed azione drammatica, dalla tragedia greca all'allegoria barocca, del *grandguignol* alle ricerche della post-avanguardia, mi limiterò ad esprimere il mio personalissimo punto di vista riguardo alla possibilità e all'opportunità di teatralizzare l'appassionante avventura della scienza a partire da un caso concretissimo: lo spettacolo "scientifico" che, come è già stato più volte annunciato nei mesi scorsi, nel corso della prossima stagione dirigerò per il Piccolo Teatro di Milano lavorando su un testo scritto per l'occasione da John D. Barrow.

Il mio interesse registico per l'esperienza scientifica nasce dall'esigenza – per non dire dall'urgenza – di trovare nuovi modi per portare – o in un certo senso riportare – la contemporaneità in teatro. Da Brecht ad Artaud, da Lukacs a Szondi, tutti i maggiori militanti e teorici della scena del Novecento si sono interrogati sulla possibilità o impossibilità di raccontare teatralmente il mondo "contemporaneo"... Veri e propri fiumi di inchiostro sono stati versati in questi ultimi decenni intorno alla crisi della scrittura per la scena... se dall'antichità classica fino alle soglie del ventesimo secolo le diverse civiltà che si sono avvicendate nel mondo occidentale hanno sempre finito con l'autorappresentarsi sulle tavole di ben precisi e strutturati palcoscenici "ideali", la sensazione oggi diffusa è che al contrario, l'euforica e immemore società dello spettacolo in cui viviamo tenda paradossalmente a sottrarsi alla possibilità di affabularsi in altrettanto precisi e strutturati paradigmi drammaturgici. Personalmente ritengo che la via da percorrere per riscoprire l'attualità dell'esperienza scenica non sia tanto quella di perseguire una iperrealistica mimesi del quotidiano – postmoderno aggiornamento della poetica verista della *tranche de vie* che, riducendo il teatro a cronaca, come per altro il proprio archetipo borghese/ottocentesco, condanna l'esperienza drammaturgica ad invecchiare con la stessa rapidità con cui si fa carta straccia dei giornali del giorno prima – né tanto meno quella di un'ennesima rivisitazione *up to date* del mito, modello Dioniso in scarpe da tennis – perniciosa variazione spettacolare del pericolosissimo progetto *rètro* di evasione dalla storia –, ma sia piuttosto rappresentata dal tentativo di individuare dei precisi correlati drammaturgici ai nostri odierni modi percettivi e cognitivi. Muovendo da questo presupposto, credo dunque che – come già anni fa in Italia hanno dimostrato, sul versante delle lettere, scrittori di chiara fama e di indiscussa oltre che indiscutibile autorità quali Vittorini e Calvino, ma come non citare con loro anche il nome dell'ingegner Gadda con quella sua ermeneutica narrativa a soluzioni multiple, distillato di oltre due secoli di impegno gnoseologico di letteratura lombarda a ad un tempo così scopertamente figlia dell'epistemologia novecentesca –, nell'era della scienza in cui viviamo, nel *saeculum* cioè che forse più di ogni altro ha visto i copioni della vita di ogni giorno adeguarsi direttamente o indirettamente ai precetti del pensiero scientifico, la scienza potrebbe forse rivelarsi il più conveniente palcoscenico per ospitare un'azione drammatica genuinamente "contemporanea".

Sia in obbedienza ai condizionamenti soggettivi imposti dalla mia formazione personale, sia nel rispetto di quella che credo essere l'essenza più profonda del fare teatro, sono dell'avviso che in questa prospettiva di teatralizzazione della prassi scientifica, tesa ad aprire inediti e suggestivi scorci storici sul nostro oggi, sia più conveniente adottare il punto di vista del fruitore non competente, che quello dell'esperto conoscitore. Perché il linguaggio della scienza, trasferendosi in teatro possa sviluppare tutto il suo potere eversivo e innovativo ritengo sia necessario che venga fedelmente trascritto in scena, evitando ogni filtro esplicativo. In altre parole per progettare uno spettacolo autenticamente "scientifico", e non semplicemente di argomento scientifico, sono convinto si debba rinunciare alla strategia politicamente corretta – e tutto sommato demagogica – della divulgazione e si debba piuttosto puntare sulla natura squisitamente esoterica della raffinatissima scienza specialistica odierna. Pur essendo convinto che l'esperienza teatrale non possa non darsi come percorso di conoscenza, non nego però di nutrire una profonda diffidenza verso una scena che si voglia programmaticamente didattica. L'aula scolastica è la sede più idonea alla spiegazione; il teatro – ben lo sapeva Nietzsche –, anche quello a vocazione più scopertamente razionalistica, è piuttosto il luogo deputato a una conoscenza che passa attraverso l'epifania del numinoso, di qualche cosa, cioè, che eccede sempre e comunque le nostre possibilità di conoscere analiticamente. Il futuro della scena credo sia in questo senso legato alla sua matrice antropologica: non a caso fin dalle prime fasi di elaborazione del progetto di drammaturgia "scientifica" cui ho fatto prima cenno, e che porteremo a compimento la prossima stagione, uno dei primi termini di riferimento – per non dir modelli – dello spettacolo che proprio allora si cominciava a studiare mi è parso essere l'*Orestea,* la straordinaria ed inesauribile trilogia di Eschilo espressione, all'epoca del suo concepimento, dell'ineffabile pulsione dionisiaca madre della tragedia, ad *exemplum,* ai giorni nostri, di una ricchissima *summa* di sapere, condannata a restare per noi inattingibile nella sua insondabile profondità misterica ed al più soltanto intuibile per improvvise folgorazioni a-logiche.

Chiarito che principio guida del mio soggettivo approccio teatrale al pensiero scientifico è che la scienza debba essere messa in scena secondo la capacità cognitiva del profano – dunque nella sua irriducibile ed incomprensibile alterità –, vorrei ora spiegare brevemente in che termini il commercio teatrale con la scienza possa schiudere, a mio giudizio, inediti orizzonti al linguaggio drammaturgico.

La scelta di drammatizzare il discorso scientifico porta innanzi tutti autori, attori, registi e pubblico a doversi porre radicalmente al problema del funzionamento della comunicazione teatrale, oggi spesso troppo frettolosamente eluso, non solo sul piano della possibilità di trasmissione del messaggio – nei termini di quell'antitesi di transitività ed intransitività del testo cui abbiamo appena fatto cenno –, ma anche e soprattutto a livello dei modi di funzionamento del linguaggio *tout court.* Forma compiuta nell'immaginario collettivo della razionalità analitica dell'oggettivo sapere scientifico, sempre ad un passo dal rischio di sclerotizzarsi in formula, a ben guardare il linguaggio scientifico è invece, per sua intrinseca natura, un codice essenzialmente "figurato" in rapporto conflittuale con il "reale" che è chiamato a designare, e che per di più fa "criticamente" del proprio impianto per tropi e dei propri corto-circuiti referenziali il vero oggetto dei propri enunciati. Nata dalla necessità di nominare attraverso il "vecchio" delle precedenti acquisizioni, il "nuovo" delle continue scoperte, la lingua della scienza, in apparenza paradigma della trasparente e anodina razionalità procedurale postmetafisica, è di fatto il regno dell'irrazionale distorsione della metafora e della riflessione sui fraintendimenti che proprio il continuo ricorso alla metafora porta inevitabilmente con sé. Concentrando di fatto l'attenzione di produttori e fruitori dell'evento teatrale sulle dinamiche evolutive della lingua in generale – sia nei rapporti "interni" tra i vari elementi del codice linguistico, sia nei rapporti "esterni" tra il codice e il mondo –, il linguaggio della scienza, portato in scena credo dunque possa riuscire a sottrarre la drammaturgia ai ristagni espressivi più diffusi tra i vari registri della scrittura per la scena attuale –

dalle sacche tradizionali della caduta nella retorica puramente esornativa o nel vuoto calco gergale alle paludi, forse di più recente formazione, ma non per questo meno pericolose, del compiaciuto abbandono all'apologia dell'incomunicabilità interpersonale o dell'assurdo dell'esistenza –, per restituire il linguaggio del teatro al problematico, ma vivacissimo flusso della comunicazione contemporanea.

Precipitato teatrale delle alterazioni percettive che il progresso culturale e tecnologico ha prodotto soprattutto nel corso dell'ultimo secolo, la trasposizione scenica dell'indagine scientifica permette poi di trovare a mio parere un'adeguata traduzione drammaturgica del mutevole e complesso punto di vista che l'uomo ha oggi sul mondo. Come studiosi ben più dotti e competenti di me, da Walter Benjamin a Stephen Kern, hanno ampiamente dimostrato nei loro eruditi saggi, la nascita del cinema, il trionfo di nuovi mezzi di locomozione, l'avvento dei media e del sistema delle telecomunicazioni così come l'esplorazione dell'inconscio o l'imporsi di nuove condizioni di vita nell'orizzonte metropolitano hanno ridotto negli ultimi cent'anni una drastica relativizzazione delle categorie tradizionali di spazio e di tempo, relativizzazione a cui credo si possano aggiungere senza tema di smentita, le strutture drammaturgiche convenzionali – di cui di fatto spesso la scrittura per la scena contemporanea anche nelle sue varianti "di ricerca" più eterodosse sembra ancora prigioniera – faticano, se non addirittura non riescono, a recepire. L'apertura drammaturgica alla fisica postnewtoniana, alle geometrie non-euclidee o al calcolo infinitesimale – per non fare che alcuni tempi del tutto casuali di teatralizzazione della scienza contemporanea – credo sia dunque un modo per porsi quanto meno il problema di come sia possibile portare in scena la nostra nuova logica di comprensione e percezione della realtà. Per quanto mi riguarda, al fondo di questa volontà di rappresentare il composito sguardo col quale siamo ora portati a capire quanto ci circonda sta, non lo nego, il sogno che inseguo da una vita – tra gli anfratti dello spazio, gli interstizi del tempo, le incrinature dell'identità e le slabbrature dell'essere sui quali prolifera il nostro oggi – di presentare uno spettacolo infinito, uno spettacolo cioè capace di eccedere nel tempo e nello spazio le facoltà percettive del pubblico, uno spettacolo costruito sulle alterazioni della percezione che possa essere colto da ogni singolo spettatore solo per frammenti e che a posteriori riviva nella memoria di ogni singolo fruitore come soggettivo montaggio delle schegge di messa in scena da lui rubate nel vario offrirsi – e sfarsi – della rappresentazione.

Necessaria conseguenza "semantica" di quanto sin qui osservato – provvisoria morale in forma di conclusione aperta che per non abusare più a lungo della pazienza dei miei "destinatari" intendo dare a questa teoria di glosse drammaturgiche irrelate, stese al possibile margine scenico della sapienza attuale – è che nello sfolgorante baluginio della sua aforistica sapienza in fitto dialogo col buio dell'enigma, il problematico discorso scientifico contemporaneo, emblema del nostro presente oggettivamente disperso, asincronico, trasformistico e virtuale, portato sulle tavole del palcoscenico, pare ben prestarsi a raccontare la sfuggente varietà dei nostri tempi non meno sfuggenti. Luogo mentale molteplice e diveniente di incontri e separazioni incrociate, mai uguale a se stesso nel suo metamorfico gioco di perpetue smentite, rifondazioni, critiche e scoperte, distribuito su temporalità plurime organizzate per fasce di sovrapposizione simultanea e destrutturabile in un serrato montaggio di prospettive eterogenee, pronte a dispiegarsi nell'infinita curva dell'universo, il discorso scientifico è innegabilmente la scena ideale del nostro "senso" contemporaneo, di un "senso" cioè che si rivela e si nasconde in un perpetuo "essere altrove", di una verità che esiste, ma sfugge e che non possiamo immaginare ubicata in nessun segreto ricetto da cercare e violare, ma che ci cammina a fianco, si sposta con noi, come il discontinuo giro del nostro orizzonte. Se il teatro vuole quindi ritrovare oggi la propria dignità e funzione culturale "storica" di luogo di una conoscenza complessa maturata attraverso l'esperienza, è dunque alla scienza che deve probabilmente anche guardare; non già per imitarla pedestremente o peggio ancora per "normalizzarla" e banalizzarla, riducendola ai propri schemi, ma per trovare in un serio confronto con questo universo cognitivo complementare e antitetico, la propria più vera identità e "inattualissima" attualità.

La matematica al centro della scena

ROBERT OSSERMAN

Appena cinquanta anni fa il matematico Morris Kline, preoccupato dalla diffusa percezione che la matematica fosse un soggetto lontano dagli interessi principali della società in genere, si distaccò dalle attività di ricerca pura per scrivere il primo di una serie di libri volti a dimostrare che era vero proprio il contrario: la matematica è, e lo è stata nel corso della storia, assolutamente centrale per una vasta gamma di attività umane. Il suo libro *Mathematics in Western Culture* [1], apparso nel 1953, tratta non solo degli intrecci della matematica con le scienze, ma anche con l'arte, la filosofia e con la cultura in generale.

Riguardo a Pierre de Fermat, i cui contributi matematici altamente originali impressionarono i contemporanei e gli fecero guadagnare il titolo di "Prince of Amateurs" (Principe dei dilettanti) da parte di E. T. Bell [2], Kline scrive "visse una vita normale come avvocato e funzionario pubblico; di notte si lasciava andare a "baldorie" mentali per creare e offrire largamente teoremi da milioni di dollari".

Kline stava ovviamente parlando per metafore, al tempo in cui il valore reale dei teoremi matematici era probabilmente vicino ai cinque cent. Non ci avrebbe creduto se gli avessero detto che, entro la fine del secolo, ci sarebbero stati molti teoremi matematici le cui prove avrebbero avuto *letteralmente* il valore di un milione di dollari. Sette problemi matematici irrisolti sono stati proposti come *Millenium Prize Problems* (Problemi Premio del Millennio) dal Clay Mathematics Institute (CMI), di recente fondazione. Nel corso di un convegno, ampiamente pubblicizzato, tenutosi a Parigi nel 2000, per commemorare la famosa lista di problemi irrisolti di Hilbert, presentata al Congresso Internazionale di Matematici a Parigi nel 1900, il CMI lanciò la sfida e l'offerta di un milione di dollari per ciascuna soluzione di sette importanti problemi, compresi i due più vecchi e forse più famosi: l'Ipotesi di Riemann e la Congettura di Poincaré. Oltre a questi, a un problema persino più vecchio, la Congettura di Goldbach, fu data una breve menzione come un problema davvero da un milione di dollari, quando gli editori del libro di Apostolos Doxiadis, *Uncle Petros and Goldbach's Conjecture,* offrirono un milione di dollari di premio a chiunque trovasse una soluzione entro un periodo di tempo limitato.

Forse niente è più indicativo del radicale cambiamento nella considerazione generale della matematica del sorprendente annuncio dell'annuale *Jobs Rated Almanac* [3], un'inchiesta sulla percezione pubblica della soddisfazione lavorativa: gli statistici e i matematici occupano i primi due posti su 250 tipi di occupazione per "il miglior ambiente di lavoro". Le prime dieci possibilità di scelta per indicare, nel complesso, il miglior lavoro, comprendevano alcuni aspetti di matematica o di calcolo. Mentre Kline scriveva, la persona media sarebbe stata sorpresa nello scoprire che la matematica potesse dare origine persino a una categoria lavorativa, piuttosto che essere soltanto un soggetto accademico del lontano passato.

Come si spiega la svolta radicale non solo nella consapevolezza pubblica riguardo alla matematica, ma anche nel passaggio da uno stereotipo piuttosto negativo sui matematici a uno che è molto più favorevole? Senz'altro un fattore rilevante è stato l'avvento dei computer. Abbastanza stranamente, l'associazione tra matematica e computer nella testa del pubblico aveva poco a che fare con la realtà. Per la maggior parte della gente, la matematica *è* calcolo. Per esempio l'*Encyclopedic Almanac* del *New York Times* del 1970 ha una pagina destinata alla matematica, un terzo della quale espone – fra l'altro – una tavola pitagorica 25 x 25. Comprende pure l'affermazione: "Negli ultimi anni, i computer hanno rivoluzionato la matematica." Nulla avrebbe potuto essere così lontano dalla verità. Nel 1970 solo un gruppo limitato di ricercatori matematici aveva fatto un qualsivoglia uso di un computer. Era più probabile che fosse parte dell'equipaggiamento standard di economisti, psicologi, sociologi – il lavoro dei quali comportava avere a che fare con grandi quantità di dati, mentre offrivano poco ad un matematico che ideava nuove teorie, definiva nuovi oggetti, tentava di provare teoremi o di precisare congetture.

Molto meno noto al grande pubblico (e agli editori del *Times Almanac*) era il ruolo reale dei matematici faccia a faccia coi computer: le idee di base utilizzate nella costruzione di computer programmabili erano dovute ai matematici come Turing e von Neumann. Inoltre, il ruolo importante dei computer prototipi nella seconda guerra mondiale era largamente sconosciuto, poiché gran parte di esso fu a lungo mantenuto segreto. Tuttavia, a poco a poco, quella storia è emersa, insieme al ruolo chiave dei matematici negli sforzi di decodificare i codici durante la guerra. Ancora una volta comparve il nome di Alan Turing, nel suo ruolo eroico di decifrare il codice di trasmissione tedesco (*Enigma*) che appariva pressoché imbattibile. Una biografia completa di grande successo, *Alan Turing: the Enigma*, di Andrew Hodges [4], apparve nel 1983, e a un'ampia fetta del grande pubblico fu offerta una visione dell'attività matematica che poteva essere descritta solo come una significativa presa di coscienza.

È luogo comune che l'arte rifletta e contemporaneamente influenzi la società. Durante un periodo di transizione, quando avvengono grandi cambiamenti, tale doppio ruolo si rafforza, creando un effetto "palla di neve". Qualcosa di simile avvenne alla percezione pubblica della matematica durante gli anni Ottanta e Novanta del secolo scorso, allorché una crescente inondazione di libri, opere teatrali e film descriveva figure di matematici, sia reali che fittizie, e rappresentava le attività matematiche con gradi diversi di accuratezza.

Nei primi anni Novanta fecero notizia due avvenimenti che, in modo significativo, accrebbero la conoscenza da parte del pubblico della matematica viva. Il primo riguardava la notizia da prima pagina in cui Andrew Wiles annunciava la soluzione del "più famoso problema mondiale irrisolto, vecchio di 350 anni":

l'ultimo Teorema di Fermat. Il secondo era l'annuncio che il matematico John Nash aveva vinto il premio Nobel per il suo precoce lavoro pionieristico sulla teoria del gioco. Entrambe queste notizie condussero ai *best sellers*: *Fermat's Enigma* [5] di Simon Singh (come pure ad altri libri sul medesimo soggetto), e *A Beautiful Mind* [6] di Sylvia Nasar. Inoltre, ci furono due biografie di Paul Erdös, un matematico incredibilmente prolifico e idiosincratico.

Ma l'impatto maggiore e, almeno per definizione, più sensazionale, fu quello derivante dalle sempre più frequenti interpretazioni di matematici sulla scena, sia in film sia in televisione. Tra le prime ci fu il lavoro di Hugh Whitemore intitolato *Breaking the Code* che si basava sulla biografia di Turing scritta da Hodges. Derek Jacobi ebbe il ruolo di Turing sia nella produzione originale sia in una successiva versione televisiva [7] che mette in scena pure il drammaturgo e attore Harold Pinter.

Quando si arriva ai matematici romanzati in teatro, il lavoro fondamentale senza alcun dubbio è la brillante commedia *Arcadia* di Tom Stoppard [8] (Fig. 1). Il personaggio principale è Thomasina, una giovane ragazza vivace, disarmante, schiettamente esuberante, che si rivela essere un prodigio matematico. Il suo tutore Septimus è molto bravo in matematica e nelle scienze, e la maggior parte dei loro dialoghi, ambientati intorno al 1810, riflette su quegli argomenti gli ultimi sviluppi del tempo. Una storia parallela, ambientata ai nostri giorni, coinvolge un giovane biologo il cui ruolo consiste in gran parte nel comprendere i taccuini ottocenteschi superstiti, spiegandoli ai personaggi contemporanei nella commedia, e collegandoli all'uso proprio dei moderni metodi matematici. La

Fig. 1. Tom Stoppard

trama stoppardiana, intricata come si richiede, permette l'intrecciarsi di lunghe parti di dialogo dedicate a una varietà di soggetti matematici sofisticati, diversamente da qualsiasi altra cosa vista in una commedia molto popolare di un grande autore.

Stoppard non dava molta importanza al fatto che aveva scelto una donna per rappresentare un genio della matematica. Ma è un fatto curioso che la maggioranza dei matematici romanzati sulla scena e sullo schermo nelle ultime due decadi siano state donne, in contrasto con la crescente preoccupazione circa la scarsità di donne nei dipartimenti di matematica più avanzati nel mondo. Ecco alcuni esempi:

It's my turn (*Amarsi a New York*; 1980). In questo film Jill Clayburgh ha il ruolo leader di ricercatrice matematica e professoressa in un importante istituto. Viene rappresentata alla maniera hollywoodiana con un'attraente personalità, compreso il *sex-appeal*, e si innamora romanticamente di un famoso giocatore di baseball (Michael Douglas). Per aggiungere un tocco di "realtà" deve essere anche un po' goffa e distratta, ma in modo lieve.

Presunto Innocente (1991). Bonnie Bedelia ha la parte di una studentessa di matematica che lavora alla sua tesi per dieci anni. Suo marito Rusty (Harrison Ford) è il primo sospettato in un caso di omicidio, ma anche lei non è aliena di sospetti...

Antonia's Line (*L'albero di Antonia*; 1995). Vincitrice di un Oscar come miglior film straniero del 1995. Cinque generazioni di donne indipendenti dal carattere forte. La figlia di Antonia, Danielle, diventa una pittrice, e la figlia di Danielle, Thérèse, è un genio matematico, con tutti i *cliché* nel libro: una calcolatrice lampo in tenera età, interessata a scuola a nient'altro che matematica e musica, si sposa dopo essere rimasta incinta, ma non ha molto tempo e molto interesse per la figlia Sarah e poca attenzione per il marito. Sarah diventa una scrittrice, ed è l'unica che racconta l'intera storia. (È pur vero che si può interpretare la freddezza di Thérèse in due modi – sia con lo stereotipo matematica/studioso, sia come conseguenza dell'essere stata violentata in tenera età).

Mentre era in corso il 2000, non poteva sorprendere, in retrospettiva, ma certamente pareva così allora, il debutto a New York nel giro di poche settimane di tre opere, tutte molto diverse, ma tutte con in comune la caratteristica di avere come personaggio principale una giovane donna, una specie di genio matematico, con un padre che è pure un matematico importante. Una di esse, *Hypatia*, è basata sulla figura storica il cui padre Theon fu un importante matematico del tempo, ed è la prima matematica donna conosciuta della storia occidentale.

Gli altri due lavori sono storie di fantasia. *The Five Hysterical Girls Theorem* di Rinne Groff è scritto in uno stile assurdo. Dodici dei diciotto protagonisti sono matematici, tra di loro Moses Vaszonyj, un genio matematico rinomato. Sua figlia, non casualmente chiamata Hypatia, sembra aver ereditato il suo interesse e talento matematico. Il dialogo comporta lunghe conversazioni sulla matematica, sia reale sia immaginaria.

Il terzo lavoro, *Prova* di David Auburn [9], è stato di gran lunga il più riuscito dei tre. Venne messo in scena a Broadway fino all'autunno del 2000 e ricevette sia il Premio Pulitzer per il miglior lavoro teatrale sia il Tony Award per la miglior rappresentazione. Aveva solo quattro peronaggi: Robert, un brillante matematico che lavorava all'Università di Chicago prima di aver un esaurimento nervoso, Hal, uno dei suoi ex studenti – ora istruttore, e le sue due figlie Catherine e Claire. Claire è l'unica che non ha subito l'influenza matematica del padre. L'argomento centrale del lavoro è se Catherine abbia ereditato il genio matematico del padre e/o la sua instabilità mentale.

Nel medesimo tempo, i matematici e gli studiosi maschi venivano alla ribalta con crescente frequenza. In modo più significativo, cambiava rapidamente il modo in cui venivano ritratti. Passando in rassegna tre recenti film nei quali i matematici hanno giocato un ruolo significativo, *Presunto Innocente*, *Sneakers* (*I signori della truffa*) e *Jurassic Park*, Constance Reid scrisse nell'edizione della primavera 1994 di *Math Horizons*: "la possibilità che ha una star di essere un matematico è vicina allo zero. La possibilità di un trattamento realistico di un matematico è quasi zero". Riguardo alla seconda considerazione può essere nel vero ma, come tutti gli altri, deve essere rimasta sconcertata da quello che aveva davanti per i matematici nel cinema.

In prima linea stava Jeff Bridges nel ruolo di un professore di matematica a fronte della professoressa inglese Barbara Streisand nel film del 1996, *The Mirror has Two Faces* (*L'amore ha due facce*). Immediatamente dopo venne il film del 1997 *Good Will Hunting* (*Will Hunting genio ribelle*) nel quale Matt Damon interpreta un giovane di un quartiere povero di Boston, duro, rissoso e frequentatore di locali notturni che possiede una memoria fotografica ed è un genio matematico allo stato brado. Il film culto *Pi* del 1998, diretto da Darren Aronofsky, che ha vinto altri premi con *Requiem for a Dream*, presenta un altro giovane genio matematico, soggetto a micidiali mal di testa e ritratto in modo glaciale.

Nel corso degli anni 2000 e 2001, Hollywood è entrata a tutta forza nell'operazione di portare sullo schermo libri di matematica. Il primo è stato *Enigma*, coprodotto da Mick Jagger, con la sceneggiatura di Tom Stoppard. Basato sul libro di Rober Harris dallo stesso titolo, è ambientato a Bletchley Park, il centro inglese dove, nel corso della seconda guerra mondiale, si lavorava per decodificare i messaggi segreti del nemico; il protagonista principale è ancora una volta un genio matematico, più o meno modellato sulla figura di Alan Turing. Il secondo si basa sulla biografia *A Beautiful Mind* [6]. Russell Crowe, famoso per il *Gladiatore* interpreta John Nash, un matematico vero e proprio, nonché premio Nobel.

E così, la matematica si è veramente posta al centro della scena, nei libri, nei film come pure nelle commedie. La domanda che ci si deve porre è la seguente: quanto risulta accurata l'immagine della matematica e dei matematici che emerge da tutte queste rappresentazioni?

Per cominciare, notiamo quello che mi sembra essere un paradosso fondamentale che presenta un campo d'azione ben più ampio di quello particolare della matematica. Il caso è il seguente: uno scrittore, di biografie o di romanzi, di libri o di commedie, sarà portato naturalmente verso un soggetto fuori dell'ordinario, e più spesso, verso una storia che sia in qualche modo drammatica. D'altro canto è quasi certo che il lettore, la cui unica esposizione ad un soggetto relativamente misterioso passa probabilmente attraverso questi esempi, si formi un'immagine che è proporzionalmente distorta. La domanda, allora, è la seguente: se non si avessero altri contatti con i matematici e se si leggessero diligentemente tutti questi libri e si guardassero tutte queste commedie e film degli ultimi dieci o venti anni, quale immagine ci si formerebbe della matematica e dei suoi adepti?

La risposta è evidentemente ovvia: i matematici sono o donne o matti – possibilmente entrambe le cose.

Nel caso di John Nash, un vero matematico, il ritratto è accurato. Fu ricoverato in ospedale per molti anni con una grave malattia mentale. Nella *New York Review of Books*, sotto il titolo *Varieties of Madness* [10], Joan Didion rilegge la biografia di Nash, *A Beautiful Mind* insieme al manifesto di Unabomber e mette in evidenza che il *Time* parla del matematico Theodore Kaczynski, l'Unabomber, come di "genio pazzo", ma che nessuno parla di infermità mentale.

Quando si arriva ai matematici delle fiction, il primato è impressionante. Il personaggio principale, Max, nel film *Pi*, sembra essere sull'orlo di un esaurimento nervoso, causato in parte dalle ripetute emicranie che lo torturano (o sono forse il risultato del suo super affaticamento mentale?), in parte dall'essere confinato nella sua stanza soffocante, accerchiato dal suo computer, da lui stesso assemblato e sull'orlo permanente di un collasso, oppure dalla sua insana ossessione per i numeri.

Poi c'è un matematico, Tom Jericho, il protagonista principale del libro e del film *Enigma* [11]. Il libro inizia con il ritorno misterioso di Tom a Cambridge da Bletchley Park, che scatena un'esplosione di ipotesi (tra cui "...era un genio. Aveva avuto un esaurimento nervoso..."), di cui sappiamo che erano "precisamente corrette".

E poi viene Uncle Petros, nel libro di Doxiadis menzionato all'inizio [12], un personaggio che rifiuta una carriera nella quale avrebbe potuto essere riconosciuto come un matematico brillante e originale del tempo, senza tuttavia la suprema gloria di risolvere uno dei grandi problemi aperti della matematica come la Congettura di Goldbach. Nel tentativo riesce più o meno letteralmente a impazzire. Suo nipote, dotato in matematica, conclude che "con Scilla della mediocrità da un lato e Cariddi dell'alienazione mentale dall'altro, ho deciso di abbandonare la nave".

Infine, un tema centrale della commedia *Proof* [9] è il collasso nervoso del padre e quello potenziale della figlia, che ne segue l'esempio.

Il problema, come abbiamo detto, è fino a che punto tutti questi accoppiamenti di genio matematico e alienazione mentale riflettano la realtà.

Innanzitutto il caso di *Enigma* è di facile soluzione. Tom Jericho, il protagonista, si basa liberamente su Alan Turing, che sembrò passare attraverso le pressioni di quell'ambiente surriscaldato che era Bletchley Park durante la guerra, senza alcun accenno di crollo. Viene talvolta citato (in *Uncle Petros*, in particolare) come esempio di instabilità mentale in quanto più tardi si tolse la vita. Tuttavia, non ci sono prove che il motivo fosse legato al suo genio matematico, ed è più probabile che si dovesse attribuire al modo in cui fu cacciato a causa della sua omosessualità e al fatto di essere forzato a prendere ormoni come "cura".

In *Proof*, l'autore David Auburn racconta (in [13]): "Io penso che ci sia qualche connessione tra l'estrema abilità matematica e la pazzia. Non credo che la matematica renda pazza la gente, ma quelli con personalità al limite o leggermente irrazionali sono condotti ad esserlo." (Un'opinione simile è espressa in un altro passo di un romanzo di argomento matematico [14]: "C'è una qualità eterea nella matematica che ha sempre attirato le menti disturbate".) Ma Bruce Weber, critico del *New York Times* sembra non avere dubbi sul rapporto di causa ed effetto. Egli scrive [15] della figlia Catherine: "è stata una testimone di prima mano della confusione che la matematica può causare in un cervello attivo".

Non c'è dubbio che nella testa della gente sforzi mentali troppo intensi e prolungati, come quelli richiesti per applicarsi seriamente ai problemi matematici, possano condurre agli esaurimenti mentali. Tale credenza è sia riflessa sia rinforzata da sequenze in *Enigma*, *Proof* e *Uncle Petros*. Di fatto, negli ultimi due, i protagonisti si ammalano nuovamente dopo aver tentato di ritornare alle loro attività matematiche. La trama del film *Pi* è riassunta sulla copertina del video come "la vicenda di un brillante matematico sull'orlo della follia mentre cerca un inafferrabile codice numerico", in cui c'è un vecchio matematico che mette in guardia il suo giovane allievo dallo spingersi troppo a fondo, con il rischio di crollare.

Qual è la realtà del legame tra attività matematica concentrata ed esaurimenti mentali? Per quanto io ne possa sapere, non è stato fatto alcun serio studio scientifico sul problema. Come aneddoto, in un periodo della mia vita dedicato alla matematica, durante il quale sono stato in contatto con alcune centinaia di matematici, compresi molti "Fields Medalists", posso pensare che solo uno o due di loro soffrissero di esaurimenti mentali. Nello stesso periodo conobbi numerosi non matematici, obbligati a essere ricoverati in cliniche neurologiche, e le mie visite in quei luoghi mi lasciarono l'impressione che la malattia mentale colpisce individui appartenenti a qualunque settore della società, senza guardare in faccia la professione, la razza o la classe sociale. Un libro recente di Daniel Nettle [16] mette in evidenza che c'è una correlazione tra creatività, o "pensiero forte" e vari disordini psicologici. Alcuni studi paiono indicare che, nonostante lo stereotipo dello "scienziato pazzo", confronti tra professioni pongono gli scienziati tra gli ultimi colpiti da malattia mentale, mentre mettono scrittori e autori teatrali ai primi posti. Naturalmente la categoria "scienziati" comprende gli sperimentalisti, il cui successo dipende da prolungati sforzi organizzativi e pratici che possono essere impediti da attacchi ripetuti di malattie mentali. Sylvia Nasar [6], citando lo psichiatra John G. Gunderson di Harvard, conclude: "Gli uomini di genio scientifico, ma eccentrici, raramente diventano veramente pazzi – e questa è la prova più forte della natura potenzialmente protettiva della creatività". Nessuno studio distingue matematici o fisici teoretici, e alcuni aspetti degli studi stessi sono una questione aperta.

Qualunque sia la realtà, associare genio e pazzia resta un fatto comune nella testa della gente, ed è chiaramente un inesauribile argomento che affascina gli scrittori.

Fortunatamente non per tutti gli scrittori. Tom Stoppard ha detto [17], riguardo al suo personaggio Thomasina, la giovane genio matematico:

Giusto o sbagliato, voglio dire in modo accurato o no, ho fatto di lei in ogni altro aspetto una giovane donna perfettamente normale. (...) L'idea del genio nei romanzi e nell'arte spesso viene presentata attraverso un tipo molto inusuale di essere umano. (...) Posso immaginare, quando si pensa a Gödel, per esempio, una vita che potrebbe benissimo risultare anche vera, e che potremmo accorgerci di tali persone se le vedessimo su di un treno, e così di seguito. Ma mi piace pensare che siano, forse, persone straordinarie. E individui molto, molto intelligenti – trovo poi che sia attraente l'idea che, se si mettessero insieme casualmente dieci persone intorno ad un canestro in un campo di basket, una di loro sarebbe un genio ma non si saprebbe riconoscerla dall'aspetto o dall'ascolto di quello che dice. E mi piace l'aspetto di quel personaggio.

Infine, la più improbabile fra tutte le recenti rappresentazioni di matematici a teatro è quella della commedia musicale, *Fermat's Last Tango*, il cui protagonista, Daniel Keane, è il ritratto romanzato di Andrew Wiles. La commedia racconta di nuovo la storia dell'iniziale annuncio di Wiles di aver trovato la prova del teorema di Fermat, seguito dalla scoperta che, per dirla con le parole di uno dei brani musicali, "la prova contiene un grosso buco". Il protagonista allora lotta per riempire tale buco, e alla fine – quasi sul punto di gettare la spugna – ci riesce. Malgrado la struttura della commedia musicale (e malgrado la spiritosa invenzione di un Fermat che appare in persona a provocare e a tormentare Daniel Keane), la storia propone un ritratto notevolmente accurato di ciò in cui è passato Wiles, senza alcuna remora di aver evitato formule e linguaggi matematici. Lo stesso Wiles è delineato come un tipo simpatico, senza alcun elemento che faccia pensare al rischio di un suo collasso nervoso quando si trovava sotto uno sforzo enorme, davanti all'opinione pubblica, per completare la prova o ammettere la propria incapacità. E in effetti, lo stesso accadde al vero Wiles, che, sia detto per inciso, possedeva un carattere anche più simpatico e accattivante di quello sul palcoscenico. Gli autori di *Fermat's Last Tango*, Joshua Rosenblum e Joanne Sydney Lessner non hanno mai incontrato Wiles e hanno solo letto la sua storia su libri di divulgazione.

Il Clay Mathematics Institute, in aggiunta alla sua offerta di sette premi da un milione di dollari ciascuno per la soluzione di altrettanti problemi matematici, ha fatto la sua parte per promuovere la matematica nella nostra cultura realizzando anche una registrazione video di alta qualità di *Fermat's Last Tango* prima della fine della sua stagione a New York, disponibile sia su nastro sia in DVD [18]. Al fine di considerare diversamente la matematica e il teatro in cui il genio matematico sia associato alla canzone, alla danza, all'umorismo e agli affari di cuore, uno spettatore può anche trascorrere novanta minuti con questo *divertissement*.

Bibliografia

[1] M. Kline (1953) *Mathematics in Western Culture*, Oxford University Press, Oxford
[2] E.T. Bell (1986) *Men of Mathematics,* Touchstone Edition, Simon and Schuster, New York, p. 56

[3] L. Krantz (2000) *Jobs Rated Almanac*, St. Martin's Griffin; pubblicato anche nella *San Francisco Chronicle*, Sept. 1, 2000, pp. B1, B3
[4] A. Hodges (1983) *Alan Turing: The Enigma*, Simon & Schuster, New York
[5] S. Singh (1997) *Fermat's Enigma*, Anchor/Doubleday, New York
[6] S. Nasar (1999) *A Beautiful Mind*, Touchstone Edition, Simon & Schuster, New York, p. 16
[7] *Breaking the Code* (1997), video, by H. Whitemore, Mobil Masterpiece Theatre
[8] T. Stoppard (1993) *Arcadia*, Faber and Faber, London
[9] D. Auburn (2001) *Proof*, Faber and Faber, New York
[10] J. Didion (1998) Varieties of Madness, *New York Review of Books*, April 23
[11] R. Harris (1995) *Enigma*, Random House, New York
[12] A. Doxiadis (2000) *Uncle Petros and Goldbach's Conjecture*, Bloomsbury
[13] M. Gussow (2000) With Math, a Playwright Explores a Family in Stress, *New York Times*, May 29, P. B3
[14] P. Schogt (2000) *The Wild Numbers*, Four Walls Eight Windows
[15] B. Weber (2000) A Common Heart and an Uncommon Brain, *New York Times*, May 24, P. B1
[16] D. Nettle (2001) *Strong Imagination: Madness, Creativity and Human Nature*, Oxford University Press, Oxford, pp.143-147
[17] *Mathematics in Arcadia: Tom Stoppard in Conversation with Robert Osserman*, (1999), video, Mathematical Sciences Research Institute
[18] *Fermat's Last Tango* (2001), video, Clay Mathematics Institute

matematica ed applicazioni

Matematica ed esercizio della democrazia: l'urna di Pandora

Marco Li Calzi

> *Non domandarci la formula che mondi possa aprirti,/ [...]*
> *Codesto solo oggi possiamo dirti,/ ciò* non *siamo,*
> *ciò che* non *vogliamo.*
>
> E. Montale (1923)

Introduzione

Secondo l'umanista Mario Equicola (c. 1470-1525), la democrazia è una

forma di governo in cui la sovranità risiede nel popolo, che la esercita per mezzo delle persone e degli organi che elegge a rappresentarlo.

Quasi cinquecento anni dopo, il dizionario Zingarelli [1] ripropone esattamente la stessa definizione. Noi la facciamo nostra per gli scopi di questo scritto.

Una componente essenziale della forma di governo democratica è che il popolo esercita la sua sovranità eleggendo persone ed organi. Dunque, un buon sistema elettorale è essenziale per il corretto funzionamento di una democrazia. La domanda che qui affrontiamo è se esistano (ed, in caso affermativo, quali siano) le procedure elettorali più adeguate a scegliere in modo "democratico" i rappresentanti del popolo.

Ci sono ragioni diverse per affrontare questa domanda. Una di queste è che talvolta le procedure elettorali vigenti anche in sistemi democratici avanzati conducono a risultati controversi. Ad esempio, nel novembre 2000 il popolo degli Stati Uniti d'America ha scelto come suo presidente il candidato che ha conquistato la maggioranza assoluta dei collegi elettorali, invece di quello che ha ottenuto la maggioranza relativa dei voti validi.

Un'altra ragione è che spesso problemi simili sono risolti con procedure elettorali molto diverse. Ad esempio, nel maggio 2001 i cittadini di molte grandi città italiane si sono recati alle urne per eleggere il loro sindaco e per partecipare (indirettamente) alla scelta del *premier* nazionale. Per la prima elezione si è adottato un semplice sistema a due turni con ballottaggio; per la seconda, invece, un metodo così complesso che di fatto alcuni voti del partito di maggioranza relativa sono stati utilizzati per eleggere rappresentanti dell'opposizione.

La ragione che qui ci spinge ad affrontare questa domanda attiene soprattutto al rapporto tra matematica e cultura. Il quesito sull'esistenza di procedure elettorali "migliori" ammette una risposta chiara ed accessibile ad ogni cittadino di media cultura. Tuttavia, anche se questa risposta è nota agli specialisti almeno da 25 anni, essa è sconosciuta alla gran parte dei cittadini a cui compete l'esercizio della sovranità.

Il motivo principale di questa sorprendente ignoranza risiede nella necessità di affrontare e risolvere il quesito procedendo secondo il *metodo matematico*. È la scarsa familiarità con questo metodo che esclude moltissime persone dalla comprensione e dalla consapevolezza dei limiti delle procedure elettorali. Quanto speriamo di mostrare qui è che l'uso *del metodo matematico* è uno strumento potente di indagine anche nel campo dell'educazione civica.

Il caso con due opzioni

Cominciamo esaminando il caso in cui $n \geq 3$ elettori debbano scegliere fra due opzioni (o due candidati) a e b. Supponiamo che ogni elettore abbia un suo ordinamento individuale di preferenza sulle opzioni, in base al quale ne consideri una strettamente migliore dell'altra. Scriviamo $a > b$ per indicare che un elettore preferisce a a b.

Ad esempio, immaginiamo di avere sette elettori. Cinque di loro (che battezziamo 1, 2, 3, 4 e 5) preferiscono a a b mentre gli altri due (che battezziamo 6 e 7) preferiscono b ad a. Sintetizziamo questa situazione nella tabella

Esempio 1

Elettori	1, 2, 3, 4, 5	$a > b$	5
Elettori	6, 7	$b > a$	2

dove l'ultima colonna riporta il numero di elettori che condivide lo stesso tipo di preferenze individuali.

Una procedura elettorale è un metodo per aggregare le preferenze individuali di un insieme arbitrario di elettori in una scelta sociale, che indichiamo con S. La scelta sociale fra due opzioni può designare a, oppure b, oppure entrambi. In quest'ultimo caso, in realtà, la società si astiene dallo scegliere tra a e b e per designare il vincitore deve ricorrere a qualche forma di spareggio.

Quali proprietà dovrebbe soddisfare una procedura elettorale "democratica"? Un requisito che ci sembra molto ragionevole è che tutti gli elettori abbiano la stessa importanza. Possiamo esprimerlo mediante il seguente principio, che impone che l'identità degli elettori non sia un elemento determinante nella scelta sociale.

Anonimia. Se scambiamo tra loro le preferenze di due elettori, la scelta sociale non dovrebbe cambiare.

Ad esempio, se nella situazione riassunta nell'Esempio 1 la scelta sociale fosse $S = a$, questa dovrebbe restare ancora a ove gli elettori 5 e 6 si scambiassero le loro preferenze e la situazione diventasse la seguente.

Esempio 2

| Elettori | 1, 2, 3, 4, 6 | $a > b$ | 5 |
| Elettori | 5, 7 | $b > a$ | 2 |

La procedura elettorale dittatoriale (dove la scelta sociale coincide con l'opzione preferita da un dato individuo) è incompatibile con il principio dell'anonimia.

Un secondo requisito ragionevole impone che neanche l'identità delle opzioni in corsa sia un elemento determinante nella scelta sociale. In altre parole, i due candidati hanno *a priori* uguali possibilità di essere designati.

Neutralità. Se una scelta sociale si scambiasse di posto con un'altra opzione in tutte le preferenze individuali, quest'ultima dovrebbe diventare una scelta sociale.

Ad esempio, se nella situazione riassunta nell'Esempio 1 la scelta sociale fosse $S = a$, questa dovrebbe diventare b nell'esempio seguente.

Esempio 3

| Elettori | 1, 2, 3, 4, 5 | $b > a$ | 5 |
| Elettori | 6, 7 | $a > b$ | 2 |

Possiamo definire l'anonimia e la neutralità come due principî di imparzialità. Il primo assicura che la procedura elettorale sia imparziale rispetto agli elettori ed il secondo che lo sia rispetto alle opzioni.

Le procedure elettorali imparziali sono numerose. La più famosa di queste è la regola di maggioranza assoluta, secondo la quale ogni elettore vota per una sola opzione e si designa come scelta sociale l'opzione più votata (che di necessità raccoglie almeno il 50% dei voti). Un'altra procedura imparziale è la regola di antimaggioranza, che invece designa l'opzione meno votata. Per caratterizzare univocamente una procedura elettorale, quindi, occorre fare ricorso ad un altro principio.

Concordanza. Supponiamo che in una certa situazione la scelta sociale sia x. Se uno o più elettori cambiano idea ed innalzano x nella loro scala di preferenze individuali, la scelta sociale non dovrebbe cambiare.

Il principio di concordanza richiede che un aumento del consenso intorno ad un'opzione non riduca le sue possibilità di essere scelta. Se nell'Esempio 1 la scelta sociale fosse a e l'elettore 6 invertisse le sue preferenze, a dovrebbe comunque restare la scelta sociale. Questo principio elimina la regola di antimaggioranza e, in combinazione con i principî di imparzialità, è sufficiente a caratterizzare una procedura elettorale *unica*.

TEOREMA DI MAY (1952) Nel caso con due opzioni, l'unica procedura imparziale e concorde è la regola di maggioranza assoluta.

Il teorema di May [2] fornisce un fondamento chiaro all'idea diffusa che la scelta tra due opzioni a maggioranza assoluta sia un criterio ragionevole e "democratico". Inoltre, anche se questo risultato ha il pregio di combinare esistenza ed unicità, la regola di maggioranza assoluta gode di altre proprietà auspicabili. Ne presentiamo due su cui torneremo più avanti.

Coerenza. Supponiamo che gli elettori siano divisi in due gruppi. Utilizzando la stessa procedura elettorale, il primo gruppo designa x ed il secondo y. Se $x = y$, questa dovrebbe restare la scelta sociale applicando la procedura elettorale anche a gruppi riuniti.

L'intuizione che sorregge questo principio è semplice. Fissiamo una procedura elettorale e supponiamo che sia la Camera sia il Senato (in sedute disgiunte) manifestino una preferenza per l'opzione a. Adesso immaginiamo di convocare la Camera ed il Senato in seduta congiunta per designare la scelta sociale. Il principio di coerenza impone che si confermi la scelta di a. La regola di maggioranza assoluta rispetta questo principio: se a ottiene la maggioranza assoluta sia alla Camera sia al Senato, allora la otterrà anche a camere riunite. Sorprendentemente, vedremo più avanti che questo semplice principio è violato da una procedura elettorale molto in voga.

Un'altra proprietà soddisfatta dalla regola di maggioranza assoluta è che, sotto di essa, nessuno può avere convenienza a mentire e votare per un'opzione diversa da quella che preferisce. Infatti, quando la scelta tra due opzioni si decide a maggioranza assoluta, ci sono solo due casi possibili: o il voto di uno specifico elettore è ininfluente (e allora tanto vale votare per l'opzione preferita), oppure esso è determinante per raggiungere la maggioranza (e allora è meglio votare per l'opzione preferita).

Sincerità. Nessun elettore ha interesse a votare per un'opzione diversa dall'opzione preferita.

La richiesta che una procedura elettorale sia sincera esclude che un elettore preferisca basare il proprio voto su calcoli strategici invece di esprimere la sua opinione individuale. Una procedura di aggregazione dei voti può ambire a determinare una scelta sociale adeguatamente rappresentativa delle preferenze individuali soltanto se ogni elettore antepone l'espressione della propria opinione ad altre considerazioni. Dunque, la sincerità della procedura è una condizione necessaria per determinare la "volontà del popolo".

La maggioranza semplice

Nel caso con due opzioni, la regola di maggioranza assoluta emerge come procedura ottima perché soddisfa cinque proprietà desiderabili. Nel caso con $m \geq 3$ opzioni, tuttavia, questa regola risulta troppo spesso incapace di designare un vincitore e quindi non può essere adottata a fondamento delle scelte sociali. Tuttavia, possiamo esaminare se un'opportuna generalizzazione (di seguito vedremo le quattro più usate) non emerga come risposta al nostro originario quesito.

Un'ovvia generalizzazione della maggioranza assoluta è la regola di maggioranza relativa, secondo la quale ogni elettore vota per una sola opzione e si designa come scelta sociale l'opzione più votata (che può non raccogliere il 50% dei voti). Esaminiamo la ragionevolezza di questa procedura con riferimento ad un generico esempio, in cui immaginiamo di avere quattro opzioni a, b, c e d e 21 elettori.

Esempio 4

Elettori	1-3	$a > b > c > d$	3
Elettori	4-8	$a > c > b > d$	5
Elettori	9-15	$b > d > c > a$	7
Elettori	16-21	$c > b > d > a$	6

In questa situazione, la scelta sociale secondo maggioranza relativa è a. Ci sono ragioni per ritenere che questa scelta sociale non generalizzi correttamente la regola di maggioranza assoluta. Queste difficoltà furono dibattute per la prima volta negli anni appena precedenti la Rivoluzione Francese da Jean-Charles Borda (1733-1799) e dal marchese di Condorcet (1743-1794). Curiosamente, i due studiosi si trovarono d'accordo nel disapprovare a, pur dissentendo ferocemente sui motivi per farlo e sulle possibili soluzioni.

Secondo Condorcet, l'essenza caratteristica della regola di maggioranza assoluta consiste nel basarsi sul confronto a coppie. Se nell'Esempio 4 limitassimo il voto a due opzioni, a perderebbe il confronto con b per 13 voti a 8; perderebbe con c per 13 a 8 e perderebbe con d per 13 a 8. Quindi, se dopo aver scelto a fosse indetto un referendum confermativo che opponesse a ad una qualsiasi delle altre opzioni, a sarebbe sempre bocciata!

Per evitare questo tipo di problemi, secondo Condorcet una buona procedura elettorale non dovrebbe mai eleggere un'opzione che risulta perdente in tutti i confronti a coppie. Anzi, rafforzando questa richiesta, egli propone il seguente criterio.

Condorcet. La scelta sociale dovrebbe essere l'opzione (se esiste) che risulta vincente in tutti i confronti a coppie.

Nel caso dell'Esempio 4, ad esempio, il criterio di Condorcet indicherebbe come scelta sociale l'opzione c, che batte a per 13 a 8, batte b per 11 a 10 e batte d per 14 a 7. Ne segue che il criterio di Condorcet non è soddisfatto dalla regola di maggioranza relativa.

Questa regola non soddisfa neanche il criterio di sincerità: nell'Esempio 4, gli elettori 16-21, per evitare la designazione di a, troverebbero nel loro interesse convogliare su b i loro voti (invece che su c, la loro prima scelta) ed eleggere questa insieme agli elettori 9-15.

Gli altri quattro principî risultano invece soddisfatti. Riassumendo, quindi, la regola di maggioranza relativa non soddisfa due criterî su sei.

Il conteggio di Borda

Diversamente da Condorcet, Borda ritiene che l'essenza caratteristica della regola di maggioranza assoluta consista nella capacità di designare l'opzione gradita a più persone. Tuttavia, nell'Esempio 4, a fronte di una minoranza di 8 elettori che favorisce a, la regola di maggioranza relativa non riesce a dare voce agli altri 13 elettori che invece la detestano. Inoltre, se conveniamo di definire "gradita" ad un individuo un'opzione che si collochi al primo o al secondo posto nella scala delle sue preferenze, troviamo subito che nell'Esempio 4 a risulta gradita soltanto ad 8 elettori, mentre b risulta gradita a ben 16 elettori (anche se per tre di questi la prima scelta è a).

Per evitare questo tipo di esiti, Borda propone una procedura alternativa (nota come "conteggio di Borda") in base alla quale ogni elettore assegna $s(k) = m-k$ punti alla k-ma opzione nella sua scala di preferenze individuali. Risulta designata come scelta sociale l'opzione che totalizza la somma di punti più alta. Come la maggioranza relativa, anche questa procedura si riduce alla regola di maggioranza assoluta nel caso con due opzioni.

Nell'Esempio 4, il conteggio di Borda attribuisce 24 punti ad a, 44 a b, 38 a c e 20 a d. Attribuendo pesi diversi ad ogni opzione in funzione della sua posizione nella scala delle preferenze individuali, il conteggio riconosce che b gode di maggiori consensi. Si noti che il vincitore secondo Condorcet dovrebbe essere c e quindi che il conteggio di Borda non soddisfa il criterio di Condorcet.

Ancora l'Esempio 4 mostra che neanche la proprietà di sincerità è soddisfatta. Se gli elettori 16-21 si accordassero per piazzare strategicamente b all'ultimo posto, il risultato del conteggio vedrebbe c al primo posto con 38 punti e b al secondo posto con 32. Poiché questi elettori preferiscono c a b, essi avrebbero tutto l'interesse a pretendere che b non sia per loro la seconda opzione in ordine di preferenza.

Il conteggio di Borda si estende facilmente ad un più generale metodo a classifica se si richiede che il punteggio assegnato da ciascun elettore alla k-ma opzione sia espresso da una funzione decrescente $s(k)$. In questo modo, si può vedere la regola di maggioranza relativa come un caso speciale di metodo a classifica dove $s(1)=1$ ed $s(k)=0$ per $k>1$. Naturalmente, per non violare il principio di anonimia, occorre che la funzione $s(k)$ sia la stessa per ogni elettore.

Si può mostrare che qualsiasi metodo a classifica soddisfa i primi quattro principî ma non quelli di Condorcet e di sincerità. Per ragioni di spazio, qui mostriamo soltanto che il criterio di Condorcet è incompatibile con i metodi a classifica. Consideriamo il seguente esempio con tre opzioni e 17 elettori, tratto da [3].

Esempio 5

Elettori	1-6	$a > b > c$	6
Elettori	7-9	$c > a > b$	3
Elettori	10-13	$b > a > c$	4
Elettori	14-17	$b > c > a$	4

Il vincitore secondo Condorcet è a. Tuttavia, qualsiasi metodo con classifica designa invece b perché a totalizza soltanto $6s(1) + 7s(2) + 4s(3)$, che è sempre inferiore al punteggio $8s(1) + 6s(2) + 3s(3)$ realizzato da b.

Il ballottaggio al secondo turno

Un'altra generalizzazione della regola di maggioranza assoluta prevede di far votare ogni elettore per una sola opzione, facendo ricorso ad un secondo turno di ballottaggio tra le due opzioni più votate nel caso in cui nessuna opzione ottenga la maggioranza assoluta al primo turno. In pratica, questa procedura utilizza la regola di maggioranza relativa per selezionare due opzioni tra le quali poi sceglie a maggioranza assoluta.

Tra i nostri sei principî, questa procedura non ne rispetta addirittura quattro. Ricorrendo al solito Esempio 4, possiamo verificare che non soddisfa i criterî di Condorcet e di sincerità. Infatti, il ballottaggio designa b mentre il vincitore di Condorcet è c. Inoltre, anticipando che un ballottaggio sincero designerebbe b, gli elettori 4-8 preferiscono votare c e garantirne la designazione per maggioranza assoluta al primo turno.

Il terzo principio non soddisfatto dal metodo con ballottaggio è il criterio di coerenza, come mostra il seguente esempio con tre opzioni e 26 elettori.

Esempio 6

Elettori	1-4	$a > b > c$	4
Elettori	5-7	$b > a > c$	3
Elettori	8-10	$c > a > b$	3
Elettori	11-13	$c > b > a$	3
Elettori	14-17	$a > b > c$	4
Elettori	18-20	$b > a > c$	3
Elettori	21-23	$c > a > b$	3
Elettori	24-26	$b > c > a$	3

Se i primi 13 elettori votassero separatamente con il metodo del ballottaggio, accederebbero al secondo turno a e c e la scelta sociale sarebbe a. Analogamente, votando separatamente con il metodo del ballottaggio, la scelta sociale dei secondi 13 elettori sarebbe ancora a. Tuttavia, se gli elettori votassero tutti insieme con il metodo del ballottaggio, accederebbero al secondo turno b e c (escludendo a) e la scelta sociale sarebbe b.

La procedura di ballottaggio è molto utilizzata, presumibilmente perché si ritiene che consenta agli elettori di non "sprecare" il voto dato al primo turno e di correggere il tiro al secondo turno. Anche se quest'ultimo fa uso della maggioranza assoluta (su cui fornisce precise garanzie il teorema di May), si noti tuttavia che la selezione dei candidati ammessi al secondo turno è fatta con la regola di maggioranza relativa. Se essa non è giudicata un buon metodo generale per designare la scelta sociale, non è evidente perché dovrebbe essere usata per scegliere i due contendenti ammessi al secondo turno. Come mostra l'Esempio 6, infatti, la selezione degli ammessi è un elemento cruciale del processo di scelta.

Per questa ragione, fallisce anche il principio di concordanza, come mostra il seguente esempio con tre opzioni e 17 elettori, dove a e b accedono al ballottaggio, che è vinto da a per 11 voti a 6.

Esempio 7

Elettori	1-6	$a > b > c$	6
Elettori	7-11	$c > a > b$	5
Elettori	12-15	$b > c > a$	4
Elettori	16-17	$b > a > c$	2

Supponiamo che gli elettori 16 e 17 cambino idea e che la loro scala di preferenze individuali diventi $a > b > c$ (ovvero, che a passi per loro dal secondo al primo posto senza modificare l'ordinamento tra le altre opzioni). Ripetendo l'elezione, adesso accederebbero al ballottaggio a e c, ma c vincerebbe l'elezione per 9 voti a 8.

Eliminazioni successive

L'ultima generalizzazione della regola di maggioranza assoluta che qui consideriamo rimette al centro i confronti a coppie. Più precisamente, la procedura ad eliminazioni successive prevede le opzioni siano esaminate seguendo l'ordine fissato da una data agenda. La vincente tra le prime due opzioni avanza al turno successivo, dove è contrapposta alla terza opzione dell'agenda; la vincente in questo nuovo confronto è esaminata contro la quarta opzione dell'agenda; e così via, designando come scelta sociale la vincente dell'ultimo confronto. Vediamo un esempio con quattro opzioni e cinque elettori.

Esempio 8

Elettori	1-2	$a > b > c > d$	2
Elettore	3	$b > c > d > a$	1
Elettori	4	$d > b > a > c$	1
Elettori	5	$d > c > a > b$	1

Se l'agenda fosse *(abcd)*, dopo aver battuto b per 3 voti a 2, a andrebbe al confronto con c vincendolo ancora per 3 a 2; quindi, nel confronto finale, perderebbe 3 a 2 contro d, che risulterebbe la scelta sociale.

Questa procedura soddisfa soltanto tre dei nostri sei principî: anonimia, concordanza e Condorcet. La neutralità cade perché l'ordine con cui si compare nell'agenda risulta determinante. Nell'Esempio 8, tenendo ferma l'agenda *(abcd)*, se la scelta sociale d si scambiasse di posto con a in tutte le scale di preferenze individuali, la scelta sociale non diventerebbe a ma resterebbe d. Di fatto, il fallimento della neutralità può conferire a chi fissa l'agenda il potere di manipolare il risultato: nell'Esempio 8, se il voto è sempre sincero, l'agenda *(abcd)* conduce a scegliere d, l'agenda *(bdac)* conduce ad a, l'agenda *(adbc)* a b e l'agenda *(abdc)* a c.

Per mostrare che neanche la sincerità è soddisfatta dalla procedura per eliminazioni successive, si consideri l'Esempio 8 sotto l'agenda *(abcd)*. Se l'elettore 1 vota b nella prima votazione, può fare avanzare al primo turno b invece di a; se tutti gli altri elettori votano sinceramente nei turni successivi, questo assicura che la scelta sociale sia b invece di d. Poiché l'elettore 1 preferisce b a d, questi ha interesse a non votare sinceramente. Naturalmente, poiché anche altri elettori possono votare in modo non sincero, non possiamo prevedere che cosa sarà effettivamente scelto.

Quanto al principio di coerenza, si consideri un esempio con tre opzioni e 15 elettori.

Esempio 9

Elettori	1-4	$a > b > c$	4
Elettori	5-7	$b > c > a$	3
Elettori	8-9	$c > a > b$	2
Elettori	10-11	$c > b > a$	2
Elettori	12-13	$b > a > c$	2
Elettori	14-15	$a > c > b$	2

Sia data l'agenda *(abc)*. Separatamente presi, i primi nove elettori designano c; analogamente, gli ultimi sei elettori designano c. Presi congiuntamente, i 15 elettori designano a.

Due risultati generali

Conveniamo di chiamare "perfettamente democratica" ogni procedura elettorale che soddisfi i sei principî enunciati sopra. Nel caso con due opzioni, la regola di maggioranza assoluta è perfettamente democratica. Nel caso con più opzioni, invece, nessuna delle quattro generalizzazioni che abbiamo considerato risulta perfettamente democratica. Naturalmente, ciò non basta ad escludere che si possa congegnare una procedura elettorale perfettamente democratica anche nel caso di più opzioni. Tuttavia, riesce naturale il sospetto che potrebbe non esisterne nessuna.

Come possiamo confermare questo sospetto? Certamente non per via empirica: controllare che neanche una di mille procedure elettorali diverse è perfettamente democratica non ci aiuta affatto ad escludere che se ne possa trovare una. Se vogliamo stabilire in modo certo che non esiste nessuna procedura elettorale perfettamente democratica, dobbiamo procedere con il *metodo matematico* e dimostrare che nel caso con più opzioni i sei principî sono logicamente incompatibili fra loro.

Questo tipo di approccio allo studio della democraticità delle procedure elettorali fu introdotto verso la metà del secolo XX da Arrow [4], premio Nobel per l'Economia nel 1972. I due risultati che qui a noi interessano, invece, sono stati ottenuti circa 25 anni dopo.

Il primo risultato [5] mostra che due dei nostri principî sono logicamente incompatibili.

TEOREMA DI YOUNG (1975) Nel caso con tre o più opzioni, non esiste nessuna procedura elettorale che soddisfi simultaneamente il criterio di coerenza ed il criterio di Condorcet.

Qualsiasi siano le nostre opinioni sulla rilevanza dei principî di coerenza e di Condorcet ai fini di una procedura elettorale democratica, non è possibile soddisfarli entrambi. Analogamente, il risultato successivo [6, 7] mostra che altri tre dei nostri criterî sono logicamente incompatibili.

TEOREMA DI GIBBARD E SATTERTHWAITE (1973) Nel caso con tre o più opzioni, l'unica procedura neutrale e sincera è la dittatura (che non è anonima).

Combinati insieme, questi due teoremi implicano che non esiste nessuna procedura elettorale che soddisfi più di quattro dei sei criteri sopra elencati. Nessuna assemblea costituzionale, per quanto avveduta, può sperare di trovare un sistema elettorale che risponda adeguatamente a tutte le esigenze incarnate nei sei principî.

Ciò ha due conseguenze importanti. Primo, qualunque sia la procedura elettorale in atto, possiamo sempre costruire situazioni che la facciano apparire "paradossale" rispetto ad un criterio opportunamente scelto. Secondo, in base a quali principî siano di volta in volta considerati prioritari, si può pervenire all'istituzione di procedure elettorali molto diverse. Un caso esemplare è la coesistenza di regole diverse per le elezioni nazionali e locali del maggio 2001 in Italia.

Conclusioni

Il quesito da cui siamo partiti chiede se esistano procedure elettorali adeguate a scegliere in modo "democratico" i rappresentanti del popolo. Nel caso con due opzioni, la regola di maggioranza assoluta fornisce una soluzione pienamente soddisfacente. Invece, nel caso con tre o più opzioni, nessuna procedura elettorale può davvero ambire a tale titolo.

Pertanto, anche se la democrazia consiste nell'esercizio della sovranità del popolo, non è in generale possibile concretare questa definizione in una procedura elettorale scevra da critiche. Come possiamo conciliare questo risultato di impossibilità con la necessità pratica di fare esercitare al popolo la sua sovranità?

La risposta che noi preferiamo distingue due concezioni diverse della democrazia [8]. Entrambe condividono il principio di sovranità del popolo. Tuttavia, secondo la concezione populista, il popolo è depositario di una "volontà" che si manifesta come esito di una procedura elettorale. Il risultato dell'elezione rivela che cosa vuole il popolo e non può essere messo in discussione senza minacciare la sua sovranità. È facile intuire come questa visione corra il rischio di condurre alla tirannia della maggioranza.

Al contrario, la concezione liberale ritiene che la sovranità del popolo consiste più modestamente nel preservare la possibilità di non confermare la scelta precedente. L'esito della procedura elettorale è sempre soggetto alla critica, ma deve essere rispettato. Lo stesso rispetto va esteso anche alle opzioni scartate, preservando intatto per queste il diritto di competere alle elezioni successive e scalzare l'opzione precedentemente scelta.

Secondo questa visione, la sovranità del popolo si afferma nel diritto di criticare i suoi rappresentanti durante una legislatura e di cambiarli al termine di questa. L'epigrafe che abbiamo scelto (pur se riferita ad altro contesto) sintetizza in modo efficace le radici di questa concezione: davanti ad un risultato teorico di impossibilità, l'atteggiamento pratico migliore è coltivare il dubbio socratico.

Bibliografia

[1] N. Zingarelli (1995) *Vocabolario della lingua italiana*, dodicesima edizione, M. Dogliotti e L. Rosiello (a cura di), Zanichelli, Bologna
[2] K. May (1952) A set of independent necessary and sufficient conditions for simple majority decisions, *Econometrica* 20, pp. 680-684
[3] P.C. Fishburn (1984) Discrete mathematics in voting and group choice, *SIAM Journal of Algebraic and Discrete Methods* 14, pp. 119-134
[4] K. Arrow (1951) *Social choice and individual values*, Wiley, New York (seconda edizione: 1963)
[5] H.P. Young (1975) Social choice scoring functions, *SIAM Journal of Applied Mathematics* 28, pp. 824-838
[6] A. Gibbard (1973) Manipulation of voting schemes: A general result, *Econometrica* 41, pp. 587-601
[7] M.A. Satterthwaite (1975) Strategy-proofness and Arrow's conditions: Existence and correspondence theorems for voting procedures and social welfare functions, *Journal of Economic Theory* 10, pp. 198-217
[8] W.H. Riker (1982) *Liberalism against populism*, Waveland Press, Prospect Heights, Illinois

Vito Volterra e la "biologia dei numeri"

Giorgio Israel

L'intento di mettere in opera nella biologia lo strumento dell'analisi matematica che aveva già dato nella fisica prove così brillanti di sé, risale almeno alla fine del Settecento e coincide con la diffusione e il trionfo della filosofia della natura di Newton. Questo successo convinse molti scienziati e pensatori che fosse possibile trasportare in biologia i procedimenti e i metodi che avevano portato alla descrizione matematica dei fenomeni del moto. Contro questo atteggiamento si manifestò la reazione di coloro che ritenevano che la caratteristica principale dei soggetti vitali consista nella loro "libertà", la quale non sarebbe soggetta ad alcuna legge causale o comunque non sarebbe esprimibile nel linguaggio delle scienze esatte, e ne concludevano che i fenomeni della vita (come quelli sociali ed economici) non sono suscettibili di un'analisi quantitativa e matematica. Si posero così le basi di una contrapposizione che durò a lungo e tuttora non è ancora spenta ed alla quale ci si riferisce spesso come al conflitto fra *meccanicismo* e *vitalismo*.

Tuttavia, per molto tempo, questa contrapposizione fu più che altro una controversia di principi, almeno per quanto riguarda l'aspetto della matematizzazione. Difatti, la funzione della matematica nello studio dei fenomeni biologici si limitava al semplice ausilio tecnico e non assurgeva mai a strumento di vera e propria analisi concettuale, come nella fisica. Fra gli usi più significativi della matematica nella biologia, nel corso del Settecento, possiamo menzionare i primi studi sulla diffusione delle epidemie (in particolare la diffusione del vaiolo e il problema dell'opportunità di praticarne l'inoculazione) e la ricerca di leggi della mortalità (particolarmente utili per compilare le tabelle dei premi di assicurazione). In tutti questi casi, la tematica biologica veniva toccata in modo alquanto marginale e come conseguenza dell'interesse per questioni di statistica demografica o attuariale (si veda, in merito [1]). Fu tuttavia nell'ambito di queste ricerche che ebbe origine l'interesse per lo studio matematico della problematica biologica in sé. Non a caso, uno dei primi problemi ad essere analizzato dal punto di vista matematico, se pure con strumenti alquanto elementari, fu quello della determinazione delle leggi di crescita di una popolazione umana. Ciò spiega per quale motivo, nel processo di matematizzazione della biologia, ebbero un ruolo preponderante i problemi di crescita (e, più in generale, di "dinamica") di una popolazione – quella sfera di temi che lo scienziato francese Jean Régnier (che come vedremo fu uno dei principali collaboratori di Vito Volterra) ebbe a definire efficacemente la *biologia dei numeri*.

La prima legge di crescita di una popolazione fu proposta alla fine del Settecento dall'economista Thomas Malthus. Essa era basata sull'ipotesi che il tasso di crescita annuo della popolazione, che esprime la variazione percentuale media della popolazione in un fissato intervallo di tempo, sia costante. L'ammissione di tale costanza implica una crescita esponenziale (e quindi illimitata) della popolazione. Ciò conduceva Malthus alle ben note conclusioni pessimistiche circa l'insufficienza delle risorse del pianeta per far sopravvivere le generazioni future. È facile constatare che la legge di Malthus fornisce delle discrete previsioni sul breve periodo, mentre si mostra inadatta a descrivere l'evoluzione sul lungo periodo (si veda in merito [2]).

Vennero in seguito introdotte altre descrizioni matematiche più raffinate, fra cui la cosidetta legge di crescita "logistica", formulata dall'olandese Pierre F. Verhulst nel 1837, la quale supponeva che il tasso di crescita non fosse costante, bensì variabile in funzione del numero di individui della popolazione: quanto più numerosa era quest'ultima, tanto più calava il tasso di crescita della popolazione, fino a divenire nullo. In tal modo, la legge di crescita, abbastanza simile a quella malthusiana per valori piccoli della popolazione, se ne discostava per valori grandi della popolazione, fino a prevedere l'esistenza di una *popolazione limite* che costituiva il valore massimo raggiungibile dalla popolazione.

La legge di Verhulst alimentò l'interesse per le applicazioni della matematica allo studio della dinamica delle popolazioni biologiche. Lo stesso Verhulst tentò di calcolare le "popolazioni limite" del Belgio e della Francia, con discreto successo. Tuttavia, ricerche più sistematiche in questa direzione furono iniziate soltanto nei primi decenni del Novecento ad opera degli statistici americani Raymond Pearl e Lowell J. Reed e poi del biologo russo Georgii F. Gause che applicò per primo in modo sistematico le leggi malthusiana e logistica allo studio della crescita delle popolazioni animali. A Gause si devono interessanti esperimenti circa la crescita di un protozoo, il *Paramecium caudatum*: gli esperimenti di Gause confermarono in modo assai soddisfacente le sue previsioni circa la "popolazione limite" che il *Paramecium* non avrebbe potuto superare se lasciato sviluppare in una provetta contenente una quantità preassegnata di brodo nutritivo. Di grande interesse furono anche gli studi di Gause sulla crescita della *Drosophila melanogaster* [3].

Gli inizi del secolo scorso videro inoltre un accentuarsi dell'interesse per la costruzione di modelli matematici capaci di descrivere in modo soddisfacente il diffondersi delle epidemie. Abbiamo già rilevato (nell'accennare agli studi sul vaiolo) come tale filone possa essere fatto risalire a ricerche già iniziate nella seconda metà del Settecento. E non vi è dubbio che la cornice concettuale di tali ricerche è molto simile a quella entro la quale si sviluppavano le ricerche di dinamica delle popolazioni.

Tuttavia, permanevano in queste ricerche alcune caratteristiche che le rendevano insoddisfacenti, se non sospette, agli occhi dei matematici. L'intervento dello strumento matematico era infatti ancora di carattere piuttosto episodico e strumentale, e non era il risultato di una scelta generale di metodo. Le equazioni matematiche apparivano più come un mezzo tecnico per manipolare i dati statistici che non l'espressione di leggi generali descriventi i fenomeni. Non si manifestava in questo campo ancora nulla di simile alla procedura che si era abituati a conoscere da lungo tempo nella fisica: una procedura che contemplava dapprima l'analisi delle proprietà fondamentali del fenomeno in esame, tendente a scartarne, secondo la procedura galileiana, gli aspetti accessori. Questa analisi apriva la strada all'ingresso della matematica non intesa come semplice strumento per la raccolta quantitativa dei dati, ma per formulare le leggi generali governanti il fenomeno; quindi lo studio puramente matematico delle equazioni ottenute al fine di ricavarne le soluzioni; e infine il confronto delle previsioni da essa ricavate con i dati empirici.

Una svolta in questa direzione si ebbe alla metà degli anni Venti del secolo scorso. In questo periodo ebbe inizio lo studio della coesistenza di più specie animali e della genetica delle popolazioni.

Due elementi caratterizzano questa svolta. In primo luogo, il riferimento al modello della meccanica, come a un quadro di concetti e metodi da imitare con la massima fedeltà possibile; in secondo luogo, la ripresa della tematica del darwinismo che per lungo tempo era stata dimenticata o addirittura rigettata [4].

A questi elementi ne vanno aggiunti altri due che non mancano di sorprendere chi si avvicini allo studio di questi temi. Si tratta, da un lato, del carattere quasi improvviso dello sviluppo delle ricerche condotte in questo settore e con quei metodi; e, d'altro lato, del fatto che l'inizio di queste ricerche è dovuto in larga misura a uno scienziato per formazione e metodo scientifico legato a un approccio classico e centrato attorno ai temi della fisica matematica, il matematico italiano Vito Volterra.

Vito Volterra (1860-1940), agli inizi del Novecento, era uno dei più grandi matematici italiani e una figura di grande prestigio internazionale. Nella sua formazione scientifica confluivano due distinti influssi: quello della scuola del matematico Ulisse Dini, il cui programma era la dimostrazione in termini di stretto rigore dei risultati fondamentali dell'analisi matematica dell'Ottocento; e quello del matematico Enrico Betti, il cui punto di vista era influenzato dall'interesse per le connessioni fra la matematica e le sue applicazioni, in particolare quelle fisiche. Se l'insegnamento della scuola di Dini formò Volterra ad uno stile di rigore e precisione dimostrativa, non c'è dubbio che la tendenza di Betti a non esaminare mai alcun concetto matematico in termini puramente astratti, ma sempre in funzione delle sue motivazioni applicative, influenzò in modo determinante il suo modo di vedere.

Un altro aspetto importante della concezione di Volterra fu la sua adesione all'ideale esplicativo della fisica-matematica classica e in particolare al punto di vista meccanicistico (si veda al riguardo [5]). Non vi è dubbio che Volterra fosse consapevole delle difficoltà cui andava incontro proprio in quegli anni la fisica-matematica, ché anzi non poche pagine di Volterra descrivono con grande lucidità questa crisi [6]. Tuttavia, in accordo con Henri Poincaré, lo scienziato forse a lui più congeniale, egli riteneva che occorresse difendere le strutture esplicative fondamentali della scienza classica pur adattandole adeguatamente ai nuovi problemi che si erano posti. Dunque il punto di vista di Volterra era "riduzionistico" nel senso che era teso a mostrare che l'approccio classico, nonostante l'indubbia crisi cui andava incontro in alcuni settori vitali della fisica, era vivo e vitale e poteva ancora rivelarsi un efficace strumento in settori della scienza anche diversi da quelli tradizionali, come la biologia e l'economia. Una strategia tesa quindi a *consolidare* e, se possibile, a *estendere* il campo di intervento delle strutture esplicative del determinismo classico.

Fin dalla citata conferenza del 1901 [6], Volterra delineò la possibilità di un intervento della matematica nel campo dell'economia e della biologia. In quell'intervento la sua analisi era sopratutto centrata sulle analogie fra meccanica e teoria dell'equilibrio economico generale [7]: quest'ultima era da lui presentata come un ottimo esempio dell'applicazione di quei procedimenti di riduzionismo meccanicistico di cui era fautore. Invece, egli considerava come ancora alquanto arretrato lo stato della matematizzazione della biologia, il quale non aveva raggiunto il livello dell'uso dello strumento dell'analisi infinitesimale, restando ancora confinato all'applicazione dei metodi statistico-probabilistici.

L'opportunità di iniziare un vero e proprio processo di matematizzazione si presentò a Volterra nel 1925, quando il biologo Umberto D'Ancona (suo genero) gli sottopose un problema concernente le fluttuazioni del numero dei pesci "predatori" e dei pesci "prede" nell'Alto Adriatico. D'Ancona aveva raccolto alcune osservazioni statistiche concernenti la percentuale dei Selaci che si nutrivano di altre specie acquatiche (pesci bentonici e altri) sul totale della pesca nell'Alto Adriatico durante il periodo attorno alla Prima Guerra Mondiale. Le statistiche mostravano una crescita della percentuale dei predatori nel periodo in cui la pesca era stata ostacolata dalle attività belliche e nel periodo immediatamente successivo. D'Ancona voleva fornire una dimostrazione rigorosa della tesi secondo cui la diminuzione dell'attività di pesca proteggeva i pesci predatori e sfavoriva le prede e si rivolse a Volterra per ottenere una siffatta dimostrazione. Volterra, seguendo una procedura caratteristica dei metodi della fisica-matematica, procedette isolando gli aspetti secondari del problema, come in meccanica si trascura, in prima istanza, la perturbazione dovuta all'attrito, e restringendosi all'analisi del fenomeno "puramente interno" dovuto, a suo avviso, alle capacità riproduttive delle specie e alla voracità dei predatori. La crescita delle prede veniva rappresentata con un andamento di tipo malthusiano e l'attività di predazione veniva descritta mediante un'analogia meccanica: l'ecosistema veniva pensato da Volterra come un sistema di molecole di un gas perfetto in un contenitore chiuso, per cui l'intensità della predazione era considerata come proporzionale al numero degli incontri possibili fra gli individui delle due specie. L'analisi matematica delle equazioni ricavate sulla base di tale modello fu riassunta da Volterra in tre "leggi fondamentali": la prima asseriva che la fluttuazione delle due specie è periodica; la seconda asseriva che il numero medio delle due popolazioni tende a dei valori costanti; mentre la terza rispondeva al problema di D'Ancona, mostrando che l'introduzione della pesca distrugge gli individui delle due specie uniformemente e proporzionalmente al loro numero, conducendo così ad una diminuzione del numero medio delle prede e ad un aumento del numero medio dei predatori. È da notare che il contenuto della terza legge condusse Volterra ad una rivalutazione della teoria darwiniana della "lotta per la vita".

Questi risultati sono contenuti in un ampio lavoro pubblicato da Volterra nel

1927 [8] il quale espone molti altri risultati tutti centrati attorno al tentativo di costruire una sorta di "meccanica razionale" delle associazioni biologiche basata su concetti analoghi a quelli della meccanica classica: va in particolare menzionato il tentativo di definire una nozione analoga a quella di energia che permette di distinguere le associazioni biologiche in "conservative" e "non conservative", così come in meccanica si distinguono i sistemi senza attrito da quelli con attrito. La produzione scientifica di Volterra in questo campo proseguì fino alla sua morte e non può essere qui descritta per ragioni di brevità (per maggiori dettagli si vedano [4] e l'introduzione all'edizione italiana di [3]). È possibile tuttavia distinguere questa produzione in tre gruppi fondamentali che caratterizzano tre linee del pensiero scientifico di Volterra.

Il primo gruppo – cui appartiene l'articolo già citato e che culmina in un ampio volume pubblicato nel 1931 [9] – è centrato attorno all'obbiettivo di costruire una meccanica razionale delle associazioni biologiche, fino al tentativo di trasferire in questo ambito i risultati delle ricerche di Volterra concernenti i cosidetti sistemi "ereditari" (si veda al riguardo [10]). Si tratta di sistemi fisici, quali i corpi soggetti a deformazioni elastiche o a fenomeni di isteresi magnetica, che appaiono conservare una "memoria" delle sollecitazioni cui sono stati sottoposti nel loro passato e quindi il cui comportamento non appare determinato soltanto dal loro stato attuale ma anche da tutta la loro evoluzione passata (e che quindi sembrano essere soggetti ad una forma di determinismo "debole"). Volterra trasferisce al campo delle associazioni biologiche i risultati delle ricerche già sviluppate nel campo della teoria dell'elasticità, trattando queste associazioni come sistemi che non sono soltanto determinati dal loro stato presente ma che conservano memoria della loro evoluzione passata. Questo gruppo di lavori può quindi essere riferito al tentativo di mettere in opera nel campo della biologia una concezione di riduzionismo meccanicistico.

Il secondo gruppo di lavori biomatematici di Volterra appartiene alla sua tarda produzione scientifica ed è centrato attorno al tentativo di trasferire nel dominio della teoria matematica delle associazioni biologiche i metodi del calcolo delle variazioni e di fornire quindi una fondazione di questa teoria analoga a quella che sorregge la "meccanica analitica" nella direzione iniziata e sviluppata da Joseph L. Lagrange e William R. Hamilton. È forse questa la parte meno compiuta e soddisfacente della produzione di Volterra nel campo della biomatematica (per un'analisi della quale rinviamo a [11]). In effetti, Volterra riuscì a enunciare e a dimostrare un "principio di minima azione vitale" analogo al "principio di minima azione" enunciato da Maupertuis nell'ambito della meccanica e poi riformulato in modo rigoroso e generale da Leonard Euler, Lagrange e Hamilton. Mentre tuttavia quest'ultimo principio è equivalente alle equazioni della meccanica e quindi può essere assunto come suo principio di base, lo stesso non può dirsi del principio di Volterra, il quale è condizione necessaria ma non sufficiente delle equazioni della "lotta per la vita".

Un terzo gruppo di lavori è centrato attorno al tentativo di fornire un fondamento e delle giustificazioni empiriche ai risultati delle ricerche matematiche di Volterra ed ha come espressione più compiuta il volume scritto in collaborazione con il genero U. D'Ancona nel 1935 [3]. Esso esprime assai chiaramente una componente importante del pensiero scientifico di Volterra, e cioè l'importanza che egli attribuiva – in conformità con le tendenze della fisica-matematica classica – alla verifica empirica delle leggi ottenute per via razionale e matematica e l'insoddisfazione nei confronti di ogni impostazione astratta e puramente formale. Volterra non si nascose la difficoltà di estendere alla biologia i criteri di verifica empirica caratteristici della fisica, in particolare per l'impossibilità, in un gran numero di situazioni, di dar luogo a dei procedimenti di sperimentazione. E tuttavia, magari ricercando forme meno dirette di verifica, non rinunziò mai all'idea che i suoi risultati dovessero trovare delle forme di conferma empirica, per poter essere considerati come pienamente accettabili e legittimi sul piano scientifico. Nella prima fase della produzione biomatematica di Volterra, i suoi risultati suscitarono l'interesse e talora l'entusiasmo di diversi biologi, fra cui in particolare Georgii F. Gause e Vladimir A. Kostitzin. Successivamente tali entusiasmi si raffreddarono, a causa della debole corrispondenza fra i risultati matematici di Volterra e i dati empirici conosciuti. In effetti, fino ad oggi i casi in cui si manifesta la prima legge di Volterra (e cioè la legge di fluttuazione delle specie) sono pochissimi: il più rilevante di questi è quello dato dall'oscillazione del numero delle linci e delle lepri in certe zone del Canada, quale risulta dalle statistiche della Hudson Bay Company, raccolte nel periodo che va dal 1845 al 1935 (si vedano [2, 3, 12]).

L'intensità degli sforzi di Volterra volti a trovare delle conferme empiriche delle sue teorie è testimoniata dalla vastissima corrispondenza che egli mantenne con alcuni fra i maggiori biologi della sua epoca. Questa corrispondenza è conservata presso l'Accademia Nazionale dei Lincei a Roma e le lettere dedicate ai temi biologici sono state studiate in un saggio [13] e poi raccolte in un volume [14].

Questo tema della verifica empirica o sperimentale della teoria matematica della lotta per la vita iniziò a prendere corpo quasi subito dopo la pubblicazione dei primi articoli nel 1926 e sempre più assunse un posto centrale nelle preoccupazioni di Volterra. Né poteva essere altrimenti, come abbiamo detto: perché, in una concezione scientifica classica come quella di Volterra, era impensabile relegare il tema della verifica empirica in una posizione secondaria o marginale. Una teoria matematica applicata assumeva legittimità soltanto dalla constatazione precisa e documentata che essa fosse capace di descrivere in modo efficace e adeguato i fatti che pretendeva di rappresentare e, in fin dei conti, di fornire anche uno strumento di previsione empirica. Non c'è dubbio che, in tal modo, Volterra difendesse un punto di vista che la comunità scientifica veniva a mano a mano abbandonando, sotto l'influsso della successione di crisi che scuotevano la scienza classica. Si era venuta difatti affermando, soprattutto a partire dagli anni Venti, una visione *modellistica* delle applicazioni della matematica che attribuiva un ruolo meno importante al tema della verifica empirica delle teorie.

Facciamo una breve digressione su questo punto di fondamentale importanza, che è stato analizzato in modo approfondito in [12]. Per dare una definizione estremamente schematica di "modello matematico" potremmo dire che esso è una *struttura formale vuota*, intendendo con il termine "formale" il fatto che è espresso nel linguaggio della matematica. Tale struttura è talvolta suggerita da contesti empirici specifici o può essere riempita di contenuti empirici specifici. Per usare un'efficace espressione di Nicolas Bourbaki (pseudonimo di un famoso gruppo di matematici francesi molto attivi negli anni Quaranta e Cinquanta), un modello matematico è uno "schema vuoto di realtà possibili": le realtà che danno valore empirico al modello possono quindi esistere ma anche non esistere.

Un siffatto approccio emerse negli anni Venti e rappresentò una rottura radicale con il metodo della scienza classica, e in particolare della scienza fisica matematica classica, che era basato sul principio secondo cui la realtà è governata da leggi determinate e di valore universale ed è situata al di fuori di chi la osserva: all'osservatore esterno (lo scienziato) compete la determinazione di quelle leggi. La distinzione fra osservatore e fatti e l'univocità delle leggi sono l'espressione di una visione *oggettivistica*. La conseguenza di tale idea sul piano della rappresentazione matematica dei fenomeni è assai importante: per ogni classe di fenomeni della stessa natura esiste un'equazione (differenziale) rappresentativa, che è proprio *la* equazione di quella classe di fenomeni. Secondo il grande fisico-matematico del primo Ottocento J. Fourier, *la natura è estesa quanto l'analisi matematica*. Questa visione – che è proprio quella di Volterra – si fonda quindi sull'idea che esista una corrispondenza "biunivoca" fra matematica e realtà, che traduce il postulato dell'oggettivismo. Essa fu tuttavia messa in crisi – sia per quanto riguarda la separazione fra osservatore e fenomeni osservati che l'universalità della rappresentazione matematica e la sua coestensione con la realtà fisica – soprattutto dallo sviluppo delle teorie quantistiche. Non è un caso che lo sviluppo della modellistica matematica sia nato contemporaneamente a questi rivoluzionari sviluppi della fisica.

È ben vero che anche nella fisica matematica classica si sapeva che la "coestensione" fra matematica e realtà non aveva le caratteristiche di un rapporto biunivoco armonioso e perfetto: lo studio di situazioni empiriche differenti poteva dar luogo a strutture matematiche simili, in certi casi addirittura alla stessa. Ma queste situazioni venivano considerate come la manifestazione di armonie naturali prestabilite di cui era piuttosto necessario comprendere il senso profondo. Tale era proprio la situazione che Volterra ritenne di aver rilevato scoprendo un medesimo principio di minima azione all'opera sia in fisica che in biologia. Invece, il modo in cui la modellistica matematica concepiva queste identità – il fatto che lo stesso schema matematico fosse capace di descrivere situazioni talora lontanissime – non aveva più a che fare con l'idea dell'esistenza di "armonie prestabilite". La divergenza era dovuta al fatto che nell'approccio classico si partiva dai fenomeni (sia pure considerati concettualmente e non necessariamente per via sperimentale) per pervenire alla formulazione matematica. Mentre la modellistica matematica parte dalla *struttura*, dall'*equazione*, che può essere *successivamente* riempita di contenuti empirici anche diversissimi tra loro. La capacità del modello di descrivere diverse realtà non è allora tanto l'espressione dell'esistenza di armonie naturali scoperte per via empirica o sperimentale, quanto l'espressione del fatto che la realtà è strutturata in forma matematica senza che questo implichi l'esistenza di un ordine o di un'armonia. Inoltre, nell'approccio classico le "armonie prestabilite" rivelano la natura essenzialmente meccanica di tutti i fenomeni, mentre nell'approccio modellistico è la struttura matematica che viene alla luce: in altri termini, il metodo dell'*analogia meccanica* è sostituito con il metodo dell'*analogia matematica*.

Non era certamente questo il punto di vista di Volterra che, muovendosi in una direzione totalmente insensibile ai nuovi orientamenti modellistici, si diede come obbiettivo la costruzione di una *fase applicata* delle sue teorie biomatematiche che ne fornissero l'unica possibile legittimazione. Del resto, il termine "fase applicata" fu introdotto dallo stesso Volterra nelle già citate *Leçons* del 1931 [9]. Qui egli scriveva:

> Esporremo soltanto delle ricerche appartenenti, per così dire, alla *fase razionale* dello studio delle associazioni biologiche. A coloro che intraprenderanno la verifica sperimentale delle proprietà ottenute e che entreranno nella *fase applicata* incomberà di sviluppare una discussione approfondita delle ipotesi iniziali e della validità biologica dei ragionamenti, basati principalmente su esperienze, osservazioni e statistiche.

In realtà non furono soltanto "altri", ma fu lo stesso Volterra a gettarsi con impeto nell'impresa di sviluppare la "fase applicata" delle sue teorie. Ciò egli fece non tanto in prima persona, quanto stimolando una rete di contatti e di rapporti con quanti si erano interessati ai suoi lavori matematici, soprattutto nell'ambiente delle scienze biologiche; e, in certi casi, promuovendo delle vere e proprie attività di ricerca sperimentale da parte di alcuni studiosi che le svilupparono a stretto contatto con lui. Di certo, la persona con cui Volterra poteva sviluppare nel modo più naturale la "fase applicata" era D'Ancona, le cui ricerche avevano avuto un ruolo così importante nella nascita delle sue teorie. Ciò si verificò soltanto fino a un certo punto, perché emersero presto delle divergenze che toccavano non tanto (o soltanto) il tema del darwinismo quanto la valutazione delle ricerche attraverso le quali altri ricercatori avevano tentato di convalidare le teorie di Volterra e infine anche la concezione del rapporto fra matematica e realtà di D'Ancona, che era assai più vicina a quella della modellistica matematica. Ad ogni modo, il volume del 1935 [3] rappresenta la sintesi più completa dei risultati concernenti la "fase applicata" delle teorie matematiche di Volterra e, al contempo, l'espressione più completa della collaborazione fra Volterra e D'Ancona su questo tema.

Non è possibile ripercorrere qui una vicenda così lunga e complessa come quella dei tentativi di verifica empirica delle teorie di Volterra e dei rapporti del grande matematico italiano con tanti biologi e naturalisti della sua epoca. Ci limiteremo ad alcuni rapidi cenni, rinviando a [14] per un panorama completo.

Già nel 1926, dopo la redazione della sua prima memoria, Volterra entrò in contatto con alcuni biologi e, in particolare, con K. Pearson e il celebre D'Arcy W. Thompson che gli propose di scrivere una breve sintesi dei suoi risultati sulla rivista *Nature*. La pubblicazione del breve lavoro [15] rivolto soprattutto ai biologi fu all'origine di una disputa di priorità sulla formulazione delle equazioni predatore-preda fra Volterra e lo statistico statunitense A.J. Lotka. In effetti, le equazioni nel caso di due specie erano state formulate in modo del tutto analogo da parte di Lotka un anno prima in un volume sugli elementi della biologia matematica [16] e qualche anno prima in alcuni lavori che esponevano dei modelli di reazioni chimiche oscillanti. Non tratteremo qui di questa disputa di priorità (per la quale si veda [17]) se non per dire che il suo interesse è legato al fatto che essa mette in luce molto nettamente le caratteristiche specifiche dell'approccio di Volterra, che abbiamo già descritto: la priorità attribuita al metodo dell'analogia meccanica (cui invece Lotka preferisce l'analogia fisica e considerazioni di tipo energetistico), il rifiuto di ogni ricorso all'analogia matematica (per la quale Lotka sembra aver maggior indulgenza), l'adesione a una visione evoluzionistica darwiniana (rispetto alla visione evoluzionistica spenceriana di Lotka). Essa serve anche a mostrare come il materiale empirico di partenza di Volterra fosse molto limitato, restringendosi di fatto alle statistiche di D'Ancona: nella discussione egli dichiarò di ignorare sia la produzione di Lotka che i lavori di Ronald Ross sull'analisi matematica della malaria che avevano esposto diversi anni prima dei risultati che anticipavano i suoi. È anzi da ritenere che la posizione di debolezza in cui Volterra si venne a trovare in questa circostanza costituì uno stimolo a informarsi sulla letteratura esistente e a stabilire rapporti con numerosi studiosi naturalisti, al di là della collaborazione con D'Ancona.

Si può ben dire che il periodo che intercorre fra la pubblicazione dei primi lavori di Volterra nel 1926 e la pubblicazione delle *Leçons* [9] è contrassegnato dal fiorire di una serie di contatti che vedono la crescita di un interesse notevole e di reazioni complessivamente favorevoli alla nuova prospettiva di ricerca aperta da Volterra. Già nel 1926 iniziò una corrispondenza fra Volterra e il naturalista statunitense W.R. Thompson (che lavorava sui problemi del parassitismo) e con R.N. Chapman (direttore della Divisione di Entomologia e Zoologia della Università del Minnesota): entrambi manifestavano un atteggiamento quasi entusiasta nei confronti dei risultati di Volterra. Un'analoga fiducia nell'utilità del processo di matematizzazione fu espressa dall'entomologo S.A. Graham, professore all'Università del Michigan che, nel 1929, scriveva a Volterra una lunga lettera in cui tracciava un bilancio delle ricerche sulla competizione, nel contesto del parassitismo, che si sviluppavano negli Stati Uniti. In particolare, il laboratorio di Chapman divenne una vera e propria cassa di risonanza dei nuovi studi biomatematici: i numerosi studiosi che lo frequentavano entrarono così in contatto con questi studi e l'interazione fra la teoria matematica e la verifica empirica prese le mosse, dando anche luogo ai primi commenti critici. Va in particolare ricordato il punto di vista di F.S. Bodenheimer che fu uno dei primi e più severi critici delle teorie di Volterra, ritenendo che soltanto i fattori ambientali e non quelli di competizione fossero la causa delle fluttuazioni delle specie.

La redazione delle *Leçons* [9] risente in modo evidente di tali scambi: in essa non soltanto sono menzionati i risultati di Lotka, Ross e Chapman – ignorati nel lavori del 1926 – ma anche moltissimi altri contributi e si tiene conto delle prime critiche. Peraltro alcune di queste critiche giungevano anche nel corso della redazione del volume: ad esempio, W.R. Thompson scriveva a Volterra nel 1930 richiamando l'esigenza di tener conto della complessità di alcune situazioni specifiche che non gli sembrava essere adeguatamente rappresentata dallo schema matematico dell'interazione preda-predatore. È comprensibile che questa situazione avesse indotto D'Ancona a una maggiore prudenza circa l'effettivo valore sperimentale della teoria matematica di Volterra. Ciò risulta anche dalle difficoltà cui andò incontro la preparazione dell'appendice al volume ("Conclusion. Historique. Bibliographie"): ad essa contribuì in modo essenziale D'Ancona, ma la redazione fu tormentata e originò dei dissensi fra il redattore del volume, M. Brélot, D'Ancona e Volterra. Brélot diede mostra di una mentalità da matematico puro e sostenne la necessità di separare i risultati matematici da quelli empirici. Volterra era evidentemente insoddisfatto di una simile soluzione. D'altra parte, D'Ancona nutriva delle perplessità che lo facevano resistere di fronte alla prospettiva di scrivere una nota biologica separata, come proponeva Brélot, perché egli riteneva che in tal modo i commenti biologici avrebbero assunto un'importanza eccessiva ed immeritata. In definitiva, Volterra restò insoddisfatto del risultato finale, sembrandogli che il libro fosse esauriente sul piano matematico ma insufficiente a destare l'interesse dei naturalisti.

Il periodo successivo, fino alla pubblicazione nel 1935 del volume in collaborazione con D'Ancona [3], è quello in cui si sviluppa nel modo più intenso l'interesse di Volterra per la "fase applicata" della sua teoria. Esso segna un indebolimento dei rapporti con l'ambiente anglosassone e lo stabilirsi invece di relazioni più strette con scienziati del continente. Fra esse vanno soprattutto segnalate quelle che Volterra stabilì con il giovane studioso russo G.F. Gause, che lavorava nell'Istituto Zoologico dell'Università di Mosca, con un altro scienziato russo V.A. Kostitzin, collaboratore del celebre V. Vernadskij, già direttore dell'Istituto Geofisico dell'Università di Mosca e che era emigrato a Parigi a partire dagli anni Trenta; e infine con Jean Régnier, farmacista capo dell'Ospedale Ambroise Paré di Parigi. Fu soprattutto con Kostitzin e Régnier che si stabilirono i rapporti scientifici più proficui. Volterra collaborò più tardi (nel 1937) con Kostitzin alla preparazione di un breve film che illustrava al pubblico il senso e la portata dei nuovi studi e che suscitò, almeno nella fase di preparazione, vivacissime critiche da parte di D'Ancona (un'esposizione dettagliata delle vicende e del contenuto del film si trova in [18], ed è ripresa in [14]). Ma fu soprattutto con Régnier che si stabilì un vero e proprio rapporto di collaborazione scientifica. Régnier proponeva a Volterra un terreno di verifica nuovo, la microbiologia, nell'ambito della quale egli si interessava al problema della moltiplicazione microbica. Nel 1933, d'accordo con Volterra, Régnier iniziò (assieme alla sua collaboratrice Suzanne Lambin) delle ricerche sull'effetto dell'intossicazione dell'ambiente dovuto a sostanze cataboliche nella crescita di una specie o nell'associazione di due specie. I primi casi trattati furono quelli dell'Escherichia coli B e dello Stafilococco in una cultura mista e nello stesso anno Régnier inviò a Volterra i primi risultati dei suoi conteggi. Come risulta dalla corrispondenza fra Volterra e D'Ancona, quest'ultimo seguì attentamente le ricerche del farmacista francese avanzando dubbi e critiche e mostrando, in generale, un certo scetticismo circa questa linea di verifica sperimentale.

Nel frattempo era iniziata la redazione de *Les Associations Biologiques étudiées au point de vue mathématique* [3], il cui scopo – come si è detto – era quello di rispondere ai difetti del volume del 1931 [9] e, al contempo, di dare un resoconto critico di tutti i risultati empirico-sperimentali connessi alle teorie matematiche di Volterra, che nel frattempo si erano accumulati. Il libro si proponeva di esporre soltanto i risultati degli sviluppi matematici, nella forma più accessibile, ma soprattutto di insistere sui rapporti fra questi risultati e le osservazioni e le esperienze. Come avrebbero scritto gli autori, nell'Introduzione, il libro era rivolto soprattutto ai naturalisti. Esso rappresentava quindi, nelle intenzioni di Volterra, un vero e proprio sviluppo della "fase applicata" nel contesto di un'esposizione capace di attirare un pubblico scientifico ben più vasto di quello che poteva essere coinvolto dalle *Leçons* del 1931.

La redazione del volume era contrassegnata dall'arrivo continuo di nuovi risultati, verifiche, critiche, di cui Volterra era desideroso di dar conto. Non si trattava soltanto delle ricerche di Régnier ma anche di ulteriori risultati sperimentali conseguiti da Gause, di cui questi teneva periodicamente informato Volterra, assicurandogli di aver trovato ulteriori conferme delle leggi delle fluttuazioni periodiche. Di particolare interesse sembravano essere i risultati relativi alla cultura mista dei protozoi *Paramecium aurelia* e *Paramecium bursaria*, nonché gli studi sulla crescita del *Didinium nasutum* e del *Paramecium caudatum*.

Volterra desiderava dar conto nel libro delle ricerche sperimentali di Régnier, Gause e di Chapman, ma questa sua intenzione si scontrava con le crescenti perplessità di D'Ancona. Nel 1935 questi manifestò la sua opposizione all'inclusione di un capitolo specificamente dedicato ai lavori di Régnier e di Gause. La debolezza delle conferme empiriche della teoria di Volterra aveva condotto diversi biologi, fra cui in particolare Friedrich S. Bodenheimer, Karl Pearson e, alla fine, lo stesso Gause a criticare il valore dei risultati di Volterra. Pertanto, D'Ancona, come risulta da una lettera, modificò il suo atteggiamento consigliando una maggiore prudenza e suggerendo di considerare i risultati ottenuti come aventi un valore più matematico che non strettamente empirico, se non nei termini di una generica ipotesi circa l'andamento di taluni processi reali, riferendosi in definitiva all'approccio della modellistica matematica astratta che sarebbe prevalso nel seguito. Scriveva D'Ancona:

> Certamente le mie osservazioni sulla pesca nell'Alto Adriatico dovrebbero dare un sostegno più sicuro alla Sua teoria perché essa ne dovrebbe dimostrare un punto essenziale, la III legge. Purtroppo però le mie osservazioni statistiche possono essere interpretate anche in senso diverso e di questa opinione sono Pearson, Bodenheimer, Gause. Le mie osservazioni possono essere interpretate nel senso della Sua teoria, ma ciò non è un fatto assolutamente indiscutibile, è soltanto una interpretazione.
> È questo che io volevo dire. Non creda che io voglia sminuire le ricerche sperimentali che appoggiano la Sua teoria, ma io ritengo che bisogna essere molto cauti nell'accettare come dimostrazioni queste ricerche sperimentali. Accettandole troppo facilmente si va incontro alla possibilità di vederle smentite da altri.
> La Sua teoria in tutta questa questione non viene toccata per niente. Essa è una teoria impostata logicamente e in modo verosimile, concordante con molti dati noti e verosimili. Perciò essa rimane come ipotesi di lavoro che può essere fonte di nuove indagini e che rimane anche se non è appoggiata da prove

empiriche. Certamente essa da queste può acquistare maggior autorità, ma bisogna essere cauti nell'accettare queste prove, che siano sicure e dimostrative, altrimenti è meglio che Lei non leghi la Sua teoria a una base sperimentale, che è certamente meno solida della teoria stessa.

Queste righe sono di notevole interesse per due ragioni. In primo luogo esse spiegano perché il volume del 1935 [3] rappresenti l'ultimo prodotto della collaborazione scientifica fra Volterra e D'Ancona sulla "fase applicata" della teoria matematica della lotta per la vita. Nella sua redazione, D'Ancona si piegò sostanzialmente, ma non senza resistenze, all'approccio che Volterra voleva seguire e che tendeva ad attribuire un ruolo centrale alla verifica empirico-sperimentale. Gli anni successivi segnarono in modo evidente la divergenza delle traiettorie scientifiche dei due studiosi. Volterra continuò a interessarsi del problema della verifica mantenendo rapporti in particolare con Kostitzin (con il quale preparò il film di cui abbiamo parlato e che sollevò i commenti indignati di D'Ancona) e con Régnier. La collaborazione dei tre produsse una serie di lavori ulteriori sul tema dell'intossicazione dell'ambiente e la curva logistica nel caso della crescita batterica, mentre Volterra elaborava la sua teoria "analitica" della associazioni biologiche, sul piano puramente teorico-matematico. D'altra parte, nel 1937, L. von Bertalanffy si era rivolto a D'Ancona per proporgli la redazione di un libro sulle nuove teorie biomatematiche da pubblicare in una collana da lui diretta. Volterra rifiutò di collaborare alla redazione del libro (anche perché non desiderava essere coinvolto in una pubblicazione tedesca, in un periodo di intense persecuzioni razziali antiebraiche). Esso fu scritto dal solo D'Ancona [19]. In verità, degli scambi di opinione continuarono anche negli anni successivi, ma era ormai evidente che i due interlocutori si muovevano su vie diverse.

La lettera di D'Ancona a Volterra che abbiamo sopra citato aiuta a comprendere la radice profonda di tale divergenza. In effetti, quando D'Ancona parla a Volterra dei suoi risultati come di una "teoria *impostata logicamente* e in modo *verosimile*, concordante con molti dati noti e verosimili" che "rimane come *ipotesi di lavoro* che può essere fonte di nuove indagini e che *rimane anche se non è appoggiata da prove empiriche*" e gli consiglia di non legarla "a una base sperimentale, che è certamente *meno solida della teoria stessa*", gli sta proponendo un punto di vista che va esattamente nella direzione dell'approccio *modellistico*. È sufficiente ripercorrere la descrizione che abbiamo sopra dato di questo approccio per rendersi conto di quanto esso concordi con la visione di D'Ancona. Per un singolare paradosso è il biologo che propone al matematico un punto di vista che privilegia la struttura matematica come schema vuoto, tutt'al più impostato in modo "verosimile" ed eventualmente (ma non necessariamente) riempibile di contenuti empirici; mentre il matematico incita il biologo a centrare l'attenzione sul valore empirico della teoria matematica. Si tratta invero di un paradosso che è facile spiegare sulla base della differenza generazionale fra i due scienziati: D'Ancona è più sensibile ai nuovi paradigmi astratti e logico-formali della ricerca, mentre Volterra è ancora legato in pieno al paradigma della scienza ottocentesca.

Di fatto, l'eredità viva dell'opera di Volterra è rappresentata soprattutto dalla prima fase delle sue ricerche (la "fase razionale"), depurata di tutto il bagaglio delle analogie meccaniche, anche se mai completamente, per il modo stesso con cui le equazioni matematiche erano state costruite. Tuttavia, in quest'opera di "depurazione" delle analogie meccaniche cadde il contributo all'impostazione variazionale della teoria delle associazioni biologiche, troppo scolasticamente mutuata dall'impianto della meccanica analitica. La biologia matematica contemporanea ripartì quindi dai "modelli" di Volterra, che sono oggigiorno ormai considerati come una sorta di nucleo originario da cui sono scaturiti tutti gli sviluppi successivi, nell'oblio dell'impianto generale che Volterra aveva tentato di dare alla sua teoria. E così anche la "fase applicata" fu dimenticata o messa da parte come un cimelio storico. Ma su questa "dimenticanza" la valutazione non può che essere molto cauta e critica. Difatti, l'esigenza che spingeva Volterra a interessarsi in modo quasi ossessivo alla verifica delle sue teorie, non era un'aspirazione retrograda e una sorta di relitto patetico della scienza del passato: si trattava di qualcosa di profondamente serio. La via modellistica era stata un modo di uscire dalle difficoltà che la scienza incontrava nel suo rapporto con la realtà, ma non poteva divenire – come invece, e malauguratamente, è troppo spesso accaduto – una via per accantonare del tutto il problema di questo rapporto (un tema questo che abbiamo trattato in [20]). Che senso ha una costruzione scientifica di cui non si sappia dire nulla circa la sua capacità di descrivere, prevedere e controllare i fatti reali? Si può davvero ritenere che una prassi di ricerca basata sull'elaborazione astratta e formale di schemi matematici del cui valore concreto non si può dire nulla (e magari forse non si potrà mai dir nulla) possa conservare a lungo una vitalità? Queste sono le difficili domande che vengono suggerite dall'insistenza con cui Volterra perseguiva la verifica delle sue teorie non accettando di adagiarsi nella comoda posizione che gli veniva consigliata: "hai sviluppato delle teorie matematiche interessanti in sé; perché ti preoccupi tanto di trovar loro un contenuto concreto?".

Bibliografia

[1] G. Israel (1996) "Administrer c'est calculer": due "matematici sociali" nel declino dell'Età dei Lumi, *Bollettino di Storia delle Scienze Matematiche*, vol. 16, fasc. 2, pp. 241-314
[2] G. Israel (1986) *Modelli matematici*, Editori Riuniti, Roma
[3] V. Volterra, U. D'Ancona (1935) Les associations biologiques au point de vue mathématique, *Actualités scientifiques et industrielles*, n. 243, Hermann, Paris; trad. it. *Le associazioni biologiche studiate dal punto di vista matematico*, a cura di G. Israel, Teknos, Roma, 1995
[4] G. Israel (1993) The Emergence of Biomathematics and the Case of Population Dynamics. A Revival of Mechanical Reductionism and Darwinism, *Science in Context*, vol. 6, n. 2, pp. 469-509
[5] G. Israel (1884) Vito Volterra: un fisico matematico di fronte ai problemi della fisica del Novecento, *Rivista di Storia della Scienza*, vol. 1, n. 1, pp. 39-72
[6] V. Volterra (1901) Sui tentativi di applicazione delle Matematiche alle scienze biologiche e sociali. Discorso inaugurale, *Annuario della R. Università di Roma*, pp. 3-28; ripubbl. con varianti in *Giornale degli Economisti*, s. II, XXIII, 1901, pp. 436-458; in

francese su *La Revue du Mois*, pp. 1-20; in *Archivio di Fisiologia*, vol. 3, 1906, pp. 175-191 e in: V. Volterrra (1920) *Saggi Scientifici*, Zanichelli, Bologna (ried. anast. 1990)

[7] B. Ingrao, G. Israel (1987) *La Mano Invisibile. L'equilibrio economico nella storia della scienza*, Laterza, Roma-Bari (2ª ed. 1996, 3ª ed. 1999; ed. inglese *The Invisible Hand. Economic Equilibrium in the History of Science*, The MIT Press, Cambridge, Mass., USA, 1990, paperback ed. 2000)

[8] V. Volterra (1927) Variazioni e fluttuazioni del numero d'individui in specie animali conviventi, *Memorie del R. Comitato Talassografico*, Mem. CXXXI, p. 142; anche in: V. Volterra, *Opere Matematiche*, vol. 5, nota I, pp. 1-111

[9] V. Volterra (1931) *Leçons sur la théorie mathématique de la lutte pour la vie* (redigées par Marcel Brélot), Gauthier-Villars, Paris (rist. anast., Gabay, Paris, 1990)

[10] G. Israel (1990) Volterra e la dinamica delle popolazioni biologiche, in: A. Roccheggiani (a cura di) *Il pensiero scientifico di Vito Volterra*, La Lucerna Editrice, Ancona, pp. 87-113

[11] G. Israel (1991) Volterra's analytical mechanics of biological associations, *Archives Internationales d'Histoire des Sciences*, vol. 41, nn. 126 e 127, pp. 57-104, 306-351

[12] G. Israel (1996) *La mathématisation du réel. Introduction aux méthodes et à l'histoire de la modélisation mathématique*, Editions du Seuil, Paris; trad. it. *La visione matematica della realtà*, Laterza, Roma-Bari, 1996

[13] A. Millán Gasca (1996) Mathematical Theories versus biological facts: A debate on mathematical population dynamics in the 1930s, *Historical Studies in the Physical and Biological Sciences*, 26, pp. 347-403

[14] G. Israel, A. Millán Gasca (2001) *The Biology of Numbers, Vito Volterra's Correspondence on Mathematical Biology*, Birkhäuser, Basel

[15] V. Volterra (1926) Fluctuations in the abundance of a species considered mathematically, *Nature*, 68, pp. 558-560

[16] A.J. Lotka (1925) *Elements of Physical Biology*, Williams & Wilkins, Baltimore

[17] G. Israel (1988) On the contribution of Volterra and Lotka to the development of modern biomathematics, *History and Philosophy of Life Sciences*, 10, n. 1, pp. 37-49

[18] A. Millán Gasca (1993) Immagini matematiche della vita, *Prometeo*, 10, pp. 88-96

[19] U. D'Ancona (1939) *Der Kampf ums Dasein. Eine biologisch-mathematische Darstellung der Lebesgemainschaften und biologische Gleichgewichte*, Berlin, Borntraeger

[20] G. Israel (1998), Analogie, metafore e verifica empirica nella biologia matematica contemporanea, in: *Pristem/Storia, Note di matematica, Storia e cultura*, n. 1, Springer Verlag-Italia, Milano, pp. 53-72

matematica ed estetica

Bellezza matematica

JAMES W. MCALLISTER

La bellezza delle entità matematiche gioca un ruolo importante nell'esperienza soggettiva dei matematici, e soprattutto nel piacere che essi provano nella pratica della loro disciplina. Certi matematici sono inoltre convinti che la bellezza agisca come guida nel fare scoperte matematiche, e che essa sia un fattore oggettivo nello stabilire la validità e l'importanza di risultati in matematica [1]. Tale combinazione di aspetti soggettivi ed oggettivi rende la bellezza matematica un fenomeno affascinante per i filosofi oltre che per i matematici. Questo capitolo analizza il concetto di bellezza matematica, e in special modo le forme di bellezza che i matematici apprezzano nelle dimostrazioni matematiche. Questa analisi aiuterà a stabilire in che senso e fino a che punto la bellezza matematica può giocare un ruolo oggettivo nella valutazione di dimostrazioni matematiche ed altri risultati oltre che un ruolo soggettivo nell'esperienza dei matematici.

La bellezza dei prodotti e dei processi matematici

È utile fare una distinzione fin dall'inizio tra due tipi di entità matematiche alle quali si può attribuire bellezza: processi e prodotti. Per processi si intendono tecniche per la risoluzione di problemi, metodi di calcolo, programmi per computer, dimostrazioni, ed ogni altra operazione, algoritmo, procedura ed approccio usati in matematica. I prodotti, che costituiscono gli esiti di processi, includono numeri, equazioni, problemi, teorie, teoremi, congetture, enunciati di altri tipi, curve, figure e costruzioni geometriche, ed ogni altra struttura matematica. Sia un processo che un prodotto possono essere considerati belli, ma le proprietà estetiche dei prodotti e dei processi sono diverse e in via di principio indipendenti le une dalle altre [2].

Iniziamo con i prodotti. Al primo posto tra i prodotti che i matematici considerano belli vi sono i numeri: numeri individuali, tra cui la base dei logaritmi naturali $2{,}718\ldots$ (e), classi di numeri, tra cui i numeri perfetti, e disposizioni di numeri, tra cui i triangoli di Pascal [3]. I matematici sembrano trovare un numero bello se esso mostra o estrema semplicità o notevole complessità – per esempio, se è possibile definirlo in termini elementari o generarlo in modi diversi.

Una seconda categoria di prodotti matematici che sono oggetto di valutazioni estetiche è quella delle costruzioni geometriche [4]. In questa categoria troviamo poligoni e tassellature, i solidi platonici e altri poliedri [5], figure e curve che mostrano la sezione aurea, e i frattali [6]. Una importante proprietà estetica delle costruzioni geometriche è la simmetria, che può manifestarsi come regolarità, proporzione, o autosimilarità.

Per concludere, molti matematici commentano i meriti estetici dei teoremi. Secondo G.H. Hardy, bei teoremi sono quelli che mostrano le proprietà di serietà, generalità, profondità, imprevidibilità, inevitabilità ed economia. Hardy riteneva particolarmente belli i teoremi che affermano rispettivamente l'esistenza di infiniti numeri primi e l'irrazionalità della radice quadrata di 2 [7]. Nel 2000 la Società italiana di scienze matematiche e fisiche Mathesis presentò gli esiti di un concorso dal titolo *Il teorema più bello*. Tra i teoremi finalisti vi erano il teorema di Georg Cantor, che afferma che non è possibile mettere in corrispondenza biunivoca l'insieme dei numeri reali con quello dei numeri razionali, e il teorema del minimax di John von Neumann [8]. Sono state compilate diverse altre liste di teoremi e enunciati ritenuti belli [9].

La bellezza matematica è apprezzata non soltanto nella matematica pura, ma anche in quella applicata. I fisici teorici spesso rivendicano bellezza matematica per le loro teorie. Le concezioni dei fisici della bellezza matematica sono influenzate dai campi della matematica ai quali essi attingono nel formulare le loro teorie. Questi campi variano nel tempo e da un ramo della fisica all'altro. Nella filosofia naturale del Rinascimento, per esempio, descrivere il mondo in termini matematici significava rappresentarlo tramite figure geometriche o, secondo altri pensatori, tramite numeri particolari. Per i filosofi naturali di quell'epoca era quindi usuale definire la bellezza matematica in termini geometrici e numerici. Anche la fisica odierna utilizza vari strumenti matematici. Nella fisica delle particelle elementari, per esempio, le particelle vengono classificate secondo gruppi di simmetria, e molti fisici sostengono che ciò conferisce bellezza matematica alle teorie in questo ambito. Nella maggior parte della fisica moderna, tuttavia, descrivere il mondo in termini matematici significa rappresentarlo tramite equazioni matematiche. Per questa ragione, la bellezza matematica per i fisici moderni si manifesta particolarmente nella bellezza delle equazioni.

I fisici attribuiscono bellezza matematica alle equazioni soprattutto in virtù dei loro aspetti di semplicità, tra cui si possono distinguere la brevità, la semplicità della forma algebrica e la semplicità delle costanti numeriche, come coefficienti ed esponenti. Anche le simmetrie giocano un ruolo importante nell'apprezzamento estetico delle equazioni da parte dei fisici. Tra le equazioni alle quali i fisici attribuiscono bellezza matematica vi sono la legge newtoniana della gravità, le equazioni di Maxwell, che sono ammirate soprattutto per le loro simmetrie, l'equazione di Schrödinger, e le equazioni della teoria generale della relatività [10].

Alcuni fisici attribuiscono un significato epistemologico alle loro valutazioni della bellezza matematica delle teorie: essi ritengono di essere in grado di stabilire, sulla base delle sue proprietà estetiche, se un'equazione costituisce una valida descrizione di un fenomeno o una legge fondamentale della natura. Un esempio celebre è costituito da P.A.M. Dirac, che era solito accettare teorie fisiche se trovava "belle" le loro equazioni, e respingerle in caso contrario [11].

La bellezza dei processi matematici ha ricevuto meno attenzione da parte degli studiosi. I matematici sottopongono almeno tre tipi di processi a valutazione estetica.

I primi sono i metodi di calcolo. La maggior parte dei matematici giudica un calcolo che usa metodi analitici e fornisce risultati precisi più bello di un calcolo che utilizza metodi numerici e approssimazioni. Metodi che sfruttano scorciatoie ingegnose spesso risultano particolarmente attraenti. Un esempio è il metodo per sommare una serie aritmetica appaiando i termini, che, secondo la leggenda, Karl Friedrich Gauss escogitò all'età di dieci anni quando gli fu dato il compito di fare la somma degli interi da 1 a 100 [12].

Procedure di calcolo che violano normali regole matematiche, di contro, sono solitamente considerate brutte, anche se danno risultati corretti. Per esempio, la rinormalizzazione nell'elettrodinamica quantistica – una procedura *ad hoc* per eliminare quantità infinite che appaiono durante certi calcoli – suscitò disapprovazione estetica quando fu proposta per la prima volta, nonostante la sua giustificazione pratica.

In secondo luogo, considerazioni estetiche giocano un ruolo nella valutazione dei programmi di computer e dei linguaggi di programmazione. L'eleganza in un algoritmo per computer è solitamente associata con le virtù di trasparenza ed efficienza, mentre un programma poco maneggevole è spesso descritto come brutto.

Per ultimo, considerazioni estetiche giocano un ruolo nella costruzione e nella valutazione delle dimostrazioni matematiche. Molti matematici si sono pronunciati sui meriti estetici delle dimostrazioni [13]. Paul Erdös era solito dire che Dio aveva un libro che conteneva tutte le dimostrazioni matematiche più eleganti. Quando Erdös incontrava una dimostrazione che trovava specialmente bella, diceva che proveniva direttamente da quel libro [14]. È sui meriti estetici delle dimostrazioni matematiche che ci concentreremo nel seguito.

La bellezza nelle dimostrazioni matematiche

In età classica, la dimostrazione di un teorema matematico veniva definita come una breve e semplice serie di inferenze logiche che conduceva da un gruppo di assiomi al teorema. La serie di inferenze doveva essere sufficientemente breve e semplice da poter essere afferrata da un matematico in un singolo atto mentale. Vi erano due ragioni per imporre questo requisito. In primo luogo, esso veniva considerato essenziale per la validità della dimostrazione. Se una dimostrazione era così lunga o complessa che un matematico non era in grado di percepire tutti i suoi passi in una singola immagine mentale, chi poteva garantire che tutti i passi fossero validi allo stesso tempo? In secondo luogo, si riteneva che solo una dimostrazione che poteva essere afferrata in un singolo atto mentale era capace di fornire una comprensione genuina delle ragioni per la verità del teorema.

Esempi di dimostrazioni classiche sono la dimostrazione di Pitagora che la radice quadrata di 2 è irrazionale, la dimostrazione di Euclide che esiste un'infinità di numeri primi, e le dimostrazioni dei teoremi geometrici negli *Elementi* di Euclide. Tra le tecniche tipicamente usate nelle dimostrazioni classiche vi sono la *reductio ad absurdum* e l'induzione matematica.

Le opinioni dei matematici sulla bellezza delle dimostrazioni sono influenzate dalla loro familiarità con le dimostrazioni di tipo classico. I matematici tradizionalmente considerano bella una dimostrazione se essa risponde agli ideali classici di brevità e semplicità. Il fattore più importante che determina se una dimostrazione viene vista come bella è quindi il grado in cui essa si presta ad essere afferrata in un singolo atto mentale.

Alcuni matematici e filosofi accettano anche dimostrazioni di un secondo tipo, di un'antichità pari a quella della dimostrazione classica: la dimostrazione diagrammatica. Questa consiste esclusivamente di un diagramma o di una figura, senza delucidazione verbale. Il grado di rigore delle dimostrazioni diagrammatiche è controverso: non vi è unanimità sulla questione se un diagramma sia sufficiente a stabilire la verità di un teorema. Non vi è dubbio, tuttavia, che una dimostrazione diagrammatica si presta per eccellenza ad essere afferrata in un singolo atto mentale. In parte per via di questa proprietà, molti matematici trovano che dimostrazioni diagrammatiche siano dotate di grande bellezza.

Per secoli, tutte le dimostrazioni matematiche presero la forma della dimostrazione classica o di quella diagrammatica. In tempi recenti, tuttavia, alcuni matematici hanno sostenuto di aver sviluppato dimostrazioni che non si conformano a questi stili. Le nuove dimostrazioni si possono dividere in due categorie.

La prima è la dimostrazione lunga. Questa è una dimostrazione costituita da una serie molto lunga di inferenze logiche, che possono ammontare a diverse migliaia. Un esempio è la dimostrazione dell'ultimo teorema di Fermat data da Andrew Wiles, che riempie un numero del periodico *Annals of Mathematics* [15, 16]. Per via della loro lunghezza, è difficile sostenere che le dimostrazioni lunghe si prestino ad essere afferrate in un singolo atto mentale. Ciononostante, esse esibiscono la stessa struttura deduttiva delle dimostrazioni classiche. Si può quindi argomentare che la dimostrazione lunga consiste di un numero di parti, ciascuna delle quali soddisfa il requisito classico di afferrabilità.

Le dimostrazioni lunghe hanno suscitato responsi estetici contrastanti. Agli occhi di certi matematici, la lunghezza della dimostrazione dell'ultimo teorema di Fermat fornita da Wiles riduce il suo valore estetico; altri ammettono che essa contiene elementi di bellezza [17].

Il secondo nuovo tipo di dimostrazione è quella assistita dal computer. In una tale dimostrazione, il teorema viene ridotto ad una affermazione riguardante gli elementi di un certo vasto insieme. Siccome gli elementi di questo insieme sono troppo numerosi da poter essere esaminati da una persona, un computer viene programmato per verificare l'affermazione. L'output del computer costituisce la prova che il teorema è valido. Il più celebre esempio è la dimostrazione del teorema dei quattro colori data da Kenneth Appel e Wolfgang Haken nel 1977. Appel e Haken ridussero la congettura che quattro colori sono sufficienti a colorare qualsiasi carta geografica nel piano ad una affermazione riguardante le proprietà di circa duemila carte particolari. L'output di un computer indicò che l'affermazione era valida per ciascuna di queste carte. Questo output costituisce il passo finale della dimostrazione [18].

La dimostrazione di Appel e Haken del teorema dei quattro colori e dimostrazioni assistite dal computer che sono state proposte successivamente per altri teoremi hanno provocato molto dibattito tra matematici e filosofi sulla natura delle dimostrazioni matematiche [19]. La comunità matematica mantiene un atteggiamento ambivalente nei confronti della dimostrazione di Appel e Haken, come descrive Gian-Carlo Rota [20]. Da un lato, quasi tutti i matematici si dicono convinti che una controversia matematica di antica data è stata risolta. Dall'altro lato, molti matematici sembrano riluttanti ad accettare la dimostrazione assistita dal computer come definitiva: essi proseguono la ricerca per una dimostrazione analitica che riveli ragioni profonde per la verità del teorema dei quattro colori, e che quindi soppianti la dimostrazione di Appel e Haken.

Due aspetti delle dimostrazioni assistite dal computer sono particolarmente attinenti ai nostri fini: la loro fallibilità e la difficoltà ad afferrarle in un singolo atto mentale.

In primo luogo, alcuni autori sostengono che dimostrazioni assistite dal computer devono essere considerate fallibili. La nostra fiducia nella verità del teorema dipende dalla correttezza del programma e della sua implementazione nel computer. Molti programmi contengono errori, e i computer a volte funzionano male. In effetti, ricercatori successivi hanno individuato alcuni difetti minori nel programma usato da Appel e Haken, e hanno proposto apposite modifiche. Di conseguenza, non possiamo eliminare la possibilità che la proposizione apparentemente confermata dal computer sia falsa. Queste considerazioni sottolineano che la struttura logica della dimostrazione assistita dal computer è molto diversa da quella della dimostrazione classica, ed anche da quella della dimostrazione lunga. Alcuni matematici hanno prescritto che, di conseguenza, dimostrazioni assistite dal computer devono essere distinte nettamente da dimostrazioni rigorose [21].

In secondo luogo, la complessità di una dimostrazione assistita dal computer come quella di Appel e Haken significa che, quasi certamente, nessun essere raziocinante la passerà mai in esame nel suo intero. Afferrarla in un singolo atto mentale – una prestazione ancora più onerosa – sembra del tutto impossibile. In virtù di questo fatto, molti matematici hanno argomentato che dimostrazioni assistite dal computer non forniscono comprensione nel senso in cui dimostrazioni classiche lo fanno. Alcuni matematici hanno anche affermato che, in parte in conseguenza di ciò, dimostrazioni assistite dal computer non possono avere bellezza matematica.

In questo breve riassunto della recente storia delle dimostrazioni matematiche si trova una varietà di concetti: semplicità, brevità, afferrabilità in un singolo atto mentale, comprensione, bellezza matematica. È compito del filosofo portare ordine in questo groviglio. Tenteremo di adempiere a questo compito: iniziamo con il soffermarci sulle analogie tra l'attuale situazione in matematica e la recente storia della fisica.

Il requisito di visualizzazione in fisica

L'attuale posizione ambivalente dei matematici nei confronti delle dimostrazioni assistite dal computer – accettazione sul piano pratico, ma esitazione ad attribuire loro bellezza matematica – ha un importante precedente nella storia della fisica. La teoria dei quanti ha infatti dovuto superare un analogo apprendistato prima di venire accettata come componente a pieno diritto della fisica. Vi è un'ulteriore somiglianza, importante per i nostri fini: il requisito che una dimostrazione matematica sia afferrabile in un singolo atto mentale è analogo al requisito, messo in discussione dalla teoria dei quanti, che le teorie fisiche offrano visualizzazioni.

Una caratteristica fondamentale delle teorie fisiche classiche era che esse fornivano visualizzazioni dei fenomeni da esse studiati. La fisica newtoniana fu all'inizio ritenuta insoddisfacente a questo riguardo, poiché la forza gravitazionale che Isaac Newton attribuiva alla materia si prestava molto meno alla visualizzazione della fisica meccanicista cartesiana. Non vi è dubbio, tuttavia, che le teorie fisiche del secolo XIX davano visualizzazioni ampie e dettagliate dei fenomeni. I fisici di quell'epoca ritenevano perfino che la disponibilità di tali visualizzazioni fosse una condizione necessaria per raggiungere una comprensione del mondo fisico.

Anche le primissime teorie quantistiche proposte agli inizi del secolo XX mantenevano la portata visualizzante: benché il quanto di energia non abbia alcun corrispondente preciso nella fisica macroscopica, esse continuavano a visualizzare le particelle in termini classici. Quando la meccanica delle matrici fu proposta da Werner Heisenberg nel 1925, invece, i fisici si resero conto che essa effettuava una rottura con la tradizione visualizzante. La meccanica delle matrici si limita a porre vari parametri osservabili in relazione l'uno con l'altro, senza costruire un'immagine visiva della realtà sottostante. Le particelle subatomiche vengono trattate come entità astratte, le cui proprietà assicurano solo che particolari operazioni di misura hanno particolari esiti.

Anche se i meriti empirici della meccanica delle matrici apparvero presto evidenti, la teoria fu inizialmente poco accettata. Molti fisici la trovarono esteticamente ripugnante. Alcuni sostenevano inoltre che, a causa della sua forma astratta, la teoria non soddisfava la loro esigenza per una comprensione dei fenomeni submicroscopici.

Diversi tentativi furono compiuti per restaurare la visualizzazione, il valore estetico e la comprensione nella fisica submicroscopica. Il tentativo più celebre fu compiuto da Erwin Schrödinger. Egli sviluppò nel 1927 una teoria quantistica alternativa, denominata meccanica ondulatoria, che sembrava offrire una visualizzazione dei fenomeni submicroscopici in termini classici. Schrödinger interpretava ciascuna delle soluzioni della sua equazione come una descrizione di un'onda di materia con una particolare frequenza, e visualizzava una particella subatomica come un pacchetto d'onda formato dalla superposizione di diverse onde di materia. Alcuni fisici giudicarono, sulle prime, che la meccanica ondulatoria fosse esteticamente più attraente della meccanica delle matrici, che essa offrisse visualizzazioni coerenti dei fenomeni submicroscopici, e che essa fornisse una comprensione profonda del mondo fisico. Purtroppo divenne in breve tempo evidente che la promessa di visualizzazione fatta dalla meccanica ondulatoria era illusoria. Esperimenti diversi rivelarono che non è possibile dare una visualizzazione coerente in termini classici dei fenomeni dei quanti.

A questa scoperta, molti fisici erano dapprima sgomenti. Sembrava che la loro disciplina avesse fallito in tutti i suoi obiettivi tradizionali. Si era persa sia la capacità di visualizzare i fenomeni submicroscopici, sia – quindi – la capacità di comprendere il mondo, sia – quindi – la bellezza intellettuale della scienza fisica. Alcuni fisici, come Schrödinger stesso e Albert Einstein (in parte anche a causa dell'indeterminismo della teoria dei quanti), non riuscirono mai più a riconciliarsi con questi sviluppi della loro disciplina.

In tempi più recenti, tuttavia, si è assistito ad una evoluzione molto interessante nella mentalità dei fisici. A poco a poco si è affermata l'opinione che forse è necessario adeguare i vecchi concetti alla situazione determinata dalla teoria dei quanti. Forse il requisito che le teorie fisiche forniscano una visualizzazione del mondo è superato, o forse è possibile sviluppare un concetto più ampio di visualizzazione, non legato alla fisica classica. Forse la comprensione del mondo non richiede necessariamente una visualizzazione dei fenomeni: forse è sufficiente disporre di un formalismo astratto che consegue risultati empirici soddisfacenti. E forse è possibile rivedere il concetto di bellezza di una teoria scientifica, di modo che si possa apprezzare la struttura logica e matematica della teoria dei quanti senza continuamente rimpiangere la fisica classica. Tali aperture alla novità hanno marcato la fisica teorica negli ultimi decenni. Oggi la maggior parte dei fisici accetta che la teoria dei quanti non ha l'obbligo di adeguarsi ai criteri classici di visualizzazione, che essa fornisce una comprensione del mondo submicroscopico in un particolare senso, e che in essa possono indubbiamente essere riconosciuti elementi di bellezza.

L'induzione estetica nella scienza e nella matematica

Per rendere conto della graduale affermazione della teoria dei quanti, e a livello più generale per spiegare l'evoluzione dei criteri estetici sulla base dei quali gli scienziati valutano le loro teorie, ho recentemente proposto un modello che consiste nella "induzione estetica" [22]. L'induzione estetica è il meccanismo tramite il quale, secondo il mio modello, gli scienziati decidono quanto valore attribuire alle proprietà estetiche delle teorie. In ciascun momento viene attribuito valore ad una data proprietà estetica in proporzione al grado di successo empirico conseguito fino a quel momento dall'insieme delle teorie scientifiche che hanno esibito quella proprietà. Quindi, se una data proprietà viene esibita da un gruppo di teorie di grande successo empirico, gli scienziati attribuiranno ad essa alto valore estetico, e troveranno bella una teoria nuova che esibisce quella proprietà. Se una proprietà non ha alcuna connessione con il successo empirico – o perché teorie che esibiscono quella proprietà si sono dimostrate empiricamente inadeguate, o perché tali teorie non sono ancora state sottoposte a test empirico – gli scienziati attribuiranno ad essa valore estetico nullo, e qundi non proveranno alcuna attrazione estetica per le teorie che la esibiscono. Questo meccanismo determina cambiamenti nel valore che viene assegnato alle varie proprietà estetiche delle teorie, e quindi altera le preferenze estetiche della comunità scientifica.

È chiaro come l'induzione estetica spiega la ricezione della teoria dei quanti. Dal tempo di Newton fino alla fine del secolo XIX, teorie fisiche che offrivano visualizzazioni dei fenomeni conseguirono notevoli successi empirici. Alla fine di quel periodo, di conseguenza, i fisici attribuivano grande valore estetico alla visualizzazione, proprio come prevede l'induzione estetica. La teoria dei quanti invece non forniva alcuna visualizzazione coerente dei fenomeni submicroscopici. Agli inizi, perciò, la teoria dei quanti incontrò resistenza a livello estetico. Siccome la teoria dei quanti continuò a dimostrare successo empirico, tuttavia, le sue proprietà estetiche modificarono gradualmente i criteri estetici della comunità. I fisici iniziarono dapprima a trovare l'astrattezza della teoria dei quanti meno ripugnante, e successivamente cominciarono persino ad attribuire a questa proprietà un certo valore estetico positivo.

La vicenda della fisica dei quanti ci incoraggia anche a ipotizzare un nesso tra la bellezza percepita in una teoria e il concetto di comprensione. Appare infatti evidente che i fisici sono molto più disposti a sostenere che una teoria fornisce comprensione di un fenomeno se trovano che quella teoria sia bella. Nel periodo in cui la teoria dei quanti appariva esteticamente inaccettabile, per esempio, i fisici erano inclini a dire che essa non forniva una vera comprensione del mondo; ora che alla teoria dei quanti viene riconosciuto qualche elemento di bellezza, i fisici sono più disposti a dire che essa ci permette di comprendere il mondo submicroscopico. Forse quindi l'evoluzione dei criteri di comprensione nella scienza segue lo stesso andamento dell'evoluzione dei criteri estetici di valutazione delle teorie. In tal caso, l'induzione estetica si rivela un modello adeguato non solo del secondo fenomeno, ma anche del primo.

Torniamo ora alla matematica, e alla accettazione delle dimostrazioni assistite dal computer. È chiaro che vi è una notevole somiglianza tra la tecnica di dimostrare teoremi con l'aiuto del computer e la teoria dei quanti. Entrambe costituiscono soluzioni di grande novità per problemi empirici e pratici nelle rispettive discipline. Entrambe hanno comportato una perdita di capacità visualizzante, che nel caso matematico si è manifestata come una perdita della capacità di afferrare una dimostrazione in un singolo atto mentale. Entrambe sono state criticate come soluzioni inadatte a fornire una comprensione profonda dell'oggetto in questione. Entrambe sono state ritratte come prive di bellezza. Entrambe hanno conseguentemente incontrato molta resistenza in seno alla propria disciplina.

Come abbiamo visto in fisica, però, una tale situazione non è permanente: la teoria dei quanti ha gradualmente conquistato l'accettazione della comunità, anche a livello estetico, in base alle sue virtù pratiche. Perciò lancio qui la seguente ipotesi: le dimostrazioni matematiche assistite dal computer seguiranno lo stesso *iter* che la teoria dei quanti sta ora completando. Esse cominceranno sempre più spesso ad essere viste come dotate di una propria bellezza matematica. I matematici cominceranno a percepire che esse forniscono una comprensione vera e propria delle ragioni per la verità dei teoremi, anche se questa comprensione assume una forma diversa da quella classica. Con il passare del tempo, le dimostrazioni assistite dal computer otterranno la stessa piena accettazione in matematica che la teoria dei quanti ha ottenuto in fisica.

Se questa ipotesi verrà convalidata dalla storia, allora sarà possibile concludere che l'induzione estetica opera sui criteri estetici non soltanto nelle scienze empiriche, ma anche in matematica. Ciò significherebbe che le preferenze estetiche dei matematici si evolvono in risposta alla percepita utilità pratica dei costrutti e delle tecniche matematiche.

Volgiamoci infine alla domanda: in che senso può la bellezza matematica giocare un ruolo oggettivo nella valutazione dei risultati in matematica, oltre che un ruolo soggettivo nell'esperienza vissuta dei matematici? Se un risultato matematico viene considerato bello, ciò significa soprattutto che esso richiama risultati che hanno conseguito grande successo pratico in passato. Quindi le opinioni dei matematici intorno alla bellezza giocano spesso un ruolo conservativo e frenante nello sviluppo della matematica. La bellezza percepita in un risultato matematico è segno più di familiarità che di verità o di importanza. Questa conclusione, se da un lato dissipa una parte del romanticismo che circonda il concetto di bellezza matematica, dall'altro può condurre ad un apprezzamento più sobrio e realistico delle preferenze estetiche dei matematici.

Bibliografia

[1] G.C. Rota (1997) The Phenomenology of Mathematical Beauty, *Synthese* 111, pp. 172–182
[2] F. Le Lionnais (1948) La Beauté en mathématiques, in: *Les Grands courants de la pensée mathématique*, F. Le Lionnais (a cura di), Blanchard, Paris, 1962, pp. 437–465
[3] J.H. Conway, R.K. Guy (1996) *The Book of Numbers*, Copernicus, New York; ed. it.: *Il libro dei numeri*, trad. A. Zaccagnini, Hoepli, Milano, 1999
[4] M. Emmer (1991) *La perfezione visibile: matematica e arte*, Theoria, Roma
[5] L. Sàffaro (2001) Poliedri eleganti, in: *Matematica e cultura 2001*, M. Emmer (a cura di), Springer-Verlag Italia, Milano, pp. 215–222
[6] H.O. Peitgen, P. H. Richter (1986) *The Beauty of Fractals: Images of Complex Dynamical Systems*, Springer, Berlin; ed. it.: *La bellezza dei frattali: immagini di sistemi dinamici complessi*, trad. U. Sampieri, Bollati Boringhieri, Torino, 1987
[7] G.H. Hardy (1940) *A Mathematician's Apology*, Cambridge University Press, Cambridge, 1967; ed. it.: *Apologia di un matematico*, trad. L. Saraval, Garzanti, Milano, 1989
[8] Società Mathesis (2000) Il teorema più bello, *Congresso nazionale "Il ruolo della matematica nella società contemporanea"*, Barletta, 16-19 ottobre 2000
[9] L. Salem, F. Testard, C. Salem (1990) *Les Plus belles formules mathématiques*, Interéditions, Paris
[10] S. Chandrasekhar (1987) *Truth and Beauty: Aesthetics and Motivations in Science*, University of Chicago Press, Chicago, Ill.; ed. it.: *Verità e bellezza: le ragioni dell'estetica nella scienza*, trad. L. Sosio, Garzanti, Milano, 1990
[11] R.C. Hovis, H. Kragh (1993) P.A.M. Dirac and the Beauty of Physics, *Scientific American* 268, n. 5, pp. 62–67; ed. it.: *Paul Adrien Maurice Dirac e la bellezza della fisica, Le Scienze* 299 (1993)

[12] E.T. Bell (1937) *Men of Mathematics*, Simon and Schuster, New York; ed. it.: *I grandi matematici*, trad. D. Aduni, Sansoni, Firenze, 1950
[13] G.T. Bagni (2000) Matematica e bellezza, bellezza della matematica, *Rivista di matematica della Università di Parma*, serie 6, 3, pp. 51-61
[14] P. Hoffman (1999) *The Man Who Loved Only Numbers: The Story of Paul Erdös and the Search for Mathematical Truth*, Hyperion, New York; ed. it.: *L'uomo che amava solo i numeri: la storia di Paul Erdös, un genio alla ricerca della verità matematica*, trad. M. Parizzi, Mondadori, Milano, 1998
[15] A. Wiles (1995) Modular Elliptic Curves and Fermat's Last Theorem, *Annals of Mathematics* 141, pp. 443-551
[16] A. Wiles, R. Taylor (1995) Ring-Theoretic Properties of Certain Hecke Algebras, *Annals of Mathematics* 141, pp. 553-572
[17] S. Singh (1997) *Fermat's Last Theorem*, Fourth Estate, London; ed. it.: *L'ultimo teorema di Fermat*, trad. C. Capararo, B. Lotti, Rizzoli, Milano, 1997
[18] K. Appel, W. Haken (1977) The Solution of the Four-Color-Map Problem, *Scientific American* 237, n. 4, pp. 108-121
[19] J. Horgan (1993) The Death of Proof, *Scientific American* 269, n. 4, pp. 74-82; ed. it.: Morte della dimostrazione, *Le Scienze* 304 (1993), pp. 82-91
[20] G.C. Rota (1997) The Phenomenology of Mathematical Proof, *Synthese* 111, pp. 183-196
[21] G. Lolli (1997), Morte e resurrezione della dimostrazione, *Le Scienze* 345, pp. 50-57
[22] J.W. McAllister (1996) *Beauty and Revolution in Science*, Cornell University Press, Ithaca, N.Y.; ed. it.: *Bellezza e rivoluzione nella scienza*, trad. M.R. Fasanelli, McGraw-Hill Libri, Milano, 1998

Variazioni sui disegni Lunda

Paulus Gerdes

Al convegno *Matematica e cultura 2000* ho parlato della fertile immaginazione matematica degli artigiani e degli artisti africani [1-2]. Oggi non parlerò delle idee geometriche nelle culture africane (si vedano, per esempio [3-5]), ma di un nuovo tipo di geometria e simmetria che ho scoperto mentre studiavo gli aspetti matematici degli ideogrammi tradizionali tra la gente Chokwe nel nord-est dell'Angola, in una regione chiamata Lunda. Chiamo rispettivamente la nuova geometria e la nuova simmetria: "geometria Lunda" e "simmetria Lunda".

La Figura 1 mostra degli esempi di disegni Lunda. Questi disegni possono sembrare esteticamente attraenti. Da dove proviene la loro attrattiva estetica? Quale simmetria mostrano? Quali sono le loro proprietà geometriche comuni? Come hanno origine questi disegni Lunda?

Curve specchio e disegni specchio.
La Figura 2 presenta un esempio di ideogramma Chokwe: esso illustra il cam-

Fig. 1. Esempi di disegni Lunda

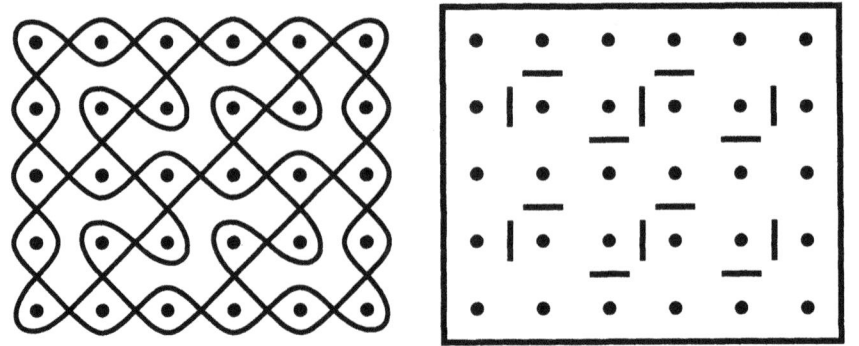

Fig. 2a, b. Ideogramma Chokwe e sua origine dalla curva specchio

mino seguito da una gallina che tenta di sfuggire al suo cacciatore. Il cammino della gallina cacciata è un esempio di curva-specchio.

Una curva-specchio è la versione uniforme del cammino poligonale descritto da un raggio di luce emesso da un punto di partenza, diciamo S, con un angolo di 45 gradi rispetto ai fili del reticolato (si veda l'esempio nella Figura 3b). Mentre il raggio viaggia attraverso il reticolato esso è riflesso dai lati del rettangolo e da uno o più specchi a due facce. La Figura 2b mostra il disegno-specchio che dà origine al cammino della gallina cacciata. Gli specchi possono essere collocati orizzontalmente o verticalmente, a mezza strada, tra due punti ravvicinati del reticolato. Nell'esempio della Figura 3a, gli specchi appaiono esattamente una volta in ognuna delle quattro posizioni ammesse. Un reticolato di punti equidistanti insieme al rettangolo circoscritto e un insieme di specchi a due facce correttamente collocati sarà chiamato un disegno-specchio. Le Figure 3c e 3d presentano la curva-specchio originata dal disegno specchio della Figura 3a.

Il concetto di curva-specchio fu introdotto in [6] e analizzato in [3-5, 7-9]. Alcune ulteriori proprietà delle curve-specchio furono trattate da Jablan [10].

Origine dei disegni Lunda.

Quando si disegna una curva-specchio su carta quadrettata (si veda per esempio la Figura 3e) con una distanza di due unità tra due successivi punti del reticolato e una distanza di una unità tra i punti al confine del reticolato e il confine, essa passa (al massimo) una volta attraverso ciascuno dei quadrati unità. Nel caso in cui passasse attraverso tutti i quadrati unità, la si chiama curva-specchio che-riempie-il-rettangolo come nell'esempio della Figura 3f. Nel caso di curva-specchio-che-riempie-il-rettangolo, è possibile enumerare tutti i quadrati unità nell'ordine in cui la curva-specchio li attraversa.

Nel caso di enumerazione del successivo modulo 2 di quadrati unità, si ottiene una matrice {0,1} (si veda l'esempio nelle Figg. 3g e 3h). Colorando tutti i quadrati unità segnati con 0 con un colore, e tutti i quadrati unità segnati con 1 con un altro colore, si produce un disegno a due colori (Figg. 3i e 3j). È a questo tipo di disegno che ho dato il nome di disegno Lunda. Un disegno Lunda può essere

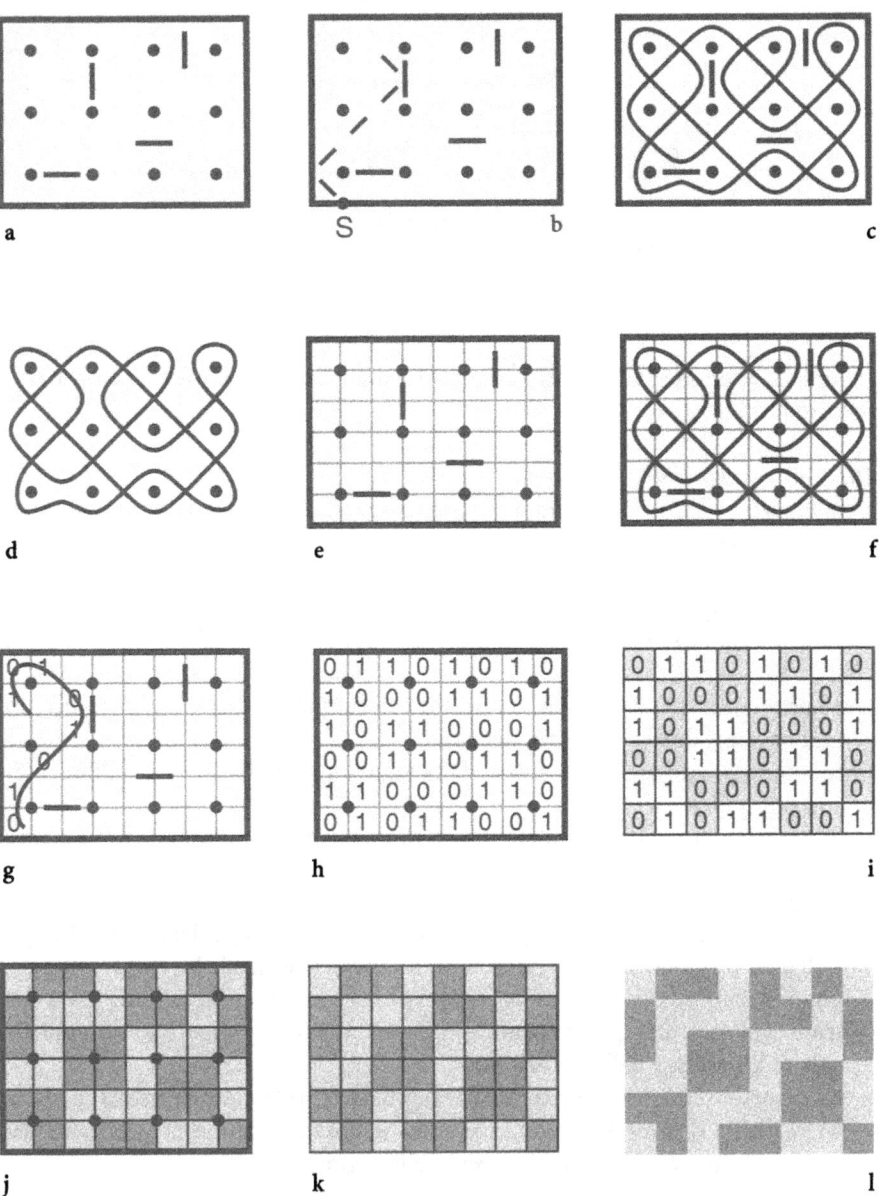

Fig. 3a-l. Esempio di un disegno-specchio che dà origine a una curva-specchio e a un disegno Lunda

rappresentato con i suoi corrispondenti punti del reticolato, e/o quadrati unità oppure senza (si veda l'esempio nella Figg. 3j, 3k e 3l).

Se, invece di enumerare i quadrati unità attraverso cui passa un modulo 2 di una curva-specchio, li si enumera in un altro modo, si ottengono altre matrici e altri disegni. Le figure 4 e 5 mostrano quanto avviene con la curva-specchio della

```
1 0 1 0 0 1 0 1
1 1 0 0 0 1 0 1
0 0 1 1 0 1 0 1
0 1 0 0 1 0 1 1
0 1 1 1 0 1 0 0
0 1 1 0 1 0 1 0
```

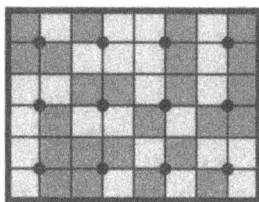 

Fig. 4. {0.0.1.1} - disegno

figura 3, se si enumerano rispettivamente i quadrati unità nella forma 0,0,1,1, ecc. oppure modulo 3.

Disegni-specchio e disegni Lunda.
La Figura 6 mostra due esempi di disegni-specchio e i disegni Lunda cui questi danno origine.

Proprietà simmetriche: simmetria Lunda.
Una conseguenza immediata del modo in cui i disegni Lunda sono originati è che:
1. ci sono tanti quadrati unità del primo colore quanto del secondo colore. In altre parole, i due colori si equivalgono.

Osservando più da vicino l'esempio della Figura 3j, si possono trovare due ulteriori simmetrie:

2. in ogni fila di quadrati unità, ci sono tanti quadrati unità del primo colore quanti del secondo colore (4 di ognuno nell'esempio della Figura 3j);
3. in ogni colonna di quadrati unità, ci sono tanti quadrati unità del primo colore quanti del secondo colore (3 di ciascuno nell'esempio della Figura 3j).

Inoltre, si possono osservare due caratteristiche simmetrie locali:

4. lungo il confine ogni punto del reticolato ha sempre un quadrato unità del primo colore e un quadrato unità del secondo colore associato ad esso (si vedano gli esempi della Figura 7a);
5. dei quattro quadrati unità racchiusi tra punti del reticolato arbritrari e vicini (in verticale o in orizzontale), due sono sempre del primo colore e due del secondo colore (si vedano gli esempi nella Figura 7b).

```
0 2 2 0 1 2 2 0
1 1 1 0 1 0 1 1
0 2 0 2 1 2 2 0
2 2 0 2 1 0 0 2
1 1 0 1 2 1 1 1
0 2 1 0 2 0 0 2
```

Fig. 5. Disegno modulo 3

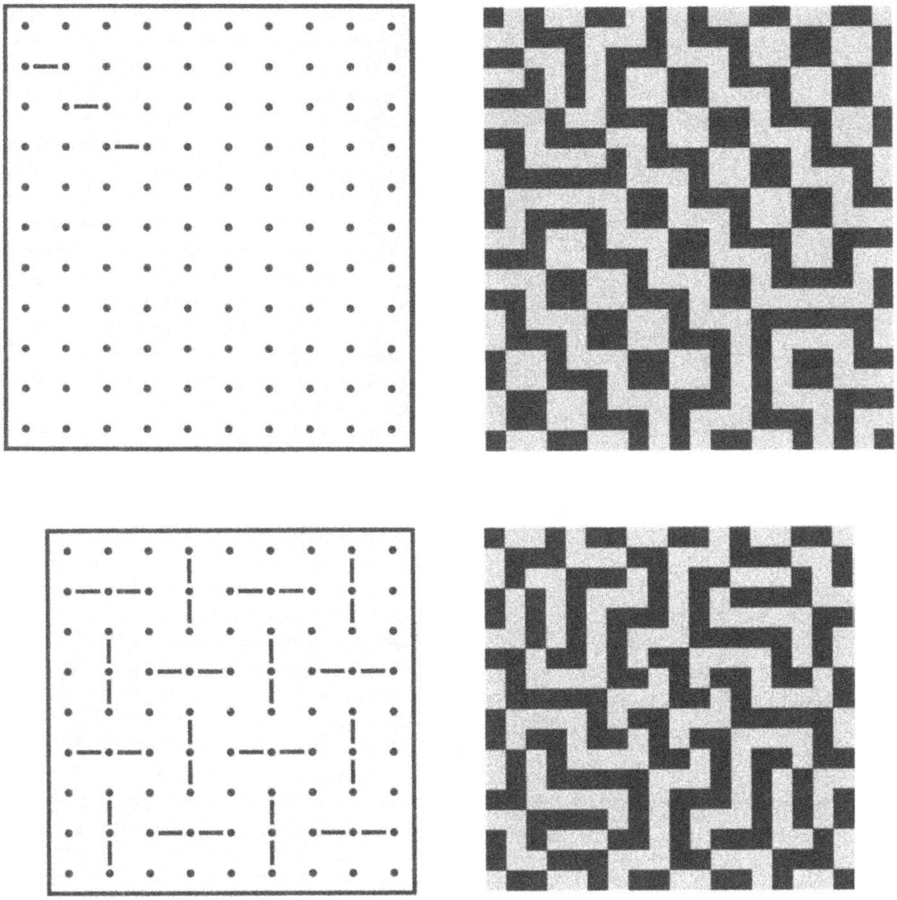

Fig. 6. Disegni specchio e corrispondenti disegni Lunda

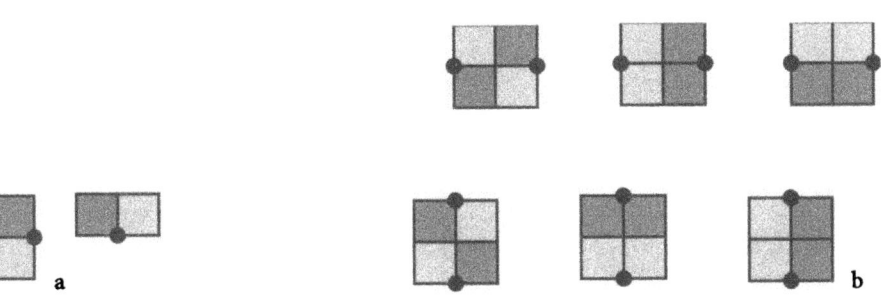

Fig. 7a, b. Simmetrie locali

Fig. 8. Disegno Lunda con assi di simmetria a uno e a due colori

Si può dimostrare che queste cinque proprietà simmetriche sono caratteristiche di tutti i disegni Lunda. Invece le proprietà di simmetria (o simmetriche) (4) e (5) possono essere usate per definire i disegni Lunda senza considerare le curve-specchio [7]. Queste due proprietà locali implicano le altre proprietà di simmetria più globali (1), (2) e (3).

Particolari disegni Lunda possono mostrare altre simmetrie. La Figura 8 presenta un disegno Lunda che ha assi di simmetria diagonali (ad un colore), orizzontali e verticali (a due colori).

Spesso è interessante osservare le simmetrie di parti di disegni Lunda. Per esempio, la parte sinistra del disegno Lunda nella Figura 3 ha due assi diagonali di simmetria e la parte destra è invariante sotto un mezzo giro (simmetria rotazionale di ordine 2; si veda la Figura 9a).

Invece le parti corrispondenti del suo disegno-specchio generatore e della corrispondente curva-specchio, non mostrano le stesse simmetrie. La parte qua-

a

b

Fig. 9. Particolari simmetrie locali

Variazioni sui disegni Lunda

Fig. 10. Esempio di un polyomino Lunda

drata nella Figura 9b è pure invariante sotto un mezzo giro. Le simmetrie come in questo esempio, oltre alle generali simmetrie globali e locali dei disegni Lunda, possono contribuire al loro fascino estetico.

Parti simmetriche di disegni Lunda possono essere isolate per l'analogo motivo. In questo modo, la Figura 10 presenta un esempio di un disegno bello esteticamente che può essere prodotto come parte di disegno Lunda.

I modelli Lunda.

Un modo naturale di estendere la nozione di disegno Lunda al piano è quello di considerare reticolati quadrati nel piano e prendere la proprietà di simmetria (5) come una caratteristica di definizione dei modelli Lunda. La Figura 11 presenta esempi di (parti di) modelli Lunda. La Figura 12 dà esempi di pavimenti a mosaico romani che sono modelli Lunda.

Fig. 11. Due modelli piani Lunda

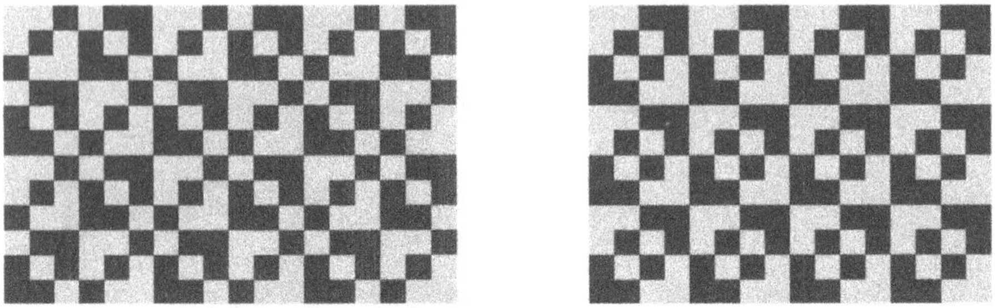

Fig. 12. Esempio di pavimento a mosaico romano ([14], pp. 13 e 17)

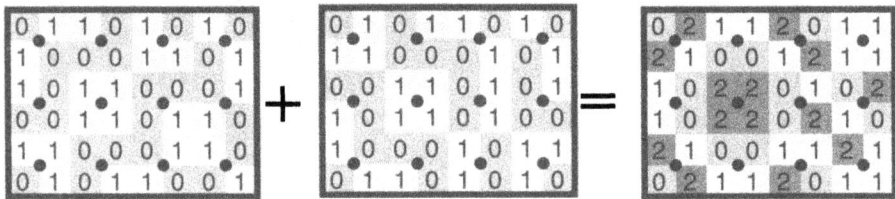

Fig. 13. Origine di un 2 – disegno Lunda

Generalizzazioni.

Il concetto di disegno Lunda può essere generalizzato in vari modi. In [7-9] vengono introdotti i k – disegni Lunda. La Figura 13 presenta un esempio di 2 – disegno Lunda originato dall'addizione matriciale di due disegni Lunda delle medesime dimensioni. Nelle stesse pubblicazioni vengono analizzati disegni Lunda esagonali, circolari e frattali. La Figura 14 dà due esempi di disegni Lunda esagonali prodotti su un reticolo esagonale al posto di un reticolo quadrato. Questa volta ci sono tre colori e dovrebbero essere equamente distribuiti (Fig. 15):

Fig. 14. Due disegni esagonali Lunda

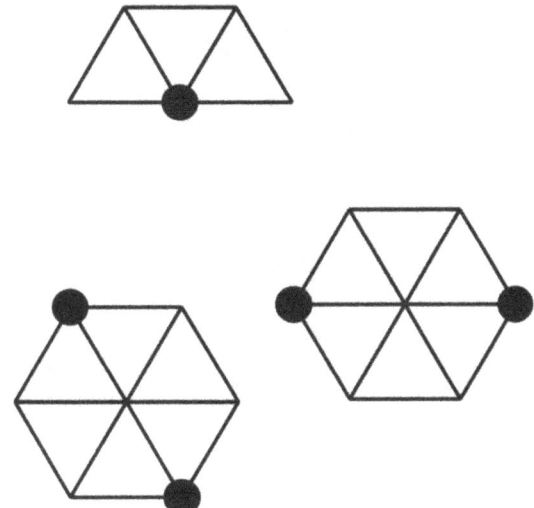

Fig. 15. Distribuzione di triangoli unità

1. dei sei triangoli unità racchiusi tra due punti vicini del reticolo, dovrebbero essercene due di ogni colore; e:
2. dei tre triangoli unità racchiusi tra un punto confine e il confine dovrebbe essercene uno di ognuno dei tre colori.

Anche in [5] vengono presentati i disegni poliedrici Lunda, un gioco da tavolo Lunda e animali Lunda. In [11] il concetto di disegno Lunda viene applicato allo studio di disegni a maglia celtici. Quadrati magici di ordine 4p possono

1	63	3	61	60	6	58	8
56	10	54	12	13	51	15	49
17	47	19	45	44	22	42	24
40	26	38	28	29	35	31	33
32	34	30	36	37	27	39	25
41	23	43	21	20	46	18	48
16	50	14	52	53	11	55	9
57	7	59	5	4	62	2	64

Fig. 16. Esempio di un quadrato magico Lunda di ordine 8

Fig. 17. Disegno a bandiera destrorsa e mosaico romano ([14], pp. 32)

essere costruiti con l'aiuto dei disegni Lunda con assi di simmetria orizzontali e verticali (si veda [12]). La Figura 16 ne dà un esempio. Altre varianti e generalizzazioni del concetto di disegno Lunda, come i disegni di bandiera e i disegni a 16 colori vengono presentati in [13]. Il pavimento a mosaico romano della Figura 17 è un esempio di un disegno a bandiera destrorsa. Può essere originato dal cammino della gallina cacciata (Fig. 2) colorando ogni quadrato unità attraverso il quale passa la curva-specchio sul suo lato destro con un colore e sul suo lato sinistro con il secondo colore come illustrato schematicamente nella Figura 18 [13].

Ora il mio orologio Lunda mi avvisa di fermarmi qui (Fig. 19), e dunque per

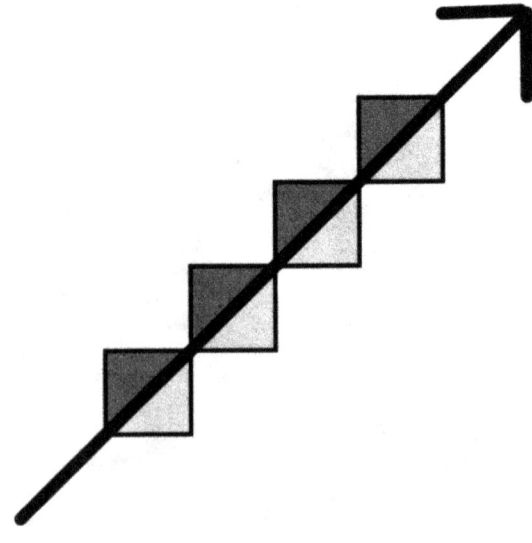

Fig. 18. Schema a bandiera sinistrorsa

Fig. 19. Orologio Lunda: indica le 11 e 30

qualunque altra informazione sui disegni Lunda, faccio riferimento alla bibliografia.

Bibliografia

[1] P. Gerdes (2001) Fantasie geometrico-simmetriche nell'artigianato africano, in: M. Emmer (a cura di), *Matematica e Cultura 2001*, Springer-Verlag, Milano, pp. 3-10
[2] P. Gerdes (2001) Intrecci culturali, in: P. Bellingeri, M. Dedò, S. Di Sieno, C. Turrini (a cura di), *Il ritmo delle forme*, Mimesis, Milano, pp. 121-124
[3] P. Gerdes (1995) *Une tradition géométrique en Afrique — Les dessins sur le sable*, L'Harmattan, Paris
[4] P. Gerdes (1997) *Ethnomathematik dargestellt am Beispiel der Sona Geometrie*, Spektrum Verlag, Heidelberg
[5] P. Gerdes (1999) *Geometry from Africa: Mathematical and Educational Explorations*, The Mathematical Association of America, Washington DC

[6] P. Gerdes (1990) On ethnomathematical research and symmetry, *Symmetry: Culture and Science* 1(2), pp. 154-170
[7] P. Gerdes (1996) *Lunda Geometry — Designs, Polyominoes, Patterns, Symmetries*, Universidade Pedagógica, Maputo
[8] P. Gerdes (1997) On mirror curves and Lunda-designs, *Computers and Graphics, An international journal of systems & applications in computer graphics* 21(3), pp. 371-378
[9] P. Gerdes (1999) On Lunda-designs and some of their symmetries, *Visual Mathematics* 1(1) (www.members.tripod.com/vismath/paulus/)
[10] S. Jablan (1995) Mirror generated curves, *Symmetry: Culture and Science* 6(2), pp. 275-278
[11] P. Gerdes (1999) On the geometry of Celtic knots and their Lunda-designs, *Mathematics in School* 28(3), pp. 29-33
[12] P. Gerdes (2000) On Lunda-designs and the construction of associated magic squares of order 4p, *The College Mathematics Journal* 31(3), pp. 182-188
[13] P. Gerdes (2001) Symmetrical Explorations Inspired by the Study of African Cultural Activities, in: I. Hargittai, T. Laurent (eds.), *Symmetry 2000*, Portland Press, London (in corso di stampa)
[14] R. Field (1988) *Geometric Patterns from Roman Mosaics and how to draw them*, Tarquin Publications, Norfolk

Arte geometrica e vita

Carmen Bonell

La vita è espressa geometricamente (e la sua espressione definitiva è attraverso i numeri). Tale asserzione fu brillantemente trasmessa nella seconda decade del ventesimo secolo da D'Arcy Thompson in *On Growth and Form* [1] e da Theodore Cook in *The Curves of Life* [2]. Più recentemente John D. Barrow scrisse *Why is the world mathematical?* [3].

In qualità di storico dell'arte contemporanea, nel mio intervento a questo congresso di *Matematica e Cultura*, presento un esempio di espressione artistica di vita: il lavoro e il pensiero di Pablo Palazuelo (Madrid, 1915).

Perché Palazuelo è una figura così importante nel panorama della storia dell'arte spagnola fin dalla metà del ventesimo secolo? Si possono avanzare tre principali ipotesi.

1. Il privilegio di essersi formato all'estero come studente di architettura a Oxford dal 1933 al 1936, e di aver vissuto e svolto la sua attività di artista a Parigi per vent'anni – in modo permanente dal 1948 al 1963 e come visitatore regolare negli anni seguenti. Queste città e questi periodi, gli ambienti e le persone che poté incontrare, gli diedero una cultura cosmopolita ben lontana e diversa dalla cultura che avrebbe potuto acquisire in quei tempi in Spagna.

2. La profondità della sua concezione dell'arte, che spiega la serietà, l'importanza, l'immenso rispetto con il quale egli si è sempre avvicinato alla pittura e alla scultura. D'altro canto, come si può comprendere il suo assoluto e incondizionato attaccamento all'arte e alla ricerca, se persino durante il periodo trascorso a Parigi come artista della Maeght Gallery, quando frequentava alcuni dei maggiori artisti del ventesimo secolo, Palazuelo mantenne le distanze e difese la sua identità? Questo atteggiamento può spiegare il perché un lavoro così importante come il suo sia in larga misura sconosciuto.

3. Il suo esclusivo concentrarsi sull'uso della geometria, da cui il suo contributo emerge in un processo continuo. La geometria, al medesimo tempo forma di pensiero e pensiero della forma, ha trovato in questo artista uno strumento di grande risonanza e di estrema sensibilità, capace di rendere percettibile l'impulso vitale che lo dirige. Come è possibile concepire che, dopo aver lavorato per oltre mezzo secolo con forme geometriche, nella sua ampia produzione pittorica e scultorea non ci sia ripetizione ma sempre l'incessante apparizione di nuove forme? È precisamente questa qualità che rende il lavoro di Palazuelo così straordinario, soprattutto avendo in mente l'odierno panorama dell'arte.

In questo articolo mi propongo di seguire Palazuelo molto da vicino, mettendo a fuoco l'origine di questa inesauribile manifestazione di novità: il metodo di lavoro che l'artista scoprì all'inizio degli anni Cinquanta e la riflessione che da esso scaturisce.

Il Metodo

Quando Palazuelo decise di dedicarsi alla pittura nel 1939, egli cominciò a dipingere paesaggi e nature morte. Fu attratto dal cubismo dal primo momento in cui lo scoprì attraverso le riproduzioni sui giornali e sui libri. Il lavoro di Paul Klee lo guidò a scegliere sicuramente l'astrazione:

Dapprima mi imbattei nell'opera di Klee nella forma delle riproduzioni di colore nel 1946 o nel 1947. Mi fecero una grande impressione, forse la più forte

Fig. 1. P. Palazuelo, *Composition*, olio su tela, 120 x 120 cm, 1951. Kunsthaus, Zurich

che io sentii fin dal momento in cui iniziai a dipingere. Ero affascinato dal suo interesse per la geometria, dal modo in cui egli vedeva la geometria nella natura e la convertiva in poesia, e dalla sua linea e dai colori che sognano. (...) Ciò che più di tutto mi attira dell'opera di Klee è il modo in cui si collega all'energia come si manifesta *in* natura [4].

Palazuelo decise di indagare quella geometria della natura che il lavoro di Klee gli aveva mostrato, sempre attento al suo più profondo significato; si possono vedere i primi risultati nei suoi lavori di quel periodo (Fig. 1). Tuttavia, il suo grande interesse fu come andare oltre le forme geometriche abituali di triangoli, quadrati, rettangoli

in breve, quell'intero corredo della geometria artistica del periodo – così afferma con vigore – che mi pareva inutile. E poiché non mi piaceva copiare o prendere ispirazione da ciò che gli altri stavano facendo, iniziai quasi un intenso periodo di ricerca che durò tre anni [5].

Gli editori e i librai specializzati del Quartiere Latino, nel quale si era trasferito nel 1951, gli permisero di trovare testi su ermetismo, alchimia e "geometrie sacre", un ampio territorio di esplorazione. Il libro di Matila Ghyka sul numero d'oro [6] portò il suo interesse verso i sistemi numerici simbolici e mitici, in particolare quelli orientali. Un altro importante passo fu l'incontro con il tantrismo che gli diede una illuminante e diversa visuale della natura strumentale psicocosmica delle forme geometriche elementari e delle risonanze implicite tra il mondo interiore e il mondo esterno di chi la pratica. A poco a poco le sue prime intuizioni furono confermate e orientate dalla lettura di libri diversi. Tuttavia il processo non fu né facile né rapido. Palazuelo spesso spiega cosa successe nel giorno in cui Marguerite e Aimé Maeght, accompagnate dal direttore della loro galleria, Louis Clayeux, decisero di fargli visita nel suo studio per vedere il lavoro che desiderava presentare con la sua prima mostra: trovarono soltanto mucchi di disegni e un dipinto incompleto. Invece di preparare la loro mostra, si era dedicato completamente a una profonda ricerca per trovare un modo personale di lavorare con le forme geometriche:

Era come un richiamo, come un bisogno che non mi dava respiro. Talvolta smettevo di dipingere e trascorrevo un'intera settimana immerso nella lettura; talvolta all'alba ero ancora preso dalla lettura. Dopo aver letto, mi davo principalmente al lavoro grafico. Lo studio era zeppo di mucchi di diagrammi e di tracciati. Disegnavo durante il pranzo, riempiendo le tovagliette di carta dei ristoranti, che poi mi portavo a casa. Ne ho conservate ancora alcune. Infine un giorno, mentre leggevo un certo testo, ebbi la percezione di qualcosa che si stava aprendo davanti a me. Era la comprensione di qualcosa che solo in parte era rivelato e che in seguito avrebbe avuto bisogno di sforzi inimmaginabili, persino oggi. Era il 1953, e ciò mi condusse a raddoppiare le manipolazioni e gli esperimenti grafici, se possibile con più grande intensità e concentrazione, fino a quando infine, attraverso un processo che potrebbe essere chiamato "riadattamento" del procedimento di composizione, percepii l'orizzonte di un vasto territorio che si apriva dinanzi a me. Sentii come se mi muovessi nella conoscenza di qualcosa che sarebbe diventato me stesso, qualcosa che produceva in me un sentimento di libertà totale e, allo stesso tempo, mi inseriva, mi intrecciava in sé. Distrussi molti dipinti in quel periodo e di essi si salvò solo una parte, che intitolai *Solitudini*. Erano lavori che rivelavano la dura lotta, ma essi mostravano pure un processo di formazione, che riconobbi come totalmente personale. Avevo trovato qualcosa che mi conduceva verso un nuovo indirizzo dell'intero procedimento di composizione che dava origine a un riadattamento del disegno. Questa nuova situazione mi permise di accedere a una comprensione o percezione, nel campo plastico, di qualcosa che potevo chiamare, approssimativamente, meccanismo delle funzioni di formazione e trasformazione, vale a dire, della funzione metamorfica o organizzante, che mi permetteva di rappresentare questi fenomeni [7].

Con *Solitudes IV* (Fig. 2), Palazuelo abbandonò una composizione geometrica che era molto personale ma che poteva mostrare ancora reminiscenze di altri artisti. Al suo posto apparve un nuovo modo di affrontare la composizione, non come un intervento che va dall'esterno all'interno, ma al contrario, come un'azione che emerge crescendo dall'interno della sua struttura. Palazuelo afferma pure che fu in quel periodo che raggiunse "la convinzione che la simmetria ben lontana dall'equilibrio (Prigogine), o simmetria dinamica, era il tipo più appropriato per promuovere la libertà, l'irreversibilità e l'indeterminazione nei processi formali o strutturali che descriveva" [8]. Questo spiega la chiara tendenza

Fig. 2. P. Palazuelo, *Solitudes IV*, olio su tela, 80 x 116 cm, 1955. Collezione privata

verso la diagonale che è così costante nel suo lavoro, evitando la verticale che può condurre alla stasi (il quadrato): "La diagonale mi suggerisce il passo successivo verso un'altra cosa, il *trans* (transito, trasposizione, trasformazione, trasgressione...)" [9]. Palazuelo aveva ora trovato un metodo di lavoro e quindi il contenuto del suo lavoro. È un metodo che è stato gradualmente rinforzato e che richiede una straordinaria concentrazione della mente che è coinvolta in forme e in variazioni che le modificano, nelle loro continue trasformazioni. Esso conduce ad una fase nella quale la mano che dipinge e l'occhio che vede, poiché vengono stimolati contemporaneamente, provocano l'immaginazione, il cui intervento rafforza il flusso incessante di nuove forme. Palazuelo, per avere almeno un ricordo della continua comparsa di immagini che può verificarsi sia durante la *performance* di un lavoro sia quando è finito, generalmente fa tracciati veloci che più avanti usa come "semi" per altri lavori che da loro derivano. È interessante ricordare qui che quando il critico d'arte Georges Limbour visitò Palazuelo nel suo studio in Rue Saint-Jacques – proprio prima della sua prima mostra personale alla Maeght Gallery nel 1955 – notò un numero enorme di tovaglioli di carta piegati e impilati sugli scaffali, e, conscio della loro importanza, più tardi scrisse:

> Vi viene da pensare: li ha portati via dai ristorantini del quartiere dove abitualmente pranza, di solito da solo. Mentre mangia disegna, quasi automaticamente, delle *forme*, le organizza, le prolunga. Egli conserva tutti quegli schizzi come soggetti di meditazione ed alcuni, dopo trasformazioni successive, potranno divenire dei quadri [10].

In verità questa era la base del procedimento che conduceva a quelle "famiglie" di strutture attraverso le quali il lavoro dell'artista si esprimeva:

> Raggruppo i miei dipinti in modo che la vicinanza fisica dei vari membri di un gruppo o *famiglia* mostri più chiaramente un processo continuo ed irreversibile di trasformazione che, nel suo sviluppo, va oltre i limiti di ogni lavoro individuale (Figg. 3-4). Questo è ciò che Prigogine chiama un sistema di organizzazioni perpetuamente attive che sono disperse, riformate e non si fermano mai. Poiché provengono le une dalle altre, il raggruppamento dei dipinti che formano una famiglia rafforza considerevolmente il senso dell'intero, e allo stesso tempo noi aspettiamo che si rafforzino il sentimento, l'emozione e la comprensione dell'osservatore. Ci sono molti lavori che non sono parte di una famiglia ma mostrano chiaramente il distendersi di un processo continuo di auto-generazione, di una più interna crescita *sui generis*: questo deve essere contenuto per evitare la trasformazione in un caos aggrovigliato e illeggibile degli ordini inerenti. Quello che mostro è una sequenza limitata del perpetuo passaggio di forme *in altre* in una corrente ritmica che fluisce, trasformando se stessa al di là dei limiti o degli accidenti possibili imposti dal mezzo materiale ([4], p. 209).

Una lunga successione di famiglie è emersa dall'intenso lavoro di Palazuelo fin dagli anni Cinquanta, e alcune di queste sono particolarmente feconde. In verità, una recente, *De somnis*, ha già prodotto più di settanta discendenti. Di conse-

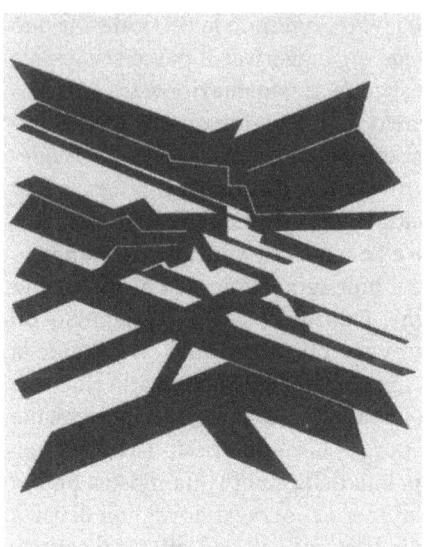 

Figg. 3, 4. P. Palazuelo, *Sydus XII* e *XV*, acquarello su carta, 66 x 50 cm, 1997

guenza, Palazuelo parla spesso di "co-eredità" delle strutture geometriche con le quali lavora, vale a dire la loro "eredità comune", poiché l'origine di una composizione è quasi sempre un disegno che proviene da un momento dello sviluppo di uno dei lavori; quando è completato questo stesso lavoro può aver prodotto molti altri disegni che, a turno, possono portare a molti altri diversi lavori, e così di seguito. Qui si trovano alcuni dei più significativi e profondi aspetti del lavoro di Palazuelo: il fatto che la manifestazione incessante di nuove forme sia inesauribile. Egli la spiega con queste parole:

> Credo che la natura, che è qualcosa di vivo, sia orientata dalla creazione di strutture più ricche e più complesse, e dal momento in cui l'esistenza di queste strutture *orientate* è riconosciuta, è inevitabile pensare a una *funzione geometrizzante*, una geometria del vivente. Nel mio lavoro, ciò che faccio è mettere in pratica una *funzione*; si può anche dire che io *attivo* un processo di strutturazione equivalente o *simile* a quello che opera all'interno della natura. Dopo tutto, si ritorna sempre allo stesso, l'*artista imita la natura* nonostante in questo caso la questione sia di imitare il processo di *auto-creazione* di *natura naturante* [11].

Un processo di trasformazione che continua senza sosta e che è una fonte inesauribile di novità – non è quanto di più vicino a una definizione di vita si possa pensare? Questo è quanto appare all'osservatore della produzione di Palazuelo nel suo sviluppo nel corso del tempo. Poiché l'artista fu conscio fin da subito dell'importanza della sua scoperta, egli investigò le varie possibilità che questo metodo gli offriva. Così, per esempio, parlando della serie di dipinti intitolata *Monroy* (Fig. 5), sulla quale incominciò a lavorare nel 1974 al castello di Monroy

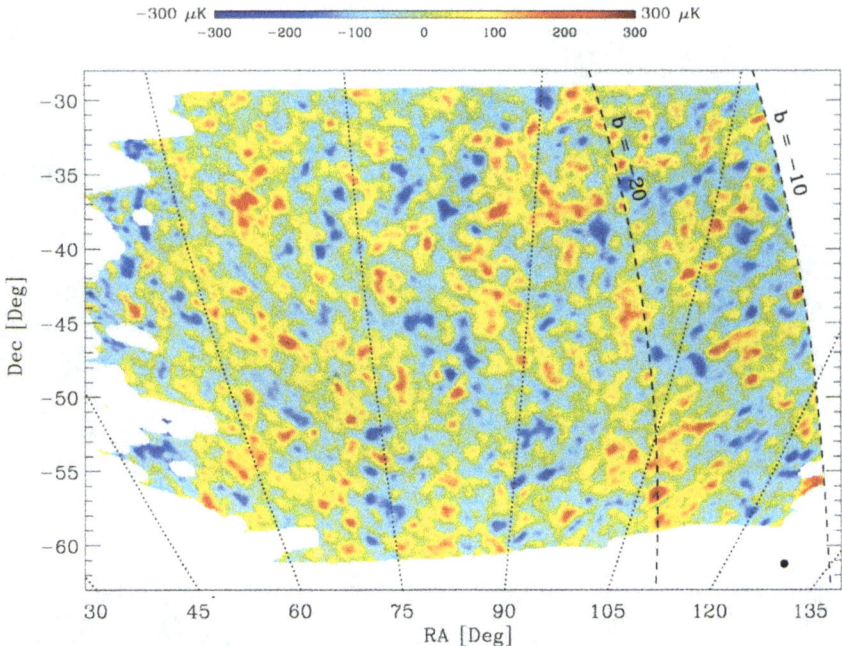

P. de Bernardis, mappa della radiazione cosmica di fondo proveniente da una remota regione di universo, ottenuta dall'esperimento BOOMERanG. Questi raggi di luce hanno viaggiato nell'universo per circa 15 miliardi di anni, trasformandosi in un debole fondo di microonde, prima di raggiungere il telescopio BOOMERanG. Le tenui fluttuazioni di temperatura (dell'ordine di 100 parti per milione) presenti nell'universo primordiale sono rappresentate nella scala di falsi colori riportata in alto.
Le dimensioni angolari delle fluttuazioni (dell'ordine del grado) permettono di stabilire che la curvatura a grande scala dell'universo è prossima a zero (pp. 35-55)

M. Dedò, 120 palline nel caleidoscopio del dodecaedro. Mostra permanente: *Simmetria, giochi di specchi*, Dipartimento di Matematica, Università degli Studi, Milano (pp. 69-75)

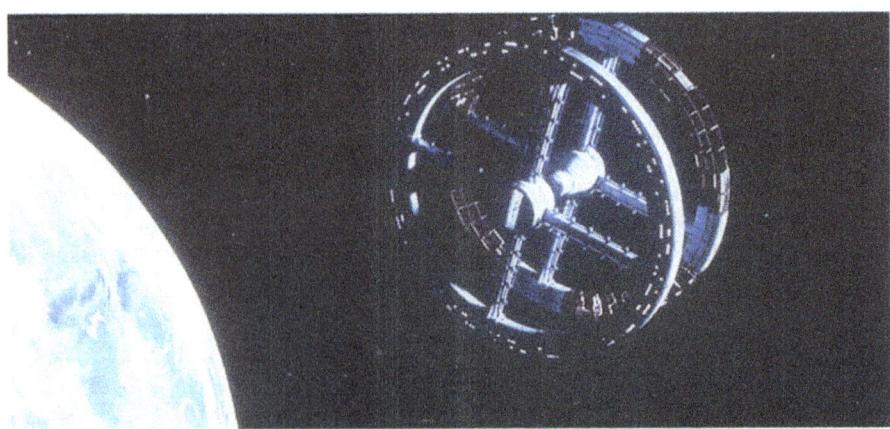

Immagini tratte dal film di S. Kubrick "2001: Odissea nello spazio", pp. 59-65

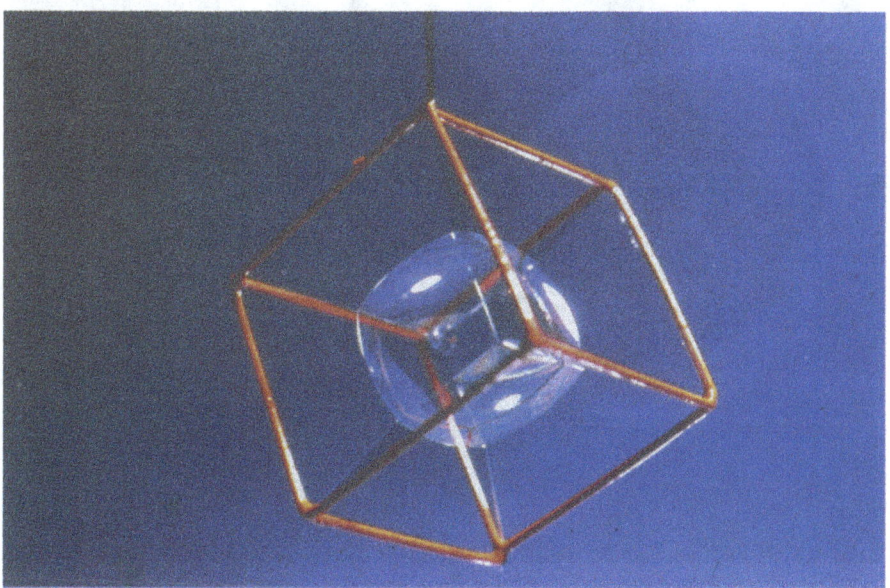

P. Palazuelo, *Composition*, olio su tela, 120 x 120 cm, 1951. Kunsthaus, Zurich (pp. 147-159)

M. Emmer, E. Bisignani (1986) *Soapy Hypercube* (Ipercubo di sapone), fotografia.
© M. Emmer. Esposto alla Biennale d'arte di Venezia del 1986 (pp. 205-225)

T. Noddy, superficie di una bolla di sapone, pp. 227-233

T. Noddy, *Galactic*, pp. 227-233

C.O. Perry, *Rondo*, stazione di Kinshicho, Tokio. 5,3 m, alluminio.
Rondo a imitazione del rondò di Mozart è un nastro di Möbius avvolto tre volte su se stesso mentre scivola avanti e indietro proprio come la musica (pp. 255-259)

C.O. Perry, *Arch of Janus*, residenza McKenzie, Greenwich, CT. 4,5 m, in granito.
Nastro di Möbius sul tema dell'arco di Giano a Roma (pp. 255-259)

R. Licata, *Senza titolo*, 1991, puntasecca, tecniche Goetz (pp. 261-262)

U. Pratt, da "L'angelo della finestra d'oriente" © CONG S.A. (pp. 267-268)

S. Francesco nel deserto, pp. 273-274

G. Seguso, un vaso di vetro soffiato della Seguso Viro a Murano, pp. 269-272

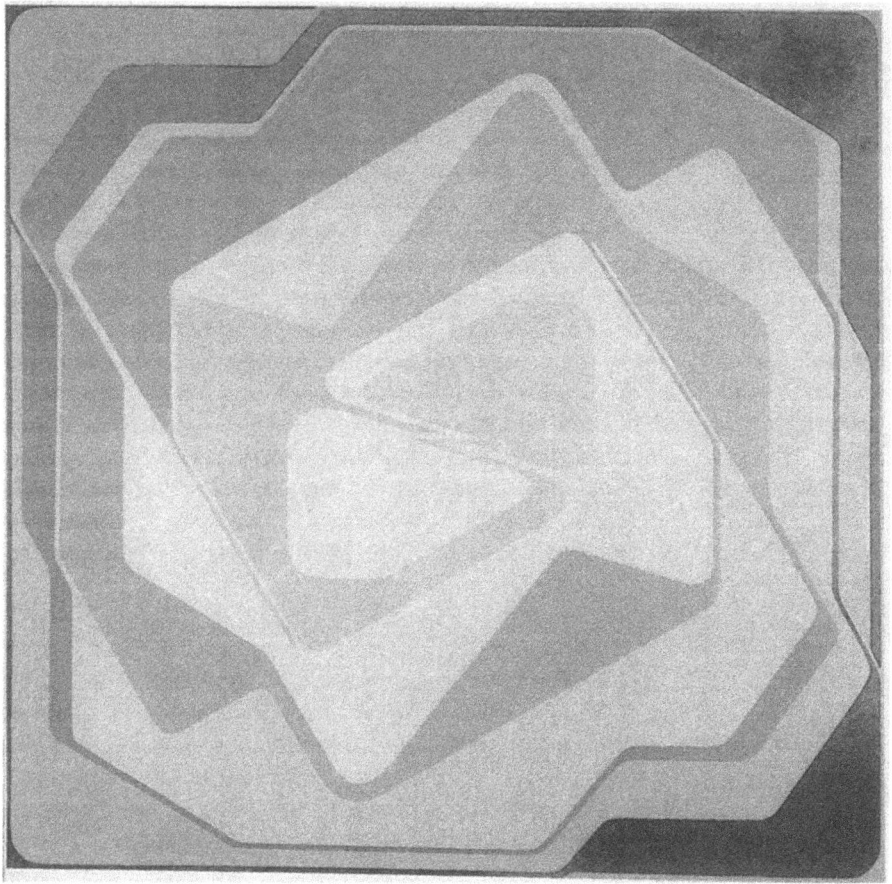

Fig. 5. P. Palazuelo, *Monroy V (Yantra)*, olio su tela, 200 x 200 cm, 1984-85. Collezione Banco de España

(Cáceres), dove era andato ad abitare, Palazuelo spiega che "presenta la risoluzione del problema delle dicotomie *background-form* e *form-line*, e il formarsi in ciascun caso di un fenomeno di trasformazione, dalla sua origine fino alla sua fine ciclica" [7]. E riferendosi alla famiglia di opere intitolata *El número y las aguas* (Il Numero e le Acque) (Fig. 6), esposta per la prima volta alla Maeght Gallery di Parigi nel 1978, egli afferma: "I segni rappresentano un'altra fase della ricerca di ciò che dirige il momento di formazione all'interno della materia, nell'esperienza del mondo fisico, che più tardi diventa per noi percepibile nelle forme della natura" [7]. E ancora un altro passo nella sua incessante investigazione del processo di trasformazione fu l'interesse per la scultura, che apparve presto nella sua carriera ma che acquistò l'attuale importanza solo all'interno della sua produzione nel periodo della prima mostra alla Maeght Gallery di Barcellona nel 1977. Sulla scultura Palazuelo afferma:

Fig. 6. P. Palazuelo, *El número y las aguas II*, olio su tela, 222 x 116 cm, 1978. Galleria Maeght, Paris

L'origine dei miei lavori nella terza dimensione risponde a un impulso, a una necessità. Feci la mia prima scultura nel 1954, e sentii allora che i processi di trasformazione, che tentavo di rendere più evidenti possibili, non riuscivano a manifestarsi e a realizzare tutte le loro possibili potenzialità. A un certo momento compresi che quelle trasformazioni potevano *lanciarsi* nella terza dimensione e spiegare più esplicitamente le possibilità o qualità più interne (Fig. 7). Così, il dinamismo di qualcosa di apparentemente statico, i passaggi che costituiscono il processo di formazione, veniva reso manifesto in modo più accessibile ([7], p. 1145).

Nel corso degli anni, la pratica quotidiana di questo lavoro lo ha condotto ad accumulare una solida esperienza, sempre accompagnata da letture e studio. Come un esploratore intrepido e curioso, Palazuelo non ha mai smesso di investigare il significato profondo di cose e di parole. La pratica della geometria e della riflessione che lo accompagna hanno plasmato la sua visione del funzionamento della vita e del mondo.

La Teoria

Nella lingua greca antica, la parola *teoria* aveva, tra gli altri significati, quelli di *visione, contemplazione, speculazione mentale*. Così, con le stesse parole con

Fig. 7. P. Palazuelo, *Difronte I*, acciaio lucido, 230 x 262 x 86 cm, 1986. Collezione dell'artista

cui Ananda Coomaraswamy si riferiva alla pittura cinese ad una mostra a Boston nel 1944, possiamo riferirci al lavoro di Palazuelo: "Prodotti nel primo luogo di contemplazione, queste opere d'arte erano *teorie*, cioè visioni, prima che fossero realizzate; e dopo essere state create, non sono semplici mezzi o ornamenti, ma *supporti di contemplazione* [12]. Esattamente per questa ragione, Palazuelo sottolinea ogni volta che ne ha l'opportunità che il nucleo del suo pensiero viene dalla pratica dell'arte piuttosto che il contrario. E poiché nel suo lavoro il concetto di *trasformazione* è un concetto chiave, esso è anche diventato il centro delle sue riflessioni. Nella sua prima lunga e approfondita conversazione con un critico d'arte – Santiago Amón, *Revista de Occidente*, 1976 – Palazuelo definì così uno degli aspetti della suo compito:

> Tento di esprimere la convinzione o la conoscenza che posso avere sui processi di *formazione*. Le forme sono fertili, vive, e nel corso di un particolare processo di *auto-imitazione*, nuove forme diverse da loro possono emanare da loro, e una dopo l'altra, poiché sono vive, possono sviarsi e finire sterili. Poiché l'emanazione di forme e la trasfigurazione di alcune in altre non ha fine (non lo ha neppure la contemplazione di questa operazione), mi arrischierei quasi a dire che, come conseguenza di ciò, tutte le forme viventi sono al medesimo tempo l'immagine e lo specchio della vita, e vita stessa ([4], p. 23).

Sarebbe come dire che non solo la geometria è uno strumento di visione e di conoscenza del processo della vita, ma essa stessa è un processo vitale. Si deve rilevare che la riflessione che nasce dal lavoro in studio fu per anni un'esperienza che Palazuelo mantenne privata, e che cominciò a rendere pubblica quando divenne assolutamente necessario. Nel 1980 la prima monografia di Palazuelo fu pubblicata dalla Maeght Gallery e in essa la sua produzione è presentata insieme allo scambio di corrispondenza tra il poeta e ispanista francese Claude Esteban l'artista [13]. Palazuelo sistematicamente ha esercitato il suo pensiero attraverso un insieme di argomenti la cui caratteristica principale è la profondità di messa a fuoco e la chiarezza dell'esposizione. Egli presenta idee che nel corso del tempo, nella solitudine dello studio, si fecero strada nella sua mente mentre era assorto nel disegno o nella pittura, inducendolo a scribacchiarle immediatamente sul più vicino pezzo di carta così da non dimenticarle. Per questa ragione, Palazuelo afferma:

> L'azione di dipingere è ora cosciente e ora inconscia, e viene sviluppata nel corso di una successione di momenti che possono essere lenti o veloci, senza che l'artista riesca a controllare totalmente il flusso della corrente psichica. (...) Il "conscio" gradualmente conduce agli strati più profondi dell'insondabile "inconscio" (sub e sopra cosciente) e io voglio essere il più cosciente possibile per seguire la genesi dell'intero evento, passo dopo passo e come in una meditazione. Il rigore e le difficoltà del lavoro attivano l'immaginazione (che è diversa dal pensiero razionale) e attraverso il suo potere si raggiunge l'esperienza dell'inconscio, che viene poi rivelata in forma di visione. Come dice Kandisky, questo comporta "andare ad incontrare la vita, rendendo percepibi-

le il suo battito e stabilendo le leggi che lo governano". Le energie psichiche e vitali dell'uomo sono in connessione o, piuttosto, formano parte delle energie della natura e della vita – che sono anche psichiche – e le due sono simili ad una riflessione reciproca.

La natura – con le sue leggi – costituisce l'universalità del linguaggio: la vita *parla*. L'arte è inoltre linguaggio e questo linguaggio umano è, o dovrebbe essere, un mutamento dell'altro che non si esaurisce mai. L'arte quindi dovrebbe essere non una lettura o trascrizione, ma un mutamento di quel linguaggio, il cui proposito è quello di scoprire e decifrare la sua propria profondità, e in quanto ancora sconosciuto, il significato. Così, in questo modo e in quanto suo compito, lo spirito dell'uomo deve contribuire alla rivelazione del mistero essenziale, partecipando alla trasfigurazione della realtà nella quale è immerso ([13], p. 22).

Negli anni successivi al suo ritorno a Madrid, in conversazioni analoghe alla suddetta con Santiago Amón, o a quella con Kevin Power pubblicata nel 1995 [4], entrambe di grande importanza, nelle interviste sulle sue mostre, e nelle sue lezioni, Palazuelo fece varie dichiarazioni sul suo lavoro con forme geometriche e, invero, sulla sua personale comprensione della geometria. La maggior parte di questo materiale fu da lui pubblicata insieme a vari scritti nel 1998 con il titolo di *Escritos. Conversaciones* (Scritti. Conversazioni), una fonte essenziale di documentazione sull'articolazione del pensiero dell'artista nel corso degli ultimi trent'anni [4]. Da questi testi si può chiaramente notare come Palazuelo tenti di chiarire ciò che emerge dal suo lavoro con le forme geometriche e cosa derivi da esso, vale a dire, dalla sua esperienza e dalla sua trascendenza. Nella conversazione con l'ingegnere Julio Martinez Calzón nel 1997, sintetizzò questo con le seguenti parole:

> Il linguaggio della matematica è un linguaggio simbolico che, in qualità di linguaggio della natura, non dissipa né l'ambiguità né il dubbio. La matematica lavora come descrizione del mondo, stabilendo una relazione intima tra il funzionamento profondo della natura e il pensiero attivo, l'immaginazione e l'azione umana. La matematica descrive il mondo e le cose che in esso avvengono e che noi scopriamo, sorpresi, attraverso i segni e le linee che tracciamo sui fogli di carta o sulle tele, che ci parlano e ci permettono di intravedere o di capire i movimenti della materia e forse il funzionamento della nostra stessa mente. Ma questa non è una spiegazione del perché la matematica funziona oppure del perché le cose seguono il medesimo percorso che ci viene indicato da una sequenza di numeri scritti sul foglio; noi non sappiamo perché il mondo sia matematico.
> Questa e altre questioni sul numero, ci mostrano il tessuto che tessiamo quando contempliamo veramente il *nostro* mondo. In questo tessuto noi intrecciamo *le relazioni* tra la realtà che ci circonda e le immagini che concernono questa realtà rivelate alla nostra mente. Veniamo così condotti verso le più importanti domande, come un crescente profondo approccio alla realtà velata. Se la natura è intrinsecamente matematica, l'evoluzione stessa selezionerà un pro-

cesso mentale in linea con i nuovi aspetti matematici che la natura rivela, conducendo così a intuizioni rinnovate. (...)
Fin dagli anni Cinquanta ho sempre pensato che ordini e relazioni di tutti i generi costituiscono il movimento che è la vita delle forme, e che nel corso di questa vita le forme possono costantemente cambiare *in* altre forme viventi che non siamo più in grado di percepire. A livello umano, l'artista dà forma a quelle energie con le quali entra in risonanza e che rende visibili nei grafismi che egli traccia. In spagnolo traccia (*traza*) significa impronta (*huella*); qui c'è l'impronta lasciata da quella sensibilità, quell'impulso che richiede la necessità del divenire continuo.
Le forme, che sono sempre strutture, non sono mai definitive. (...) In un mutamento che è il risultato della costante operazione di simmetrie dinamiche, le forme, come avviene con le particelle subatomiche, possono diventare i loro opposti. Allora la relazione in unisono degli opposti crea un movimento, una proprietà vivente, che conserva le identità delle forme opposte e delle loro principali caratteristiche per una seguente evoluzione attraverso le successive future trasformazioni.
Il proposito vero della matematica è la conoscenza non di qualcosa che finisce con l'essere questo o quello in un certo momento e poi non lo è più, ma piuttosto la conoscenza di quello che esiste nel movimento perpetuo. La matematica esiste fuori dalla matematica, e qualunque sia il numero, in qualche modo siamo in contatto con quel mondo un modo che non conosciamo, un modo che non è metafisico ma psicologico. La matematica non è solo un artificio culturale ma è la cosa più vicina ad una specie vivente ([4], p. 223-226).

Ringraziamenti

I miei ringraziamenti a Pablo Palazuelo per aver autorizzato la riproduzione delle sue opere.

Bibliografia

[1] D'Arcy W. Thompson (1992) *On Growth and Form*, Dover, New York. (Pubblicato orig. nel 1917, rivisto e integrato nel 1942)
[2] T. Cook (1979) *The Curves of Life*, Dover, New York. (Pubblicato orig. nel 1914)
[3] J. D. Barrow (1992) *Perchè il mondo è matematico?*, Gius. Laterza, Roma-Bari
[4] P. Palazuelo, K. Power (1995) *Geometría y visión*, (ed. bilingue spagnolo-inglese) M. A Pérez, A. Eiroa Guillén (trad.) Diputación Provincial de Granada, Granada, p. 87. La versione spagnola è riprodotta in: P. Palazuelo (1998) *Escritos. Conversaciones*, COAAT, Librería Yerba, Murcia
[5] P. Palazuelo (1997) Interrogaciones a un artista: Pablo Palazuelo (Trascritto da J. Martínez Calzón dalla sua conversazione con Palazuelo al College of Civil Engineers, Madrid), in: [4], p. 223
[6] M. Ghyka (1931) *Le Nombre d'Or. Rythes et rythmes pythagoriciens dans le développement de la civilisation occidentale*, Gallimard, N.R.F., Paris, 2 Voll
[7] P. Palazuelo (1982) Entrevista con F. Calvo Serraller, *El País, Artes*, Madrid. Ripro-

dotta in: F. Calvo Serraller (1985) *España. Medio siglo de arte de vanguardia 1939-1985*, Fundación Santillana, Ministerio de Cultura, Madrid, Vol. II, p. 1144

[8] P. Palazuelo (1997) El Universo y las formas (Testo di una lezione tenuta alla Technical University of Catalonia, Barcelona, 27 May), in: [4], p. 208

[9] P. Palazuelo (1976) Materia, forma y lenguaje universal, Conversación con S. Amón, *Revista de Occidente 7*. Riprodotta in: Palazuelo [4], p. 29

[10] G. Limbour (1955) Empédocle chez Palazuelo, *Derrière le miroir*, n. 73-74. Riprodotto in: G. Limbour (1986) *Dans le secret des ateliers*, L'Élocoquent, Paris, p. 66

[11] P. Palazuelo (1990) La co-herencia en la estructura geométrica (Testo di una lezione tenuta all'interno del corso "L'Art i la Geometria", Fundació La Caixa, Barcelona, 20 April), in: [4], p. 89

[12] A. Coomaraswamy (1944) Chinese Painting at Boston, *The Magazine of Art*, XXXVII. Riprodotto in: A. Coomaraswamy (1986) *1: Selected Papers. Traditional Art and Symbolism*, R. Lipsey (ed.), Princeton University Press, Princeton, p. 308

[13] C. Esteban, P. Palazuelo (1980) *Palazuelo*, Maeght, Barcelona; ed. spagnolo-francese

matematica e coreografia

Laban, Bernstein e Lorenz, ovvero l'arte e la scienza di comporre tasselli in movimento

Martina Morasso, Pietro Morasso

Introduzione

L'improvvisazione, nella danza, ha aspetti cognitivi e biomeccanici che, pur essendo separati e distanti tra loro, presentano delle analogie e possono essere legati da un tessuto dinamico. Nel balletto ottocentesco c'è una separazione netta tra il momento dell'ideazione coreografica, che può avvenire *a tavolino*, e il momento dell'esecuzione *on stage*. Nella danza moderna e in particolare in certe forme del teatro-danza la coreografia viene fatta *on stage* (il coreografo/*maître de ballet* assegna ai danzatori il tema che essi sviluppano autonomamente), mantenendo però di norma una separazione tra *rehearsal time* e *performance time*. Nell'improvvisazione coreutica anche questa separazione viene a cadere: si ha

Fig. 1. Alcuni momenti del balletto "Guscio d'Uovo"

un'aristotelica unità di tempo, luogo ed azione *on stage*. È qui che si possono saldare l'elemento mentale/cognitivo e quello fisico/muscolare in un comune processo dinamico.

In un certo senso l'improvvisazione agisce come un processo caotico fra due punti di stabilità: la tecnica già a conoscenza del danzatore e la struttura visibile e/o finale della nuova *pièce*. Da un lato ci sono: le pose/figure della danza classica e/o moderna; i metodi di composizione, le trasposizioni simmetriche, complementari ecc. di una stringa coreografica; i *pattern* usuali di passi ed altri elementi ancora propri del bagaglio delle conoscenze coreutiche; dall'altro c'è la *Gestalt della pièce* (La forma della pièce), che comprende aspetti ortodossi o meno. L'improvvisazione-per-creare introduce novità e sorprese, perché *buca e attraversa* la struttura nota o prevedibile, pur lasciando intravedere barbagli e ricordi della forma di partenza. Questo processo addomestica e riconduce ad un ordine apparentemente semplice la *tabula rasa* infinitamente complessa del possibile universo coreutico.

In modo analogo la neurofisiologia e la biomeccanica del gesto, da quello comune della vita quotidiana a quello codificato del linguaggio ballettistico, riducono a ragione l'infinita complessità del possibile universo cinematico, ancorandolo agli elementi fisici di base: la gravità, la base d'appoggio, i trasferimenti di carico, i flussi bidirezionali di energia tra un corpo e l'altro.

Quindi Rudolf von Laban [1], per i suoi concetti sullo spazio coreutico, Ed Lorenz [2], per la sua scoperta del potere creativo della dinamica non lineare, e Nicholas Bernstein [3], per la delineazione della complessità del movimento umano, sono i punti di riferimento delle riflessioni, oggetto di questo articolo e, contemporaneamente, della *pièce* che ne è scaturita.

Lo scheletro della pièce

La *pièce* è un *pas de deux* per corpo umano e "bolla di spazio": *Guscio d'Uovo*. La bolla di spazio è rappresentata da uno scheletro, una semisfera articolata fatta di meridiani e paralleli che può diventare gonna, utero, spazio protettivo, spazio da oltrepassare e tante altre cose ancora. Il corpo buca la bolla di spazio e ci si rintana, introducendo un elemento frattale nella geometria solida della bolla e quindi rendendola mutevole e viva.

Un feto è raggomitolato su se stesso, come una promessa, entro il ventre trasparente di una gonna. I primi segni di vita sono minimali e si evolvono in tentativi di moto sempre più complessi sino a rischiare il brivido dell'equilibrio. Sotto, sopra, centro, fuori e dentro la gonna (e la pancia della Mamma) iniziano ad acquistare un chiaro significato, sino a condurre alla prova della nascita. La testa, che si affaccia neonata al mondo perlustra l'ambiente circostante e quasi vorrebbe scomparire di nuovo nel suo stesso pianto per sottrarsi all'avventura, un'avventura fra l'altro assai affascinante.

La creatura novella raggiunge, fra lacrime e paura, la stazione eretta per cominciare finalmente a danzare. Danza, però, con il guscio della propria nascita, la gonna, stretto alla cintola: ciò scatena una reazione di rabbia e indipendenza. La creatura calpesta il suo guscio, vi si attacca di nuovo, però, con apprensione nel corso dei primi passi solitari. Si lancia in balzi e saltelli, lontana dalla sua protezione, sino ad uscire di scena con la saggezza di un'antica chiocciola, che si trasporta sul dorso il carico del proprio passato e della propria conoscenza.

Guscio d'Uovo sviluppa alcuni temi precedentemente delineati in *MAD*[1] [4].

Intelligenza sensorimotoria

Ma che cos'è il bagaglio di conoscenze che sottende la creazione di una *pièce*? Possiamo in qualche maniera delinearlo in termini scientifici? In particolare è definibile come una forma particolare di *intelligenza*?

In effetti, la nozione d'intelligenza può essere argomento di infiniti dibattiti, che affondano le radici nella stessa storia del pensiero scientifico e filosofico. Tuttavia, esiste un accordo sul fatto che esistano almeno due forme d'intelligenza, una che si manifesta principalmente attraverso il linguaggio simbolico e l'altra attraverso le attività sensorimotorie. Un esempio chiaro e sintetico di tale dicotomia si può trovare nella voce "intelligenza" del dizionario Merriam Webster:

> *Intelligence is the ability to learn or understand or to deal with new or trying situations; the skilled use of reason; the ability to apply knowledge to manipulate one's environment or to think abstractly as measured by objective criteria (as tests).*

Delle quattro parti della definizione, la prima (*the ability to learn or understand or to deal with new or trying situations*) e la terza (*the ability to apply knowledge to manipulate one's environment*) si possono identificare come paradigmi sensorimotori, mentre la seconda (*the skilled use of reason*) e la quarta (*to think abstractly as measured by objective criteria*) corrispondono a tipici paradigmi simbolici.

Un'ipotesi plausibile è che la danza affondi le sue radici in questo tipo d'intelligenza, per la quale si è anche usato l'appellativo *pre-razionale* [5]: essa precede l'altra, logicamente e filogeneticamente, come viene argomentato nel seguito. In effetti, su che cosa è basata l'intelligenza pre-razionale? Si possono formulare due tipi di ipotesi: 1) che essa derivi da una vasta libreria di moduli software come nella teoria degli schemi di Arbib [6] o nella tradizionale riflessologia sherringtoniana; 2) che sia dominata dalla necessità di estrarre ordine ed informazione da un flusso di dati sensorimotori che è caratterizzato da estrema

---

[1] *In alcuni punti successivi di questa memoria l'esposizione è in prima persona, per meglio rendere l'esperienza soggettiva del primo autore nel percorso di ideazione e costruzione della struttura coreografica.*

ridondanza, errori e rumore nella misura e nella trasmissione, nonché da occasionali inconsistenze e conflitti tra i diversi canali sensoriali. Inoltre, perché e in che senso si può ipotizzare che occorra un *cervello* per consentire un comportamento sensorimotorio che possa essere designato come *intelligente*?

In effetti la prima ipotesi appare sempre meno credibile, perché il flusso e l'organizzazione dei dati sensorimotori in tutti gli organismi biologici, indipendentemente dal loro grado di complessità, si fondano su un certo numero di caratteristiche invarianti:
- le funzioni sensoriali, motorie e cognitive sono basate su una *tecnologia* di natura elettro-chemio-meccanica che è sostanzialmente uniforme attraverso il milione e mezzo di specie biologiche, dissolvendo la classica antinomia tra software e hardware che è alla base della cibernetica e della teoria dell'informazione (si parla, infatti, di *wetware*);
- conseguentemente, il confine tra i livelli computazionali che sottendono percezione, movimento e cognizione è assai labile;
- la sensibilità degli elementi-base (cellule e loro aggregati) è chiaramente privilegiata rispetto alla loro selettività;
- le funzioni sono distribuite e non segregate in ben identificati blocchi computazionali;
- funzioni complesse emergono da un processo di auto-organizzazione ed apprendimento che coinvolge grandi popolazioni di unità, individualmente molto sensibili ma inaffidabili.

Quindi è da una forma cellulare d'organizzazione e d'intelligenza che conviene partire per abbozzare un viaggio nel mondo della creatività coreutica.

Due forme d'improvvisazione

Un danzatore intento ad originare una nuova coreografia combatte un'ardua battaglia "entro la propria testa". Egli dispiega e disperde energia per dare significato a sé in rapporto all'ambiente circostante: così facendo alimenta, invero, una bufera creativa entro un bicchiere d'acqua, il brodo neuronale su cui si basa la sua intelligenza. Il danzatore-coreografo deve saper affinare questo micromondo intellettivo, che gli impedisce di comportarsi come organismo puramente reattivo, ovvero come il freddo burattino meccanico, gelidamente funzionale, tipico della perfetta esecuzione accademica.

Nell'improvvisazione per fare coreografia e nell'improvvisazione quale *performance* il danzatore scatena molteplici traiettorie creative: sfruttando differenti sorgenti d'energia, egli oscilla secondo una dinamica caotica, che rappresenta (paradossalmente) lo stato di stabilizzazione della coreografia. Un siffatto processo d'improvvisazione e genesi coreografica costituisce un sistema caotico ma non casuale, capace alla fine d'assestarsi in un comportamento ordinato a regime, simile a quello di un attrattore strano alla Lorenz: più prosaicamente, ci si può riferire al volo del calabrone che, pur aborrendo la geometria cartesiana, vola sicuro ed elegante di fiore in fiore.

La danza si sviluppa allora in apparenti iterazioni di tracciati simili, ma collocati in aree dello spazio sempre diverse. Vi è una sorta d'ostinazione nell'impegno di ripercorrere, perlustrare e sperimentare ancora una volta le vie antiche, evitando però la pura replica. Capita che il danzatore scopra, nel corso delle sue ipotesi coreografiche, una forma (oppure un inizio/suggerimento di forma) passibile di ulteriori sviluppi. Egli allora vi si sofferma per un certo tempo, sinché la forma data ha raggiunto la sua fisionomia peculiare, è divenuta un chiaro punto di partenza per il movimento successivo, oppure è un mezzo-base, da cui risaltano successivamente delle variazioni. Nel processo di creazione coreografica la ricerca della *Gestalt* si riduce a livelli minimi, si stabilizza cioé, quando la qualità dinamica e geometrica della scrittura coreica, come per magia, perviene ad una forma chiara ed auto-espressiva.

Nel caso dell'improvvisazione, quale modo dello spettacolo, la dinamica dell'azione ha caratteristiche diverse, nel senso che è più sensibile a stimoli esterni e quindi è più instabile. Può verificarsi che il danzatore si soffermi a lungo su una certa traccia coreografica, perché il movimento in questione suggerisce notevoli sviluppi possibili. Altre volte una forma data esiste ancora allo stato potenziale all'interno del groviglio di azioni, che rappresentano al momento un movimento. Il danzatore potrebbe, inoltre, trovare in uno stimolo sonoro o visivo la chiave d'evoluzione di un'azione. In generale non esiste mai un'improvvisazione simile a quella precedente, a causa della maggiore sensibilità agli stimoli e perché i parametri di spazio e tempo variano sempre da una prova all'altra.

Si può quindi dire che la facoltà di ripetere ed amalgamare il simile/identico, come anche la capacità di ripetere e scegliere entro una rosa di variazioni scaturite da fattori esterni (l'ambiente in primo luogo), è propria di un processo creativo guidato da una forma d'intelligenza sensorimotoria o pre-razionale che precede e non segue l'interpretazione verbale, l'affabulazione ecc. È pur vero che un bagaglio precedente di conoscenze anche di natura simbolica e verbale può costituire una rete iniziale di riferimenti, attrattori, vincoli, spunti ecc. che permettono al processo creativo d'auto-organizzazione di svilupparsi secondo una dinamica più complessa e cognitivamente più ricca.

Auto-organizzazione

L'auto-organizzazione è un processo che fa emergere ordine dal caos ed è una caratteristica che si applica ad una grande varietà di processi fisici, in appropriate condizioni dinamiche, indipendentemente dal fatto che riguardino il mondo animato o quello inanimato. Ciò che distingue i due fenomeni d'auto-organizzazione è la capacità degli organismi biologici di *sfruttare* la dinamica dell'ambiente a loro vantaggio, ossia la natura *opportunistica* dell'interazione organismo-ambiente, che si esplica mediante meccanismi adattativi. Più in generale si può sostenere che sia proprio l'adattatività a costituire l'elemento di demarcazione tra il mondo animato e quello inanimato.

Quindi tutti gli organismi biologici sono adattativi, ma non per tutti si può sostenere che sussistano i presupposti dell'intelligenza. Dove si può allora collocare il confine tra meccanismi intelligenti e non intelligenti all'interno della più grande famiglia dei meccanismi adattativi? In un contesto darwiniano si può osservare come sia la pressione evolutiva la molla che spinge gli organismi ad adattarsi all'ambiente. Tuttavia a questa tendenza di fondo, che caratterizza tutta la biosfera, corrisponde anche una contraddizione di base: l'adattamento all'ambiente è positivo, mentre un eccessivo adattamento è controproducente perché l'organismo perfettamente adattato è prevedibile e quindi evolutivamente vulnerabile. In effetti, le mutazione genetiche casuali sono, filogeneticamente, la tecnica per sfuggire ai *cul de sac* evolutivi associati ad un eccessivo adattamento e si applicano a livello collettivo; l'intelligenza pre-razionale è la risposta ontogenetica, che si esplica a livello individuale e permette al singolo organismo di fare un passo cruciale oltre il puro adattamento.

L'adattatività di base degli organismi biologici ha natura essenzialmente reattiva e non richiede necessariamente un sistema nervoso per esplicarsi: basta pensare al mondo vegetale, alle amebe e ad altri organismi unicellulari. In successivi stadi dell'evoluzione il passaggio da una regolazione basata essenzialmente su meccanismi di trasduzione-elaborazione-trasmissione di tipo chimico a meccanismi più evoluti di tipo elettro-chimico (sistema nervoso diffuso) non ha cambiato fondamentalmente le regole del gioco, contribuendo semplicemente ad un miglioramento della velocità e quantità delle informazioni utili elaborate. L'innovazione fondamentale portata dall'affermarsi di un sistema nervoso centralizzato è la capacità, per questi organismi, di poter fare affidamento su un sottosistema che non opera in maniera puramente reattiva ma, al contrario, in maniera anticipativa, facendo affidamento su una *capacità di rappresentazione interna* del mondo esterno.

Ne è un esempio lampante una delle modalità creative operanti nel microcosmo di un danzatore. Questi può far emergere una nuova *Gestalt* nello sviluppo di forma e contrasto, quale appare in alcune *strips* a mosaico di Escher. Le figure (per lo più compatibili e complementari, in un contrasto cromatico) in principio sono strette e vicine le une alle altre. A mano a mano che la *strip* si svolge, le linee di precedente contatto iniziano a subire una metamorfosi continua per sottili deviazioni dalla matrice originaria. Al termine del processo il nuovo oggetto differisce in misura consistente dall'origine, seppur all'inizio vi fosse a contatto. Nella genesi coreografica si verifica un processo simile. A partire da una forma/posa-base si evolvono per tentativi delle lievi variazioni del modello, sinché una deviazione genera un'immagine *più forte* delle altre e compatibile con la successiva evoluzione della materia. Spesso la soluzione proviene da sopravvalutazioni anticipative dell'azione o da errori di gradazione dell'impulso motorio, tali da suggerire, però, in maniera inaspettata una nuova variante spaziale.

Tornando ai paradigmi biologici fondamentali, la capacità di rappresentazione interna del mondo esterno è dunque, a nostro avviso, la caratteristica discriminante che permette di distinguere un (piccolo) sotto-insieme di organismi biologici che si possono designare *intelligenti* rispetto a tutti gli altri. Che poi questa capacità elaborativa sia necessaria per il linguaggio, il ragionamento astratto, l'elaborazione simbolica ecc. è una conseguenza in un certo senso secondaria e certamente legata al contesto sociale con i relativi problemi di comunicazione. L'emergere di una capacità computazionale di tipo rappresentativo, tipicamente basata sull'uso di mappe cerebrali, ha invece funzioni assai concrete e individuali che permettono al singolo organismo di prevedere, anticipare, pianificare azioni complesse che non sono scatenate dai soli stimoli del momento. Gli organismi puramente reattivi vivono, per definizione, soltanto nel presente. Gli organismi intelligenti vivono contemporaneamente le tre dimensioni del tempo: la memoria del passato è essenziale per anticipare il futuro e sulla base di questo pianificare il presente.

I gesti di un danzatore si alimentano della sua storia, dell'esperienza personale e della sua conoscenza. Spesso capita d'impiegare azioni ed oggetti della realtà quotidiana all'interno di un contesto nuovo. Ecco allora che basta originare una sola idea d'improvvisazione per scatenare una cascata di figure. In *Guscio d'Uovo* la gonna-bolla, disposta *up-side-down*, diviene un girello adatto ad apprendere i primi passi. A mano a mano che la neonata creatura procede in maniera incerta lungo il bordo del girello, il danzatore s'immagina di completare il percorso lungo la circonferenza della bolla per infiniti tratti di tangenza: un palmo di mano, un gomito, un avambraccio. La gonna, nel frattempo, si trasforma in un elemento surreale: non è più una gonna, dovrebbe essere un girello ed è invero un'emisfera *a pancia all'aria*.

Il danzatore deve dar prova di *saper giocare d'anticipo* quando, focalizzando la sua attenzione su un dettaglio della *Gestalt*, ricostruisce una catena di associazioni e mutazioni, costituenti la struttura finale. Per esempio durante il tentativo di perforare in orizzontale il guscio della bolla, il danzatore si accorge del guizzo delle mani da un lato e dei piedi dal lato opposto dell'emisfera. Due estremità guizzanti che sbucano fuori da un volume compatto, ma trasparente fanno scaturire l'idea del nuoto di traverso entro la bolla. La gonna-bolla è la piscina primigenia del grembo materno.

Un cervello, organizzato in maniera modulare, è necessario per costruire quelle rappresentazioni interne del mondo esterno che permettono ad un organismo di fregiarsi del titolo di *intelligente* anche in assenza di una competenza linguistica. Sull'interpretazione della modularità del sistema nervoso centrale esistono due fondamentali scuole di pensiero:
– un punto di vista tradizionale, che caratterizza ancora gran parte della neurofisiologia accademica ed è basato su un concetto d'organizzazione gerarchica, su delle dicotomie (centrale verso periferico, alto livello verso basso livello), su una logica separazione di funzioni (sensoriali, motorie e cognitive), sulla segregazione fisica di queste funzioni in diverse aree nervose;
– un punto di vista alternativo, ispirato ai nuovi concetti del connessionismo ed alla natura parallela e distribuita dei processi nervosi computazionali [6].

Secondo questo secondo punto di vista, che è più consistente con i dati sperimentali accumulati negli ultimi anni, la modularità del cervello (corteccia cerebrale, cervelletto, nuclei della base, midollo spinale ecc.) è di natura computazionale piuttosto che funzionale [7]. In estrema sintesi è stata ipotizzata la seguente suddivisione di compiti:

- le mappe corticali sono deputate alla compressione dei dati sensorimotori ed alla rappresentazione della loro geometria essenziale [5];
- la circuiteria cerebellare si occupa della dimensione temporale e, in particolare, della rappresentazione della dinamica di processi fisici, inclusa la dinamica del proprio corpo [8];
- la circuiteria sotto-corticale associata ai nuclei della base è specializzata nell'ordinamento corretto di sequenze di azioni [9];
- le caratteristiche meccaniche dei muscoli e la relativa circuiteria spinale forniscono l'interfaccia meccanica compliante con il mondo esterno necessaria per il successo delle azioni [3].

Questi moduli computazionali sono fondamentalmente allo stesso livello, ossia non esiste una chiara separazione tra livelli alti e livelli bassi nella gerarchia, e per ognuno di essi le funzionalità sensoriali, motorie e cognitive sono fortemente intrecciate. Quello che li distingue è, soprattutto, il paradigma dominante d'apprendimento:
- apprendimento hebbiano [10] di tipo non-supervisionato per quanto riguarda le mappe corticali, con l'obiettivo di massimizzare la trasmissione d'informazione tra i dati sensorimotori e la loro rappresentazione corticale;
- apprendimento supervisionato a *feedback* di errore nel cervelletto, con l'obiettivo di minimizzare la discrepanza tra i comandi efferenti e le conseguenti ri-afferenze sensoriali [11];
- apprendimento a rinforzo nei nuclei della base, con l'obiettivo di massimizzare la ricompensa accumulata in complesse sequenze di azioni [12];
- adattamento della circuiteria spinale che regola, fra le altre cose, la *stiffness* muscolare, in modo da ottimizzare il flusso d'energia tra il corpo e l'ambiente [13].

La sfida computazionale di un calcolatore del genere non è tanto la *correttezza* del software quanto la massimizzazione della *coerenza* tra i diversi moduli cerebrali (le mappe, i modelli dinamici interni, le tracce di sequenze, i riflessi …) ovvero la stabilizzazione degli ineliminabili conflitti latenti entro un livello valore pragmaticamente accettabile. I diversi paradigmi d'apprendimento (supervisionato, non-supervisionato, a rinforzo, ecc.), che operano indipendentemente nei diversi moduli nervosi, possono poi essere integrati tra loro a livello comportamentale secondo il principio piagetiano della *Reazione Circolare* [14], come ulteriormente approfondito nella sezione successiva.

Il bagaglio di tecnica e conoscenza coreica, la previsione della *Gestalt* delle proprie azioni e la flessibilità di fronte a nuovi eventi permettono al danzatore di delineare il profilo della coreografia. Nel caso specifico di *Guscio d'Uovo* ho concentrato la mia attenzione sugli aspetti geometrici emersi dal confronto fra il mio corpo danzante ed il volume evidente della bolla-gonna, suddiviso in circonferenze ed archi di cerchio. Quasi per sfida scelsi di danzare gli (e con gli) elementi geometrici della struttura.

Data la cupola della gonna, ne ho espresso gli archi sottesi nella forma dell'*attitude* (un'estensione all'indietro della gamba con il ginocchio un poco flesso). L'*attitude* disegna un angolo sotteso con il vertice verso terra: ero divenuta una gru, addormentata su un solo arto e con l'altra zampa ripiegata sotto l'ala. Ero la chiocciola raggomitolata, tratto per tratto, dentro la sua casetta.

Nel caso della gonna *merry-go-round*, precedentemente citata, mi sono divertita a disegnare molteplici rette tangenti alla circonferenza: ne ho ottenuto una camminata lungo il poligono circoscritto. Viceversa la lezione di nuoto entro l'utero ha generato dei poligoni inscritti nell'emisfera e sezioni interne di sfera.

Infine, ispirata dai ritmi leggeri e concitati di una canzone irlandese, ho sviluppato un ballo grazioso, che ha indotto la gonna in oscillazione. L'emisfera, fissa alla mia cintola, ha preso a distorcersi in sezioni di sfera, soggette alternativamente a compressione ed allungamento.

Se le precedenti osservazioni riguardavano la gonna in sé, i miei tentativi alle prese con la geometria del costume, della danza e dell'ambiente circostante sono oggetto di analisi ugualmente appassionanti. Nel quadro del risveglio del feto nell'utero avevo la sensazione di muovermi all'interno di un planetario di coordinate, una sorta di esasperazione concreta e visibile dell'icosaedro di Laban. La superficie continua tutt'intorno a me e conchiusa sino a terra mi ha indotto a restringere l'estensione dei movimenti, optando per un comportamento minimale di gesti.

Una volta in piedi e con la gonna sospesa alla cintola, mi sono imposta d'immaginare invisibile la gabbia geometrica della gonna-bolla. Solo in un secondo momento sono riuscita a raggiungere l'agio necessario a giocare con le maglie della mia prigione (per esempio, con passetti dentro e fuori dalle fessure dello scheletro della crinolina).

Alcune forme note della tecnica accademica sono venute in mio soccorso per offrire supporto al volume della gonna-bolla. Come detto sopra, l'arco invertito e sotteso dell'*attitude* ha fornito la volta di sostegno, adatta alla struttura geometrica del mio costume, seppur molle e flessibile.

Infine, nel caso della gonna-girello, le linee di prolungamento delle rette tangenti al bordo mi hanno suggerito di proiettarmi nello spazio in spirali sempre più rapide attorno a me stessa alla maniera dei dervisci.

Complessità del movimento umano

L'analisi del movimento umano, nei suo aspetti fisiologici e patologici, ha iniziato a diventare un argomento scientifico con l'avvento dei mezzi tecnici di misura e cattura di sequenze motorie, ossia con le pionieristiche esperienze di Marey [15] e Muybridge [16]. Il fatto che i movimenti umani siano oggetto dell'esperienza quotidiana è paradossalmente un elemento negativo perché ne viene nascosta l'intrinseca complessità, creando l'aspettativa errata che una conoscenza esauriente si possa raggiungere semplicemente accodandosi allo sviluppo delle tecniche di misura. Sfortunatamente non stanno così le cose e ogni esperimento è frequentemente la sorgente più di domande che di risposte e quindi il tentativo di catturare la complessità delle azioni, dopo un secolo di ricerca multidisciplinare, è lungi dall'essere concluso.

Lo schema tradizionale è basato su una separazione di percezione, movimento e cognizione e sulla segregazione di processi percettivi, motori e cognitivi in diverse parti del cervello, secondo un'organizzazione gerarchica. Questo schema ha le sue radici nelle conoscenze empiriche dei neurologi del diciannovesimo secolo, come J. Hughlings Jackson, e ha un sorprendente grado di analogia con la struttura base di un moderno personal computer, che tipicamente consiste di periferiche d'ingresso ed uscita connesse ad un elaboratore centrale. Forse è proprio tale analogia con la tecnologia moderna che può spiegare come mai un punto di vista irrimediabilmente sorpassato abbia ancora i suoi sostenitori, nonostante le evidenze sperimentali contrarie.

Consideriamo la percezione, che è il processo per cui la stimolazione sensoriale è trasformata in esperienza organizzata. Tale esperienza, o percetto, è il prodotto congiunto della stimolazione e del processo stesso, particolarmente nella percezione e rappresentazione dello spazio. Secondo un'antica teoria della percezione spaziale, formulata dal vescovo anglicano G. Berkeley all'inizio del diciottesimo secolo, la terza dimensione (la profondità) non può essere percepita in modo visivo poiché l'immagine retinica di ogni oggetto è bidimensionale come in un quadro. Berkeley sosteneva inoltre che l'abilità di avere esperienze visive della profondità non è innata, ma può soltanto derivare da un apprendimento empirico mediato dall'uso di altre modalità sensoriali. La prima parte del ragionamento (la necessità di un sistema simbolico-deduttivo per compensare la fallacia dei sensi) è chiaramente sbagliata e le radici di questa errata ipotesi si possono ritrovare nelle idee neoplatoniche del Rinascimento, in generale, e nella metafora della "finestra Albertiana" in particolare. Anche il dualismo cartesiano tra corpo e mente è un'altra faccia dello stesso atteggiamento e questo "errore di Cartesio" (per quotare A.R. Damasio [17]), è sullo stesso piano dell' "errore di Berkeley" citato prima ed è alla base dello sforzo intellettualistico di dominare la complessità computazionale della percezione che caratterizza gran parte della cosiddetta Intelligenza Artificiale. Tuttavia, la seconda parte della congettura di Berkeley (l'enfasi sull'apprendimento e l'integrazione intersensoriale) è sorprendentemente moderna e si accorda, da un lato, con il moderno approccio allo sviluppo neuropsicologico di J. Piaget e, dall'altro, con le teorie connessioniste, sviluppate all'inizio degli anni Ottanta come un'alternativa computazionale all'intelligenza artificiale classica.

Un approccio simile caratterizza anche le *teorie motorie della percezione*, ben illustrate da A. Berthoz [18], basate sul concetto che la percezione non è un meccanismo passivo per ricevere ed interpretare dati sensoriali, bensì è un processo attivo d'anticipazione delle conseguenze sensoriali di un'azione e quindi di legame coerente tra *pattern* sensoriali e motori. In termini computazionali questo implica l'esistenza nel cervello di qualche tipo di *modello interno*, che faccia da ponte tra azione e percezione. In effetti l'idea che le istruzioni generate dal cervello per controllare un movimento siano utilizzate dal cervello stesso per interpretare le conseguenze sensoriali del movimento, è già presente nell'opera pionieristica di von Holst e Helmholtz e la sua influenza è stata rinnovata nel contesto di recenti modelli di controllo basati sull'apprendimento. Il termine usualmente utilizzato è quello di *corollary discharge* e implica un paragone all'interno del sistema nervoso centrale tra un segnale in uscita (la *copia di effe-*

renza) e la corrispondente *riafferenza sensoriale*: la continua verifica della coerenza tra le due rappresentazioni è la base per la stabilità del nostro mondo percettivo. Questo tipo di circolarità e complementarità tra *pattern* sensoriali e motori è ovviamente incompatibile con il pensiero convenzionale basato su una strutturazione gerarchica. Un simile tipo di circolarità è anche implicito nel concetto piagetiano di *réaction circulaire*, che si ipotizza caratterizzare il processo d'apprendimento sensorimotorio, cioè la costruzione di una legge di corrispondenza tra oggetti o *target* identificati percettivamente e le sequenze di comandi motori necessarie a raggiungerli. Un ulteriore tipo di circolarità nell'interazione organismo/ambiente può essere osservato nell'interfaccia tra corpo e mondo esterno, dove le proprietà meccaniche dei muscoli interagiscono con il comportamento fisico degli oggetti inanimati e comunque con le forze dell'ambiente. Questo filone di pensiero è stato sviluppato dalla scuola russa, a partire dallo studio di I.P. Pavlov sulla natura dei riflessi ed il successivo riesame critico effettuato da P.K. Anhokin e, soprattutto, N. Bernstein. In particolare dobbiamo a Bernstein l'osservazione seminale (il cosiddetto *modello del comparatore*) che i comandi motori da soli sono insufficienti a determinare il movimento, ma identificano soltanto alcuni fattori di una più complessa *equazione* dove la dinamica dell'ambiente ha un'influenza determinante. In generale si può dire che, in modi differenti, la *corollary discharge* di Helmholtz, la reazione circolare di Piaget e il modello del comparatore di Bernstein sono modi differenti di esprimere la *natura ecologica* del controllo motorio, ovvero l'interazione sinergica tra i processi cerebrali (includendovi le attivazioni muscolari) e la dinamica dell'ambiente. È questa circolarità che permette al cervello di ridurre a ragione l'estrema complessità della macchina corporale, raggiungendo la fusione corpo-mente-ambiente, che è l'essenza di un movimento fluido ed armonioso e quindi anche della creazione coreutica. Il danzatore non ha un corpo ma è il proprio corpo.

Guscio d'Uovo

Guscio d'Uovo è una nuova creatura, germogliata per magica fortuna dalle ceneri di una *pièce* abortita. Un anno fa stavo cercando di comporre un *a-solo* sul travaglio e sulla gioia della nascita. La vita primaria, aggrovigliata entro il grembo materno, avvinghiata alla fonte della sua vita, ed il pianto stimolato dal primo contatto con il mondo esterno erano dei concetti così chiari nella mia mente da trovare una spontanea traduzione fisica nei gesti lenti o guizzanti di un feto. Al momento mi avvalsi del *Requiem* di Mozart (*Requiem D-moll KV 626*) quale supporto per l'improvvisazione del nuovo materiale coreutico, incentrato sul binomio di nascita e morte: la melodia di rabbia e lacrime era consonante al mio progetto. Dopo essere nata creatura al suono del *Requiem*, però, non ero più in grado di proseguire la fase della gioia vitale per differenti ragioni. In primo luogo la musica che avevo scelto come base per la prosecuzione della pièce, *Il Flauto magico* (*Die Zuberflöte*, W.A. Mozart), guizzava con rapidità eccessiva rispetto al corso dei miei pensieri, alla loro traduzione coreica e al tempo a me necessario per fissare una forma piuttosto che un'altra entro lo spettro dei tentativi possibili. In secondo luogo il guscio della bolla-gonna, che si comportava nei miei confronti come una confortevole caverna immobile nella fase del *Requiem*, mi si impigliava fra le gambe e diveniva un impaccio: io e la gonna assumevamo per sbadataggine ed impotenza creativa mille e nessuna forma.

Indecisa e insoddisfatta, abbandonai la coreografia nel limbo dei progetti in maturazione, in attesa di uno stimolo in più. Questo venne con la prospettiva della conferenza di Venezia e con gli spunti relativi all'intreccio tra matematica e creatività artistica. L'emisfera un poco aguzza della bolla-gonna continuava a esercitare un notevole fascino su di me: dovevo solo trovare il modo di non lasciarmi inibire dalla sua geometria, esatta sì, ma malleabile come gomma alla pressione del mio corpo e dei miei movimenti. La soluzione (o almeno, una delle vie verso la soluzione) è giunta quando ho coinvolto nel problema una collega musicista, Ursula (Ulla) Levens, con cui collaboro da tempo per creare insieme coreografia e musica. Ho raccontato per filo e per segno l'idea della nascita; della gonna-contenitore, quale grembo/guscio d'uovo; della crescita da neonato ad essere adulto, capace di camminare da sé e consapevole del suo distacco dalla *casa della propria infanzia*. Invero la chiarezza analitica di tali idee si è stabilizzata solo nel momento in cui ho osservato le fotografie scattate da Ulla nel corso di un'improvvisazione. In un primo tempo le fotografie avrebbero dovuto costituire dei punti di riferimento utili alla composizione musicale. Successivamente mi si sono rivelate preziose quali forma-base per ciascun quadro, soggetto ad ampliamenti secondo le molteplici possibilità espressive. Nel frattempo il supporto musicale adatto era cambiato. Ora impiegavamo Ligeti, con alcuni spunti tratti da Stockhausen per il riquadro della nascita ed altri colti dalla musica folk irlandese per la scena della gioia di vivere. Entrambe, danzatrice e musicista, eravamo pronte per improvvisare una nuova forma all'interno di un ventaglio di scelte più o meno chiare. Con alterne vicende erano i miei movimenti o i suoni del violino a suggerire (e plasmare) la *Gestalt* della coreografia.

Nel frattempo la geometria della gonna aveva smesso di ribellarmisi contro. La gonna era diventata una bolla di spazio con molteplici funzioni: guscio, piscina, porta dell'utero, gonna-placenta, crinolina settecentesca da minuetto, *merry-go-round* per muovere i primi passi, sacco da calpestare, casa di lumaca. Dopo aver chiaramente individuato le diverse funzioni (e quindi forme e volumi nello spazio) della gonna-bolla, mi era facile far fluire i movimenti uno dopo l'altro con sempre nuove varianti. Il caos della creazione (e della nascita) stava assumendo con magica prontezza le forme della vita e si adeguava alla struttura della gonna senza interferirvi.

Devo ammettere, inoltre, che la gonna è un capolavoro di flessibilità creativa. Le linee portanti (meridiani e paralleli) sono costituite di un materiale rigido, ma abbastanza elastico per potersi piegare e rimbalzare nuovamente nella posizione di partenza. Possiede una certa consistenza e stabilità, che le permettono di rimanere in piedi da sola, seppur rovesciata a pancia in su.

In definitiva, il processo di genesi coreografica di questa *pièce* assomiglia a un labirinto. I labirinti hanno una forma geometrica, seppur tortuosa e confusa per chi vi si muove dentro. Essi possono essere assurdi, quanto quelli di Escher (vedi, ad esempio, l'acqua che risale da sé), ma per lo meno consegnano il viaggiatore al punto di partenza. O per meglio dire: il punto d'arrivo si trova a coincidere con quello di partenza, in un percorso che alla fine del viaggio si rivela dotato di un senso e di una struttura. In questo viaggio si impara anche a comprendere sempre più il proprio corpo e quindi a comprendere meglio se stessi.

Ringraziamenti

Si ringraziano Ursula Levens, docente alla Carl von Ossietzky Universität di Oldenburg, per avere collaborato alla composizione della *pièce Guscio d'Uovo* e Etta Wemken, dello Staatstheater di Oldenburg, per la realizzazione della gonna-bolla.

Bibliografia

[1] R. Laban (1950) *The mastery of movement on stage*, Mac Donald & Evans, London
[2] E.N. Lorenz (1963) Deterministic non-periodic flows, *J. Atmos. Sci.* 20, pp. 130-141, New York
[3] N.A. Bernstein (1957) *The coordination and regulation of movement*, Pergamon Press, Amsterdam
[4] M. Morasso (1999) MAD. *Das beste deutsche Tanz-Solo*, Leipzig
[5] P. Morasso, V. Sanguineti (1997) *Self-organization, Cortical Maps and Motor Control*, North Holland, Amsterdam
[6] M.A. Arbib (1995) *The handbook of brain theory and neural networks*, MIT Press, Cambridge Mass.
[7] K. Doya (1999) K. What are the computations of the cerebellum, the basal ganglia, and the cerebral cortex? *Neural Networks* 12, pp. 961-974, Amsterdam
[8] V. Braitenberg, D. Heck, F. Sultan (1997) The detection and generation of sequences as a key to cerebellar function: experiments and theory, *Behavioral and Brain Sciences* 20, pp. 229-245, Cambridge, UK
[9] A.M. Graybiel (1995) Building action repertoiries: memory and learning functions of the basal ganglia, *Current Opinion in Neurobiology* 5, pp. 733-741, Amsterdam
[10] D.O Hebb (1949) *The organization of behavior*, J. Wiley Editor, New York
[11] D.M. Wolpert, M. Kawato (1998) Internal models of the cerebellum, *Trends in Cognitive Science* 2, pp. 338-347, Amsterdam
[12] R.S. Sutton, A.G. Barto (1998) *Reinforcement learning*, MIT Press, Cambridge Mass.
[13] A.G. Feldman, M.F. Levin (1995) The origin and use of positional frames of references in motor control, *Behavioral and Brain Sciences* 18, pp. 723-745, Cambridge, UK
[14] J. Piaget (1963) *The origin of intelligence in children*, Norton Press, New York
[15] E.J. Marey (1894) *Le mouvement*, Édition Masson, Paris
[16] E. Muybridge (1957) *The human figure in motion*, Dover Press, New York
[17] A.R. Damasio (1994) *Descartes' error. Emotion, reason and the human brain*, Putnam Press, New York
[18] A. Berthoz (1997) *Le sens du mouvement*, Édition Odile Jacob, Paris

matematica
e letteratura

La Poetica di Euclide: le analogie tra narrativa e dimostrazione matematica

APOSTOLOS DOXIADIS

Introduzione

Voglio esporre e brevemente analizzare ciò che io credo siano le forti analogie strutturali tra il comporre narrazioni e il provare teoremi matematici – un matematico potrebbe essere tentato di chiamare tali analogie "isomorfismi", vale a dire corrispondenze precise di elementi di due serie che, in più, mantengono la loro struttura. La mia tesi non pretende di pervenire al rigore di un risultato puramente matematico, ma spero che anche in modo solo approssimativamente accurato punti in una interessante direzione.

Detto con uno schema grafico, voglio dimostrare che:

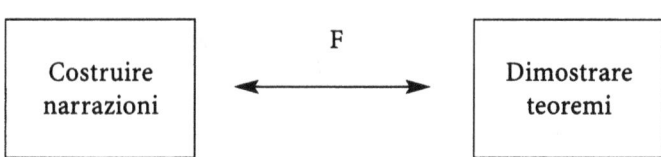

L'idea di tale isomorfismo, che chiamerò F, è rimasta nella mia mente per parecchio tempo, ma ha cominciato a prendere corpo davvero (è il classico caso della goccia che fa traboccare il vaso) quando ho ascoltato un lettore del mio romanzo *Uncle Petros and Goldbach's Conjecture* [1] commentare che la storia raccontata "si svolge in modo molto simile alla risoluzione di un problema matematico".

Seguendo questa analogia, mi piacerebbe fornire argomentazioni alla mia tesi principale proprio come se stessi "risolvendo un problema matematico". La tecnica che userò sarà un'applicazione della proprietà transitiva: per provare che A è uguale (o isomorfo) a C, è sufficiente provare che entrambi sono in modo indipendente uguali (o isomorfi) a un certo B.

Dunque, A = B e B = C implica che A = C.

Il punto comune di riferimento è, nel caso della mia tesi, un'*analogia spaziale*, che credo sia soggiacente sia alla narrativa sia alla prova matematica.

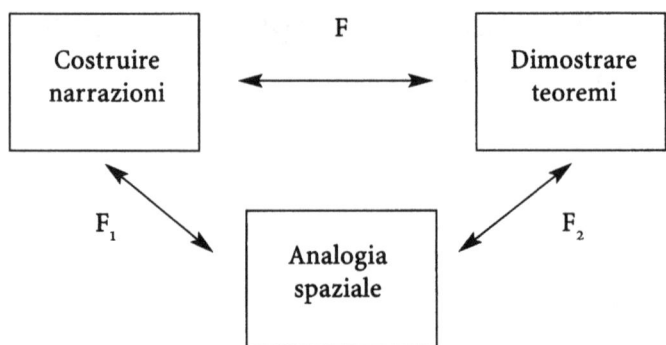

Quindi, cercherò di dimostrare l'equivalenza strutturale, che chiamerò F, tra la composizione di un romanzo e la prova di un teorema dimostrando come entrambe siano autonomamente equivalenti a un modello spaziale, dimostrando cioè le equivalenze F_1 e F_2. La proprietà transitiva poi garantisce che $F = F_1$ o F_2.

La metafora spaziale sottintesa alla narrativa

Dalla *Poetica* di Aristotele in poi c'è stato un tentativo di trovare leggi universali che regolino la struttura della narrazione. È interessante notare che le più importanti intuizioni furono elaborate nel ventesimo secolo da teorici che operavano fuori dal campo specifico degli studi letterari. Lo studioso del folklore russo, Vladimir Propp, in un saggio originale [2] scopre che il cosiddetto "racconto magico" si conforma sempre a una struttura particolare che impiega "funzioni" (il termine è suo) standard che possono coprire un insieme di variabili e che offrono differenti versioni di una sottostante struttura più o meno costante. Approssimativamente, la struttura è la seguente:
a. L'*eroe* vive in una condizione di stabilità.
b. Qualcosa sconvolge tale condizione.
c. L'eroe intraprende un viaggio per restaurare la stabilità.
d. Egli affronta sfide assistito da un *aiutante magico*, che spesso è un animale.
e. La sfida finale (o le sfide finali) è affrontata con successo.
f. L'eroe perviene a uno stadio più alto di stabilità, in conseguenza delle sue azioni.

Ciò che è importante per la mia tesi è che, sottinteso a tutte queste fasi, c'è un *itinerario* (anche geografico) alle cui tappe ogni cosa può essere associata: incontri cruciali, acquisizione di informazioni o oggetti, sfide, combattimenti, eventi soprannaturali, rivelazioni, eccetera, tutto può essere disposto come se fosse su una mappa, in cui ogni passo dell'eroe ha un analogo spaziale. Spesso questi elementi sono arricchiti (ma non è necessario che lo siano) da una risonanza metaforica. Così, lo sviluppo della storia è il movimento in avanti, le decisioni sono dei crocevia, il fine della narrazione è anche una destinazione fisica, eccetera, e naturalmente si realizza l'intero processo circolare, dalla stabilità – attraverso l'instabilità – alla stabilità.

Gli antropologi e gli storici della religione hanno in seguito generalizzato questo genere di struttura narrativa, parlando di "inchiesta dell'eroe" come mito archetipico, spiegato più compiutamente nel famoso libro di Joseph Campbell, *The hero with thousand faces*. In anni più recenti, un aiuto è venuto anche da un luogo tra i più improbabili: Hollywood. Nel tentativo di codificare la struttura sottintesa di un copione, gli insegnanti di sceneggiatura e gli "script-doctors" (sic!), si sono ispirati a Propp e a Campbell, ritrovando nel modello del mito dell'*inchiesta* una validità pressoché universale, una sorta di *Ur*-storia, ovvero la narrazione primitiva e archetipica. E sebbene le loro intuizioni siano sfociate largamente in un torrente senza fine di film altamente simili e molto spesso vacui, la loro analisi ha contato molto per questo. Osservando innumerevoli storie, siano esse raccontate mediante un film, uno scritto, o tramandate oralmente, si può vedere che la maggior parte di esse si modella essenzialmente al seguente schema: *un eroe vuole qualcosa e intraprende un viaggio carico di avventure per ottenerla*. Questo "qualcosa" che l'eroe desidera (sia una persona, un ideale, un oggetto materiale, qualsiasi cosa) è il fine del viaggio o, per dirlo in termini spaziali, la sua destinazione. Se si generalizza ulteriormente la definizione di mito dell'inchiesta e sostituiamo la frase *l'eroe vuole qualcosa* con la frase *l'eroe vuole qualcosa ovvero l'autore vuole qualcosa per lui/per lei*, allora si comprendono praticamente tutte le narrazioni o, per essere esatti, praticamente tutte le narrazioni *semplici* o *elementari*, mentre più spesso una narrazione più lunga (per esempio un romanzo di Dickens) è composta da una combinazione di numerosi semplici elementi.

Osserviamo alcuni famosi esempi di destinazione/scopo dell'eroe:

EROE	SCOPO
Ulisse	Itaca
Edipo	Porre rimedio alla pestilenza
Lancillotto	Ginevra, il Graal
Amleto	Vendicare la morte del padre
Romeo	Giulietta
Giulietta	Romeo
Jay Gatsby	Daisy
Tre sorelle (Cecov)	Mosca
Il vecchio (Hemingway)	Il pescespada

Ora, il viaggio dell'eroe può essere veramente letterale (come, per esempio, nell'*Odissea*) o del tutto metaforico (come nei *Quattro quartetti* di T. S. Eliot) e spesso è tutte due le cose nello stesso tempo, come per esempio nella leggenda medievale del Graal. Ma che sia letterale o metaforico o entrambe le cose, ciò che è essenziale per la nostra analisi è, di nuovo, il fatto che il viaggio dell'eroe può essere rappresentato su una *carta* (è interessante notare come sia tanto un'espressione geografica quanto matematica), cioè gli può essere conferita una precisa forma spaziale, anche se questo "spazio" può pure essere immateriale, come è, per esempio, il mondo della memoria o dell'immaginazione.

Riguardo all'eroe che raggiunge la destinazione, la letteratura è andata bem oltre le alternative del mito tradizionale dell'inchiesta, un Gilgamesh, un Odisseo o un Parcifal, e le loro varie versioni di un "lieto fine". Il raggiungimento dello scopo (destinazione) può avvenire in modi diversi, come per esempio[1]:
1. L'obiettivo è raggiunto e questo soddisfa il desiderio dell'eroe.
2. L'obiettivo è raggiunto, ma l'eroe si scopre deluso.
3. Questo obiettivo è raggiunto, ma in seguito l'eroe si rende conto che un nuovo obiettivo gli si para davanti e così intraprende un nuovo viaggio.
4. Questo obiettivo è raggiunto, ma ciò fa capire all'eroe l'importanza del viaggio rispetto allo scopo.
5. L'obiettivo è raggiunto solo parzialmente, l'eroe lo comprende e lo accetta.
6. L'obiettivo è raggiunto solo parzialmente, l'eroe lo comprende, ma non lo accetta.
7. L'obiettivo non è raggiunto e ciò rende triste l'eroe.
8. L'obiettivo non è raggiunto, ma va bene lo stesso perché l'eroe ha acquisito una nuova presa di coscienza.

E così via.

In sintesi: *quasi tutte le storie hanno a che fare con un eroe che vuole ottenere (oppure l'autore vuole che l'eroe ottenga) qualcosa*. Ciò può quasi sempre essere tradotto, strutturalmente, nel voler ottenere un *qualche luogo*, seguendo un certo corso, letterale o metaforico. Così, ogni narrazione può essere rappresentata come un viaggio, con un inizio (I) e una fine (F) e varie forze (le frecce) che operano sia come *aiutanti* (il termine è di Propp) esterni o interni, sia come ostacoli, che influenzano lo sviluppo del percorso dell'eroe[2].

Ciò determina più o meno la prima parte della nostra argomentazione, vale a dire che esiste un isomorfismo, che chiamiamo F_1, tra narrazione e modello spaziale.

---

[1] *I lettori possono divertirsi cercando esempi che illustrino ciascun caso, nella letteratura o nel cinema.*
[2] *Le linee tratteggiate indicano qui "le strade non prese", come nella famosa espressione di T.S. Eliot, i percorsi alternativi che alla fine l'eroe non ha considerato.*

La Poetica di Euclide: le analogie tra narrativa e dimostrazione matematica

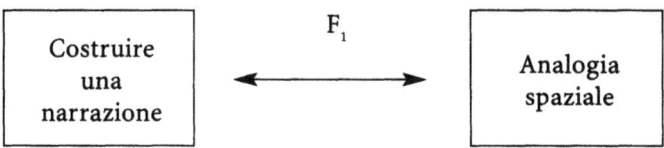

La metafora spaziale sottesa a una dimostrazione matematica

Inizialmente sono stato colpito dall'idea dell'analogia spaziale che soggiace anche alla dimostrazione matematica mentre leggevo nelle *Omelie sull'Esamerone* di San Basilio il Grande, teologo cristiano del quarto secolo, la sua mirabile intuizione che al cane (sì, proprio al *cane*) può essere accreditata l'invenzione del metodo matematico della *reductio ad absurdum*.

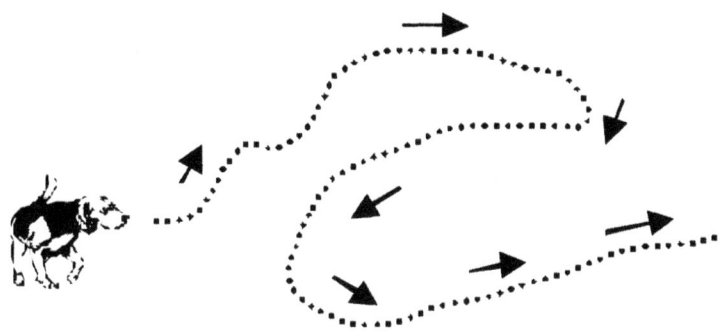

Come si vede, quando un cane cerca l'oggetto desiderato (l'osso), comincerà ad annusare una probabile traccia e, se deluso, tornerà un poco sui suoi passi e ripartirà in una nuova direzione. Ovviamente, questo suggerì a San Basilio il metodo di un certo Euclide, quando afferma: "ipotizziamo che i numeri primi siano finiti, e vediamo cosa succede". (Come è ben noto, Euclide segue poi le conseguenze di questa ipotesi e, poiché ciò lo porta a una contraddizione, applica il principio del medio escluso per concludere, con una terminologia più moderna, che se "non P è falso, allora P deve essere vero"; o, nel nostro esempio, che, poiché i numeri primi non possono essere finiti, allora devono essere infiniti.) Ma questo può essere espresso anche con un semplice algoritmo, che è realmente spaziale: "di fronte a un incrocio, che si biforca nelle strade A e B di cui una conduce a un *cul-de-sac* e l'altra al tesoro, si imbocca per prima A. Se essa conduce al *cul-de-sac*, allora si torna sui propri passi, si prende B e con certezza si è condotti al tesoro".

A questo punto, dobbiamo operare la distinzione cruciale tra la dimostrazione di un teorema matematico, così come è sperimentata da uno studente/lettore che ne studia il risultato già scoperto e pubblicato, e come essa è stata originariamente formulata dal matematico o dai matematici che l'hanno scoperta. È questo secondo punto di vista quello più interessante, anche se, naturalmente, una dimostrazione pubblicata può contenere, spesso in un modo indiretto, parte dell'avventura intellettuale della sua formulazione. Il processo di dimostrazione può essere molto semplice (di nuovo, si veda la dimostrazione di Euclide dell'infinità dei numeri primi), ma può anche essere lunga, ardua, complicata e sfaccettata. Un buon esempio di ciò è la famosa prova di Andrew Wiles dell'Ultimo Teorema di Fermat, che è stato il culmine di un lunghissimo processo durato alcune decadi (o secoli, se si vuole ritornare a Galois e alle origini dell'algebra moderna) e sul quale successivamente hanno lavorato (sebbene in maniera tortuosa e approssimata per un lungo periodo) numerosi matematici tra i quali Taniyama, Shimura, Weil, Frey, Ribet, e pochi altri con Wiles che diede la spinta finale integrando e unificando i vari contributi [3].

Come una narrazione, un simile processo di scoperta graduale, sia lungo o corto, complesso o semplice, può essere rappresentato in una mappa, cioè gli può essere data una forma spaziale. Infatti più o meno tutto quanto abbiamo detto nel confrontare la narrativa con il modello spaziale ha anche qualcosa di vero del processo della dimostrazione matematica.

Analizziamo questo punto: un matematico parte col desiderio di dimostrare una proposizione, che è realmente la sua *destinazione*[3]. Eccone alcuni esempi:

EROE	SCOPO
Euclide	I numeri primi sono infiniti
Newton/Leibniz	Come trovare gradienti di curve
Evariste Galois	La soluzione delle equazioni di 5° grado
Henri Poincaré	Il problema dei tre corpi
Atle Selberg	La prova elementare del teorema del Numero Primo
Stephen Smale	La Congettura di Poincaré "higher dimensional"
Andrew Wiles	$x^n + y^n = z^n$ non ammette soluzioni di numeri interi per $n > 2$

Molti altri aspetti del processo di dimostrazione ammetteranno una correlazione spaziale:
- Il matematico si muove in avanti (spesso anche indietro) in uno spazio logico, cercando questa e quella via.
- Il matematico può avvantaggiarsi di carte stradali, di maggiore (vedi i risultati già provati) o minore (vedi le congetture) accuratezza.
- Il matematico affronterà sfide, delusioni, vincerà alcune battaglie (i risultati intermedi) e ne perderà altre (i *cul-de-sac*), può spesso cambiare direzione, sarà assistito da *aiutanti magici*, (mentori, colleghi, il sapere accumulato nel passato), può impiegare potenti talismani o armi (i nuovi metodi) e alla fine (in

---

[3] *Naturalmente egli può avere anche l'intenzione, come un eroe della narrativa moderna, di giocare semplicemente con le idee, senza alcuna meta, come animato da un generico senso di noia che conduce alla curiosità, che conduce ai problemi.*

uno scenario da "lieto fine") raggiungerà la sua destinazione – cioè dimostrerà l'agognato teorema. Tutte queste cose hanno il loro analogo nello spazio logico, che possiamo immaginare come una metaforica foresta magica costellata di decisioni.

Naturalmente, il lieto fine non è obbligatorio. Il matematico può non raggiungere il suo obiettivo, o trovarlo non del tutto simile alle sue aspettative (come Nagata che lavorò sul Quattordicesimo Problema di Hilbert per riuscire a dimostrare alla fine che era falso), oppure, di nuovo alla maniera di un eroe moderno, può pensare di essere arrivato, mentre in realtà non lo è – come Fermat che pensava di aver dimostrato il suo teorema quando invece (ora noi lo pensiamo) non l'aveva dimostrato.

Infatti, i possibili esiti di questo percorso nello spazio della foresta (confuso, labirintico, e quant'altro) possono finire in qualcuno dei vari modi che pensiamo siano adatti alla *fiction*. Così, per esempio – e qui sto usando opzioni analoghe a quelle presentate prima (invece di "matematico" si legga "eroe"):

1. L'obiettivo è raggiunto e questo soddisfa il desiderio del matematico (per esempio Euclide e l'infinità dei numeri primi).
2. L'obiettivo è raggiunto, ma il matematico e/o altri sono delusi per questo (per esempio la dimostrazione del famoso Teorema dei Quattro Colori, che fu così goffa che non molti l'accettano come dimostrazione).
3. Questo obiettivo è raggiunto, ma il matematico comprende che di fronte ne ha uno nuovo e così intraprende un nuovo percorso (la dimostrazione di un teorema punta a un ulteriore e più importante risultato).
4. Questo obiettivo non è raggiunto, ma questo fa capire al matematico l'importanza del percorso fatto rispetto allo scopo (è il caso di Riemann, che, mentre tenta di studiare la distribuzione dei numeri primi, inventa la funzione Zeta).
5. L'obiettivo è solo parzialmente raggiunto, il matematico lo capisce e accetta questo (sono le dimostrazioni che non riescono ad arrivare al risultato completo, ma a una più debole versione di esso; è il caso della dimostrazione di Jing-Run Chen che ogni numero è la somma di un numero primo e di un quasi primo – una debole versione della Congettura di Goldbach).
6. L'obiettivo non è raggiunto, ma va bene lo stesso perché il matematico ha sviluppato una nuova intuizione (Galois, fallendo nel trovare una formula per risolvere l'equazione di quinto grado, scopre lungo il percorso la teoria dei gruppi e altro ancora).
7. L'obiettivo è solo parzialmente raggiunto, il matematico lo capisce ma non lo accetta (ahimè, gli esempi non si contano).
8. L'obiettivo non è raggiunto e questo rende triste il matematico (lo stesso, come sopra).

Questi argomenti sembrano riguardare la seconda parte della nostra dimostrazione (la si chiami pure "argomentazione", se la parola "dimostrazione" suona troppo forte), che prova l'isomorfismo:

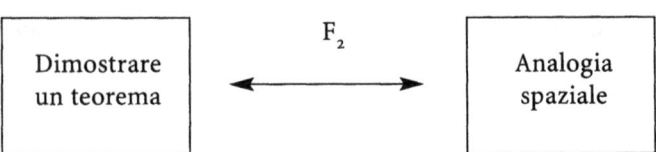

Conclusioni

Sembra che siamo giunti al punto desiderato, che completa il nostro ragionamento con l'isomorfismo F, tra narrazione e dimostrazione, grazie alla virtù della proprietà transitiva (la validità di F_1 e di F_2 implica F):

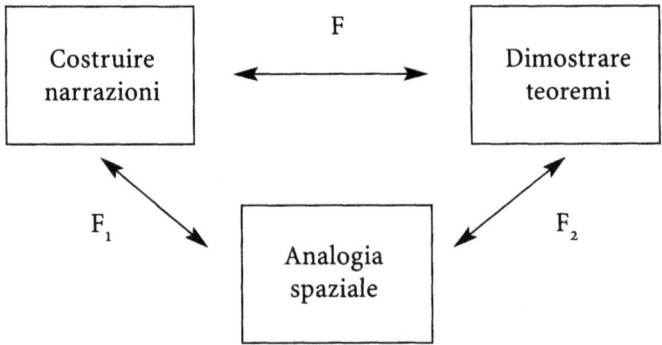

Ho il sospetto che tale analogia (o isomorfismo) non appaia troppo interessante a un matematico ovvero, per non essere scortese verso i più poeticamente inclinati, non sembra *utile*. Sapere che la dimostrazione di un teorema può in qualche modo assomigliare alla spiegazione di una storia non è certamente di aiuto a un matematico nel dimostrare nuovi teoremi – e, piaccia o no, questo è il primo criterio di utilità per i matematici. Ma l'analogia può essere più utile a chi ha a che fare con le narrazioni. Sebbene non risponderà al sogno hollywoodiano di una magica formula per creare narrazioni più interessanti, essa mira a un comodo formalismo e alle analogie che possono provocare i pensieri di un narratore .

E cosa può volere di più un narratore di storie?

Bibliografia

[1] A. Doxiadis (2000) *Uncle Petros and Goldbach's Conjecture*, Faber & Faber, London (prima edizione in greco, 1992); ed. italiana Bompiani, Milano
[2] V. Propp (1968) *The Morfology of the Folktale* (tradotto da Laurence Scott, University of Texas)
[3] S. Singh (2001) *L'ultimo teorema di Fermat*, Rizzoli, Milano

La matematica al centro della scena

Denis Guedj

In che cosa le scienze, nel loro stesso contenuto, nei concetti e nelle strategie che mettono in gioco, possono alimentare le creazioni artistiche? Quale "lavoro" richiede il trasferimento dei campi scientifici nei diversi campi artistici?

Immaginazione, rigore: questi due termini non si applicano nel medesimo tempo alla creazione scientifica e a quella artistica? Non vi si pratica pure una sperimentazione creativa? Ma lo statuto della verità e quello della prova sono lì radicalmente diversi.

Il tipo di estetica in atto nella pratica scientifica è così lontano da quello messo in atto nella pratica artistica? Che cos'è un "teorema musicale", una "formula acquarello", una "scultura quantica"?

A quale "prezzo" ci si può rendere conto di un concetto nella narrazione? Che il concetto sia scientifico o filosofico, che la narrazione avvenga attraverso la parola scritta, attraverso il corpo, l'immagine e il suono.

Ci si interesserà in particolare ai problemi che pone la messa per iscritto di concetti, in testi non teorici. In una parola, ci si interrogherà su quello che potrebbe essere una "epistemologia drammatica". Si approfondirà la differenza tra le costrizioni imposte dalla scrittura
– di un romanzo nutrito di scienza,
– di uno scenario di fiction scientifica,
– di un lavoro teatrale che mette in scena il settore scientifico.

Come lo scienziato nel suo laboratorio, colui che crea finzione è uno sperimentatore. Mentre scrive uno scenario è obbligato a immaginare dal vero ciò che avviene; poiché il suo scritto è effettuato in vista di una realizzazione, deve poter essere *realizzato*. A questo scopo, egli concepisce delle scene che agiscono come dispositivi di esperienze, dove le conoscenze storiche sono messe alla prova di una realizzazione. Si tratta dunque di provare un episodio della storia delle scienze. A partire da ciò che gli storici sanno, l'episodio sarà rievocato, nel senso in cui si dice che un interesse è ri-suscitato. Questa presa sul serio ha un'altra conseguenza: aumenta la sensibilità dell'autore in questo momento storico.

Dover prendere sul serio e sperimentare ciò che ha appreso dagli storici o ciò che ha trovato lui stesso nel corso delle sue ricerche personali, immerge l'autore nella Storia. Egli "immagina dal di dentro" e non più "dal di fuori", come succedeva all'inizio del suo lavoro.

Non è più uno straniero interessato e curioso, ma un "nativo" del mondo nel quale può iniziare a fantasticare, tenendo conto dei problemi della "storia" e della verità scientifica così come si sono presentati nel momento storico che mette in scena, con i quali intrattiene *ora* una familiarità creatrice. È a quel punto che si possono fare domande buone, vale a dire domande che solo la prossimità permette di formulare, domande caratteristiche, dipendenti dalla specificità della situazione.

Per dirla in altri termini, non si tratta di raccontare ciò che si conosce già, prima di iniziare la recita, vale a dire porsi le sole domande del "come": come fare passare questo contenuto che io posseggo? Si tratta di mettere a profitto la situazione del raccontare per scoprire e pensare diversamente ciò che si racconterà. Questo lavoro rivela aspetti a voi sconosciuti o mal percepiti. Il compito consiste allora nel riportare non più solo il contenuto preesistente al vostro lavoro, ma il contenuto rivelato dal vostro lavoro. È ciò che si chiama creazione, o se preferite una ri-creazione.

Parlo per esperienza. Ogni volta che ho scritto una sceneggiatura, un romanzo o un pezzo teatrale mettendo in gioco le scienze – per esempio in *Le théorème du Perroquet,* nei lavori teatrali sulla matematica: *One Zéro show* e *Du point... à la ligne* o negli articoli politico-matematici pubblicati nel giornale *Libération* e riuniti ne *La gratuité ne vaut plus rien* – ho scoperto degli aspetti che mi erano sfuggiti. Ho *visto* anche questi contenuti scientifici. Diciamolo, li ho compresi drammaticamente.

Al cinema, per esempio, l'obbligo di situare ogni scena nello spazio e nel tempo, di identificare i personaggi, l'obbligo di dover dire agli attori ciò che devono *fare,* pongono questioni talvolta nuove, questioni alle quali la storia delle scienze non aveva saputo rispondere.

Questi problemi dovuti alla forma del cinema forzano l'immaginazione e la creazione. Questa traduzione nel reale delle parole è d'altronde il lavoro stesso delle scienze. Ed è nelle risposte, nelle fratture, nelle mancanze che lavorerà la fantasia.

L'emergere della narrativa scientifica

Simon Singh

Tradizionalmente, i divulgatori della scienza hanno posto l'enfasi sulla spiegazione, cercando soprattutto di trasmettere al lettore la comprensione di concetti scientifici. Esistono numerosi libri di successo che seguono questo archetipo, incluso *The Elegant Universe* di Brian Greene, recentemente pubblicato. Questo libro ha avuto successo perché spiega con chiarezza le idee della relatività e della fisica quantistica e come la teoria delle stringhe offra la speranza di unificare questi due modelli dell'universo. Il pubblico apprezzerà sempre qualsiasi libro che spieghi con successo le più recenti conoscenze scientifiche sull'universo.

Tuttavia, gli ultimi cinque anni hanno visto nascere un nuovo tipo di divulgazione scientifica, la cosiddetta narrativa *saggistica*, nella quale l'enfasi non viene posta unicamente sulla spiegazione scientifica ma, anzi, l'autore parla anche degli scienziati e delle loro motivazioni, dei loro insuccessi e dei loro trionfi, formulando tutto ciò in una narrazione distesa. Questi libri spiegano sempre la scienza, ma raccontano anche la storia di una scoperta scientifica oppure propongono un filone biografico.

Il rapporto tra spiegazione e storia nella scrittura scientifica copre un arco che va dai documenti accademici (caratterizzati dalla spiegazione) ai manuali, al tradizionale saggio scientifico, alla narrativa *saggistica* (un giusto equilibrio tra spiegazione e narrazione). È persino possibile andare ben oltre la narrativa *saggistica* e trovare una *fiction* basata su temi scientifici o matematici. In questi libri la storia è naturalmente più importante di qualsiasi spiegazione di concetti scientifici, ma essi spiegano che cosa muove gli scienziati, attraverso la descrizione della cultura e dell'ambiente della ricerca scientifica. Di recente sono usciti diversi libri narrativi sulla matematica, compresi due romanzi di relatori presenti a questo convegno, *Uncle Petros and Goldbach's Conjecture* di Apostolos Doxiadis e *The Parrot's Theorem* di Denis Guedj.

Si può affermare che la tendenza verso la narrativa *saggistica* sia iniziata con *Dava Sobel's Longitude*, una descrizione dell'invenzione del cronometro marino, che narra pure la storia del suo inventore John Harrison, il quale dovette combattere con le istituzioni perché la sua conquista venisse riconosciuta e adottata. Successivamente, numerosi altri libri sono stati catalogati come narrativa *saggistica*, compresi i miei libri: *Fermat's last theorem* (L'ultimo teorema di Fermat) e *The Code Book*.

The Code Book è una storia di crittografia. Si può notare la differenza tra la saggistica tradizionale e la narrativa scientifica attraverso l'esame del capitolo 6, nel quale discuto un sistema di codificazione del messaggio chiamato crittografia a chiave pubblica, uno dei più grandi sviluppi crittografici della storia. Un saggio tradizionale si sarebbe concentrato sulla spiegazione della matematica e della meccanica della crittografia a chiave pubblica. Si tratta di un concetto fantastico, anti-intuitivo e brillante, tanto che i lettori ne apprezzerebbero oviamente una spiegazione chiara. In *The Code Book* naturalmente io spiego il concetto della crittografia a chiave pubblica, un sistema potente in quanto permette a due persone (note come Alice e Bob) di comunicare in sicurezza tra di loro senza essersi precedentemente accordate o scambiate una chiave (lo strumento per codificare e decodificare). Il brano seguente propone qualcosa di analogo a tale sistema crittografico.

Affermazione di partenza
Questo aneddoto riguarda un paese nel quale il sistema postale è completamente immorale, poiché gli impiegati leggono qualunque corrispondenza non protetta. Un giorno Alice, volendo inviare un messaggio molto personale a Bob, lo infila in una scatola di ferro, che chiude e assicura con lucchetto e chiave. Mette poi la scatola ben chiusa nella cassetta delle lettere e tiene con sé la chiave. Tuttavia quando la scatola giunge a Bob, egli non può aprirla perché non possiede la chiave. Alice potrebbe valutare di mettere la chiave in un'altra scatola, chiuderla con un lucchetto e spedirla a Bob, ma senza la chiave del secondo lucchetto egli non può aprire questa seconda scatola, e dunque non riesce ad avere la chiave che apre la prima. Per Alice l'unico modo per aggirare il problema parrebbe quello di fare una seconda copia della chiave e darla a Bob in anticipo quando si incontrano per un caffè. Ritorniamo allo stesso vecchio problema della distribuzione della chiave. Evitare la distribuzione della chiave sembra logicamente impossibile, sicuramente, se Alice vuole chiudere con un lucchetto qualcosa in una scatola, in modo che soltanto Bob possa aprirla; lei deve sicuramente dargli una copia della chiave. O, in termini di crittografia, se Alice vuole cifrare un messaggio in modo tale che Bob possa decifrarlo, allora gli deve dare una copia della chiave. Lo scambio della chiave è una parte inevitabile del cifrare... o no?

Immaginiamo il seguente scenario. Come prima, Alice vuole inviare un messaggio fortemente personale a Bob. Di nuovo mette il suo messaggio segreto nella scatola, lo chiude con un lucchetto e lo invia a Bob. Quando la scatola arriva, Bob aggiunge il proprio lucchetto e restituisce la scatola ad Alice. Quando Alice riceve la scatola, è assicurata con due lucchetti. Rimuove il suo lucchetto e lascia solo il lucchetto di Bob ad assicurare la scatola. Infine, rimanda la scatola a Bob che adesso può aprirla perché è chiusa con il suo lucchetto, e lui possiede la chiave del suo lucchetto.

Affermazione finale
Elaborando un triplo scambio con due lucchetti sembra che la distribuzione della chiave non sia una componente inevitabile della codificazione. Il libro, in seguito, spiega l'evoluzione di questo concetto e la conclusiva esecuzione matematica. Inoltre, *The Code Book* prosegue con il racconto intrigante che circonda

l'invenzione della crittografia a chiave pubblica, ed è questa la ragione per la quale è stato etichettato come esempio di narrativa *saggistica*.

Per esempio, *The Code Book* descrive le circostanze politiche, sociali e tecnologiche che hanno motivato lo sviluppo della crittografia a chiave pubblica. Introduce inoltre i tre scienziati che hanno fatto la scoperta cruciale, vale a dire Whitfield Diffie, Martin Hellman e Ralph Merkle, descrivendo le loro esperienze personali, le loro lotte, e il momento della loro conquista. Per esempio una sezione descrive l'infanzia di Hellman, bimbo ebreo cresciuto in un sobborgo cattolico di New York, in una condizione che contribuì al suo atteggiamento indipendente. Poiché si sentiva frustrato e diverso dagli altri bimbi (per esempio, non celebrava il Natale), egli decise che sarebbe stato meglio essere diversi e il pensiero radicale era un modo di essere diverso.

Diffie, Hellman e Merkle svilupparono il concetto di crittografia a chiave pubblica, ma non riuscirono a costruire la matematica necessaria a metterla in pratica. *The Code Book* racconta la storia di un altro trio (Rivest, Shamir e Adelman, noti come RSA) che fu in grado di completare lo sviluppo della crittografia a chiave pubblica. Il libro descrive l'invenzione, il brevetto, la commercializzazione e l'esecuzione della scrittura cifrata RSA e il modo in cui è diventata una delle più importanti scoperte nei sistemi di sicurezza nell'Era dell'Informazione.

Dal punto di vista del narratore, c'è un'incredibile svolta nell'invenzione della crittografia a chiave pubblica. Nel 1997, il governo britannico annunciava che alcuni ricercatori del GCHQ (Government Communications Headquarters) avevano fatto la medesima scoperta dei crittografi americani, ma prima di loro. Tuttavia la ricerca britannica era stata secretata e i ricercatori non ricevettero alcun riconoscimento pubblico del loro lavoro per un quarto di secolo. Il fatto che gli inventori britannici della crittografia a chiave pubblica siano rimasti anonimi così a lungo, costituisce un tema che attraversa tutto il libro.

In *The Code Book*, le spiegazioni scientifiche sono circondate da storie intorno alla scienza. A mio avviso, la storia che sta intorno alla scienza è importante per la scienza stessa. Inoltre, due sono i principali vantaggi nell'usare uno stile di scrittura narrativa *saggistica*. Innanzitutto, la storia può creare avvenimenti drammatici e tensione che immergono il lettore nella scienza. In altre parole, coloro che non sono scienziati possono leggere narrativa *saggistica*, mentre non potrebbero leggere la saggistica scientifica tradizionale. La struttura narrativa può *anche* dare ai lettori lo slancio necessario per giungere alle sezioni più tecniche. Allo stesso tempo, i lettori che hanno familiarità e si limitano alla scienza tradizionale, non sembrano essere sconvolti dall'aggiunta di dettagli narrativi.

Il secondo vantaggio della narrativa *saggistica* è che l'aggiunta di avvenimenti alla scrittura scientifica può spesso voler dire aggiungere la dimensione storica. Ho scoperto che una simile prospettiva è spesso utile ad avvicinare i non scienziati alla scienza, poiché i primi stadi della ricerca scientifica sono in generale di più facile comprensione e forniscono la base per nuove idee più complesse. In *The Code Book*, il primo capitolo stabilisce i fondamenti della crittografia utilizzando vari esempi storici, mentre il capitolo finale è una descrizione della crittografia quantistica. Nonostante sia complicata, la mia speranza è che i lettori possano acquisire la necessaria confidenza per leggere qualcosa sulla crittografia quantistica, poiché hanno raggiunto una solida base attraverso la lettura delle scritture cifrate storiche ed elementari.

Scrivo solo da quattro anni e ci sono solo due miei libri in circolazione. In entrambi i casi, l'approccio alla narrativa *saggistica* è stato completamente naturale. Prima di scrivere di scienza, ho fatto programmi televisivi scientifici e, pensando a come attirare un vasto pubblico, ho capito che dovevo introdurre la narrazione nei miei programmi. Inoltre, quando ho iniziato a scrivere, ho trasportato il mio stile televisivo nei miei libri.

Molti altri esponenti dell'approccio narrativo *saggistica* alla scrittura scientifica sembrano provenire dalla mia stessa esperienza culturale. Autori quali Dava Sobel, Paul Hoffman (*The Man Who Loved Only Numbers*) e Sylvia Nasar (*A Beautiful Mind*) non lavorano in televisione, ma hanno svolto carriere giornalistiche scrivendo per quotidiani e riviste, in cui il raccontare storie è ugualmente importante.

Per molti autori e soggetti, la narrazione *saggistica* può non essere adatta. Greene potrebbe aver avuto un approccio più tradizionale nello scrivere *The Elegant Universe*. La teoria delle stringhe è una branca della scienza senza una lunga storia, e non ha neppure personaggi intensi intorno ai quali si potrebbe facilmente costruire una storia, e con la corta storia che ha alle spalle, ancora non ha una fine.

Ma in generale, quando gli autori tentano di mirare al maggior numero possibile di lettori, incoraggerei l'uso, laddove possibile, di tecniche narrative. Gli scrittori scientifici più popolari si pongono l'obiettivo di spiegare la scienza ai laici e di far crescere la coscienza dei problemi scientifici presso il grande pubblico. Credo che la narrativa *saggistica* possa servire a raggiungere questo scopo. Tuttavia, gli autori dovrebbero sempre tenere a mente che i libri scientifici devono spiegare la scienza e quindi non dovrebbero dimenticare di includere chiarimenti nella narrativa *saggistica*. Il pericolo è che la tendenza verso il raccontare storie di scienza vada troppo lontano e che alcuni scrittori siano tentati di dimenticare del tutto la scienza.

bolle di sapone

Superfici minime e lamine di sapone: un secolo di divulgazione scientifica

Italo Tamanini

Ricorre quest'anno il bicentenario della nascita del fisico belga J. Plateau (1801 – 1883), al cui nome i matematici hanno intitolato uno dei più profondi problemi del Calcolo delle Variazioni. In termini suggestivi sia pure alquanto vaghi, il *problema di Plateau* richiede di determinare la superficie di area minima delimitata nello spazio da una curva chiusa assegnata, o da un sistema di tali curve. È evidente che se la curva data è una circonferenza la soluzione cercata sarà il cerchio in essa racchiuso, ma non è per niente facile intuire cosa accadrà con contorni non piani, come una spezzata che si snoda lungo alcuni spigoli di un cubo o una coppia di circonferenze parallele o intrecciate.

Per conseguire un'idea approssimativa della soluzione può essere utile immaginare di tendere una sottile membrana nel contorno assegnato, cercando di ridurne quanto più possibile l'estensione. Un procedimento di questo tipo è in qualche modo utilizzato nella realizzazione di coperture leggere con tensostrutture, dove tuttavia il peso della struttura stessa gioca un ruolo determinante. La forma di certi tendoni sostenuti da tubi metallici e stabilizzati da tiranti fissati al suolo, che si possono osservare nei giardini, nelle fiere e in molte altre situazioni, ricorda approssimativamente quella delle superfici minime.

Nel corso degli anni sono state proposte e analizzate numerose formulazioni del problema di Plateau, con tratti variabili secondo il significato attribuito ai concetti di *superficie, area, bordo* e dell'ambito matematico conseguentemente scelto. Ai nostri giorni sotto questa denominazione è compresa un'intera famiglia di problemi, variamente articolati e accomunati dalla richiesta di realizzare in modi opportuni la "minima estensione". Lavori recenti sono rivolti allo studio del problema di Plateau in spazi di dimensione infinita o in spazi metrici, mentre sono ancora aperte varie questioni riguardanti le soluzioni nello spazio euclideo ordinario.

Proprio la formulazione classica del problema dell'area minima, riferita a superfici parametriche dello spazio euclideo tridimensionale, è stata fonte di sfide elevate e di brillanti progressi teorici. Nel suo insieme, il problema di Plateau è stato un poderoso veicolo di comprensione della gran varietà di fenomeni geometrici, topologici e combinatori che si incontrano nello studio delle superfici.

I primi contributi, conseguiti nel XVIII e XIX secolo da personaggi del calibro di Eulero, Lagrange, Riemann, Schwarz, Weierstrass ed altri, si rivolsero prevalentemente all'analisi di alcuni casi particolari, ma non per questo elementari. Una delle maggiori preoccupazioni, spesso superata con successo, era di fornire una soluzione esplicita dell'equazione differenziale che esprime la condizione necessaria di minimalità. Esauriti i pochi casi effettivamente trattabili, si dovette attendere a lungo prima di assistere alla conquista di risultati di respiro generale: solo verso il 1930 J. Douglas e T. Radó, lavorando separatamente e con punti di vista assai diversi, riuscirono a dimostrare che ogni curva semplice e chiusa C delimita una superficie di area minima fra tutte quelle "del tipo del disco", aventi C come bordo. Intuitivamente, una superficie è del tipo del disco se si può ottenerne un modello a partire da un sottile disco di gomma, con leggeri stiramenti e deformazioni.

L'intenso e originale lavoro di Douglas gli valse nel 1936 una delle due medaglie Fields, assegnate per la prima volta proprio in quell'anno (si veda [1] per notizie sulle origini del premio). In seguito furono perfezionate varie teorie matematiche che consentirono di inquadrare il problema dell'area minima in una prospettiva più generale, permettendo una maggiore complessità topologica, l'ambientazione in varietà riemanniane e numerose altre estensioni.

Come si è detto, il problema di Plateau ha svariate sfaccettature: una caratteristica particolarmente piacevole risiede nella relativa facilità di ottenere "soluzioni sperimentali" molto suggestive ed attraenti. Le lamine di sapone che si distendono su un contorno metallico, quando lo si immerge in un liquido di bassa tensione superficiale – acqua e sapone, ad esempio – assumono infatti una configurazione di equilibrio stabile, corrispondente ad un minimo dell'energia. È doveroso osservare che in molti casi si tratta di un *minimo relativo* (non *assoluto*). Se si trascura la componente gravitazionale, come è lecito fare per via della massa estremamente ridotta della pellicola saponosa, l'energia è essenzialmente dovuta alla tensione superficiale e come tale è proporzionale all'area della superficie laminare. In conclusione, le lamine di sapone costituiscono un eccezionale modello "concreto" delle superfici di area minima. Naturalmente, non intendiamo affermare che in questo modo si possa risolvere il problema di Plateau: nessun esperimento può mai sostituire una dimostrazione formale. Così, la realizzazione di un certo fenomeno con le lamine di sapone potrà suggerire un risultato generale e guidarne il percorso dimostrativo, ma solo una prova matematica ne garantirà l'assoluta validità.

A dare un vigoroso impulso all'indagine dei fenomeni legati alla tensione superficiale fu appunto Plateau, per più di trent'anni all'opera in questo campo affascinante. Colpito da progressiva cecità, fino a perdere del tutto la vista, Plateau proseguì instancabilmente la sua intensa attività scientifica, progettando e realizzando con i suoi collaboratori una grandiosa serie di esperimenti. In seguito, la mole di riflessioni e di risultati conseguiti in quell'entusiasmante periodo fu raccolta ed organicamente sistemata nell'opera *Statique expérimentale et théorique des liquides* [2]. Pubblicata a Parigi nel 1873, essa ebbe una notevole risonanza negli ambienti scientifici dell'ultimo quarto del XIX secolo e contribuì in maniera determinante a focalizzare le ricerche sulle superfici minime. Già nei decenni precedenti gli articoli di Plateau, apparsi in massima parte sui *Mémoires* dell'Accademia Reale del Belgio, furono oggetto di attenta considerazione, come è testimoniato dalle traduzioni (ed integrazioni) ad opera di J. Henry negli *Annual Report of the Smithsonian Institution* (annate dal 1863 al 1866).

Ancora oggi il testo del fisico belga si presta ad una piacevole ed avvincente lettura da cui affiora talvolta qualche intensa emozione ([2], paragrafo 115):

> il y a un charme particulier à contempler ces légères figures presque réduites à des surfaces mathématiques, qui se montrent parées des plus brillantes couleurs, et qui, malgré leur extrême fragilité, persistent pendant si longtemps.

L'eleganza estetica delle strutture laminari e la ricchezza di contenuti che emergono ad un'analisi appena approfondita furono immediatamente colte. Di pari passo con lo sviluppo degli strumenti di indagine sperimentale e teorica, si assistette al sorgere e al diffondersi di iniziative di tenore dichiaratamente divulgativo. Emblematica in questo senso è l'opera di C. V. Boys, che nel pregevole libretto *Soap bubbles and the forces with mould them* raccolse "[...] the substance of many lectures delivered to juvenile and popular audiences [...]".

Le prime conferenze pubbliche di Boys su questo tema risalgono al periodo di Natale del 1889; la prima edizione del libro è del 1890. In seguito il testo fu ampliato e pubblicato in varie edizioni (1911, 1959) e successive traduzioni [3].

Molti furono i continuatori di questa tradizione: ricordiamo R. Courant, occupato in prima persona nella ricerca matematica sul problema di Plateau, che ne raccontò magistralmente i tratti in un capitolo del sempre attuale *What is Mathematics?* [4]. Una fotografia (riportata in [5], p. 148) lo ritrae a colloquio con un allievo, seduti ad un tavolo disseminato di telai per la sperimentazione con le lamine di sapone. Fra i contributi più recenti sul tema menzioniamo il testo di C. Isenberg [6], ricco di informazioni sulla chimica-fisica dei sistemi laminari, e il pregevole lavoro, purtroppo non ancora tradotto in italiano, di S. Hildebrandt e A. Tromba [5], che presenta un'ottima introduzione matematica corredata da rare immagini e fotografie.

In italiano abbiamo un libro di M. Emmer [7] altrettanto piacevole; da tempo esaurito, si può trovarlo con un pizzico di fortuna nelle biblioteche. Nel nostro paese le bolle di sapone sono conosciute, nei loro aspetti scientifici e – perché no – anche spettacolari, in buona parte grazie al suo impegno di appassionato divulgatore. Un impegno che si è esplicato attraverso due decenni con conferenze nelle scuole e università, articoli sulla stampa, *performance* in piazza e... un "gran bel film" [8] che molti vedranno anche in futuro.

Anche nel testo divulgativo di I. Peterson [9] è inserito un capitolo sulle lamine di sapone, delle quali si esplorano soprattutto gli aspetti topologici. Il recente libro di D. Lovett [10] può essere molto utile al lettore interessato alle spiegazioni fisiche e matematiche dei fenomeni. Effettivamente, negli ultimi anni vengono pubblicati con maggior frequenza contributi su questo tema, con un'ottica rivolta alle applicazioni numeriche e alle simulazioni al *computer*. L'enorme potenza di calcolo e i progressi nella resa grafica di oggetti geometrici complessi rendono ormai possibile anche in questo campo la "sperimentazione al calcolatore": le superfici, opportunamente discretizzate e visualizzate sullo schermo, vengono fatte evolvere in maniera da minimizzare l'area e conservare il dato al bordo. I risultati sono molto promettenti ed offrono stimoli e indicazioni per la riflessione teorica (si veda ad esempio [11]).

Tuttavia, per la facilità con cui si ottengono, per l'eleganza delle forme e la bellezza dei colori, per l'atmosfera rilassata e quasi di gioco che ispirano, le bolle e le lamine di sapone mantengono un loro indubbio fascino e sono un ottimo argomento per impostare un discorso che entri rapidamente nel vivo della matematica. Un racconto che può partire dall'osservazione sperimentale di strutture via via più complesse e si interroga sulle ragioni di certe forme geometriche, cogliendo tratti comuni in situazioni apparentemente diverse, in un processo continuo di *osservazione-riflessione-congettura* e proposizione di nuove esperienze.

L'esecuzione degli esperimenti è un momento particolarmente coinvolgente: sorprende il contrasto fra l'essenzialità della strumentazione utilizzata e la varietà di configurazioni che si producono. Le strutture laminari si creano quasi per magia ed è possibile osservarne i successivi aggiustamenti e le trasformazioni che corrispondono al processo di discesa verso il minimo energetico. Raggiunto l'equilibrio, le lamine rimangono immobili per un certo tempo, per poi scoppiare e dissolversi nell'aria. L'esperimento può essere facilmente ripetuto, dando modo di mettere in evidenza le caratteristiche geometriche più significative. I risultati possono essere commentati ed interpretati lungo la linea-guida della *minimizzazione dell'area*, che può essere introdotta e quasi "scoperta" con una prima serie di esperimenti guidati.

Si può focalizzare l'attenzione su alcuni aspetti particolari delle soluzioni: ad esempio, ci si accorge che le lamine sostenute da telai metallici sono incurvate in modo speciale. Riflettendo su questo fatto si può scoprire che le curvature in direzioni ortogonali in qualche modo si compensano. È l'occasione per introdurre il concetto di *curvatura* di una curva e di *curvatura media* di una superficie, con il proposito dichiarato di "misurarne quantitativamente" il grado di incurvamento. Quella di avere *curvatura media zero* in ogni punto è una caratteristica importante delle superfici di area minima!

Perché invece le bolle sono rotonde? Certo non dipende dalla forma del telaio o della cannuccia con cui sono soffiate...

La forma approssimativamente circolare o sferica è ampiamente diffusa in natura, dal mondo microscopico delle cellule a quello, ben più grande, su cui stiamo ogni giorno seduti. L'uomo l'ha spesso utilizzata, in maniera più o meno consapevole, per erigere cerchia di mura a difesa delle città o semplici capanne per ripararsi dalle avversità. Ovunque, qualora prevalga l'esigenza di racchiudere un dato volume "risparmiando" sulla superficie utilizzata, la forma sferica è la migliore; così si comporta la pellicola di sapone quando si racchiude attorno all'aria soffiata, dando luogo ad una bolla sferica. Una proprietà analoga vale nel piano: fra le regioni piane di area assegnata, il cerchio ha infatti il minor perimetro.

Come dicevamo, questo fatto è stato in un certo senso accettato come "intuitivamente vero ed evidente" ed è stato oggetto di indagine approfondita soltanto in un momento piuttosto avanzato dello sviluppo del Calcolo delle Variazioni – la teoria che si prefigge lo studio dei problemi di massimo e minimo. Quando la comunità matematica si rese effettivamente conto della questione ancora aperta, si trovò di fronte ad un problema per niente banale e i tentativi iniziali di risolverlo videro il fiorire di un *mix* di idee brillanti e di tecniche mal fondate. Gradualmente furono costruite solide fondazioni e vennero approntati gli strumenti adeguati; al giorno d'oggi disponiamo di soluzioni diverse, per portata e complessità, del cosiddetto *problema isoperimetrico*, anche in dimensione maggiore di tre o in spazi non euclidei.

Ma che dire delle "bolle doppie"? Talvolta soffiando non si forma una semplice bolla sferica, ma un agglomerato di due o più bolle raggruppate insieme. Per poterle studiare meglio conviene appoggiarle su una superficie piana: le due semibolle adiacenti, racchiuse da calotte sferiche, sono separate da una terza lamina che è quasi piana se i due volumi di aria racchiusa sono circa uguali, ma palesemente curva nel caso di volumi apprezzabilmente diversi. La struttura è chiaramente simmetrica. Si può inoltre osservare che le tre lamine si incontrano lungo una linea comune (un arco di circonferenza) formando a coppie angoli diedri che, ad un'attenta osservazione, si rivelano uguali (Fig. 1).

Il problema delle bolle doppie, che è possibile formalizzare convenientemente in termini matematici, chiede sostanzialmente di racchiudere e separare due volumi assegnati con un sistema di superfici di minima area complessiva. La soluzione spiccatamente simmetrica fornita dalle lamine di sapone è perfettamente riproducibile con una costruzione geometrica elementare. Può quindi sembrare sorprendente che la *dimostrazione matematica* dell'ottimalità di tale configurazione sia stata ottenuta solo nel 2000 [12], a prezzo di argomentazioni piuttosto complesse! Si può forse comprenderne la difficoltà riflettendo sul seguente fatto: per dimostrare che una certa struttura risolve un problema di

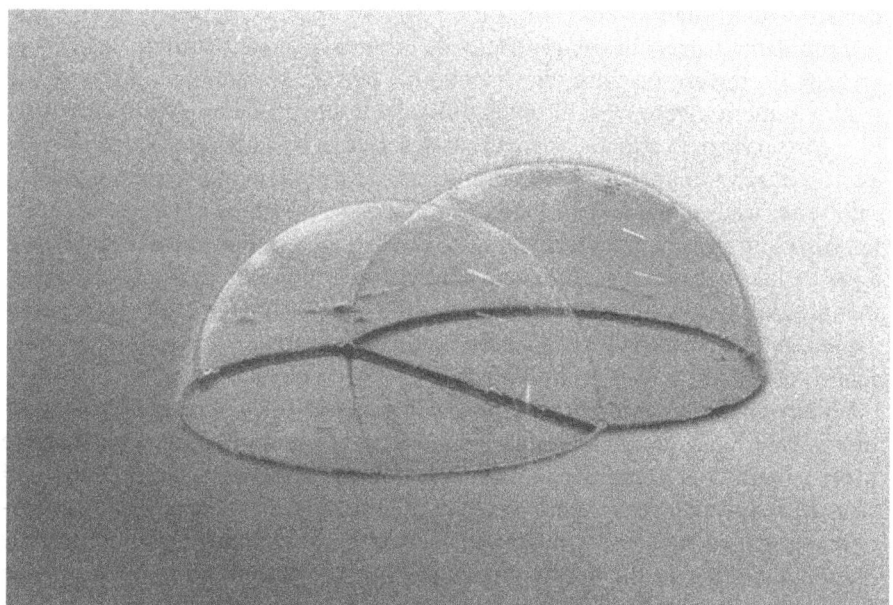

Fig. 1. Una doppia bolla

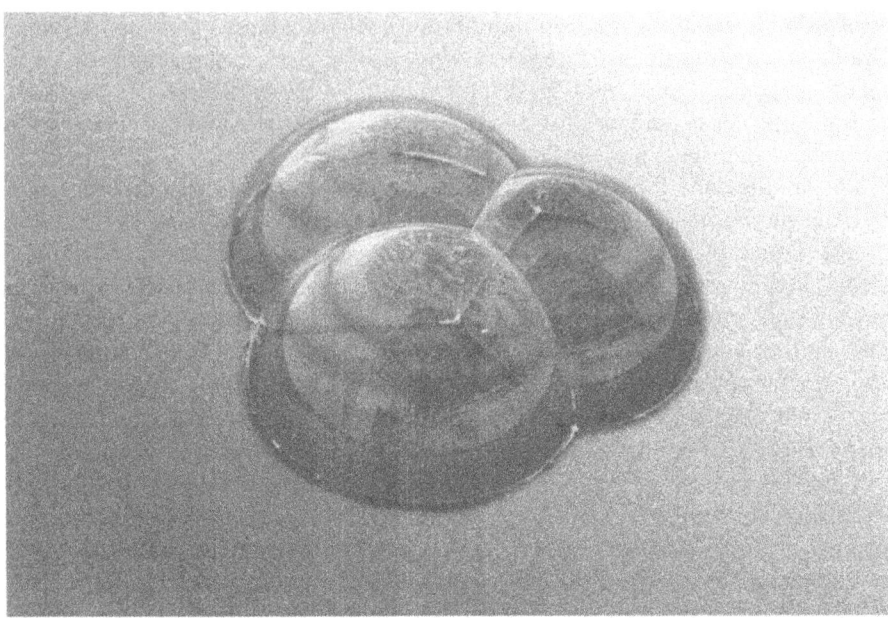

Fig. 2. Una bolla tripla

minimo è necessario confrontarla con tutte le "configurazioni ammissibili". Nel nostro caso, anche restringendosi alle superfici di rivoluzione a forma di calotte sferiche, con incroci a 120°, ne rimangono talmente tante da rendere arduo il controllo di ottimalità.

Il problema teorico diventa intrattabile (almeno allo stato attuale delle conoscenze) al crescere del numero di bolle nel *cluster*. Fisicamente, il sistema di lamine sembra invece trovare senza difficoltà le sue posizioni di equilibrio stabile. L'osservazione attenta permette di descriverle in dettaglio. Già con 3 bolle approssimativamente della stessa grandezza si osserva un nuovo fenomeno: le 3 calotte sferiche sono ora separate da 3 lamine piane intermedie (Fig. 2). Le superfici si incontrano ancora a terne lungo 4 linee di intersezione, formando incroci a 120°; a loro volta le linee di intersezione concorrono in un punto comune, formando a due a due angoli uguali. Il medesimo comportamento può essere osservato in sistemi laminari diversi, anche molto complessi ed è generalmente conosciuto sotto il nome di *leggi di Plateau*.

Per avvicinarsi a comprendere il modello geometrico che esemplifica la struttura delle diramazioni nei sistemi di superfici di area minima, conviene ridurre il più possibile la complessità delle soluzioni, progettando esperimenti i cui risultati siano geometricamente semplici: ad esempio, coinvolgenti solo superfici piane. Il guadagno sarà notevole, in quanto riuscirà più facile controllare eventuali simmetrie e misurare angoli. Nel nostro contesto un metodo potente consiste nel "ridurre la dimensione", passando da superfici bidimensionali a curve. L'analogo 1-dimensionale del problema di Plateau chiede di determinare la *rete più breve* (intendendo con ciò il sistema connesso di curve di lunghezza totale minima) che collega un dato insieme di *punti terminali* nel piano. È chiaro che la soluzione sarà costituita da tanti segmenti di retta, uniti fra di loro e uniti ai punti assegnati, che possono eventualmente diramarsi da ulteriori *nodi interni*.

Per considerare un esempio – semplice ma già ricco di contenuti – immaginiamo di dover collegare i 4 vertici di un quadrato con una rete (di fibre ottiche, di tubazioni...) di lunghezza minima. Dopo qualche istante di riflessione, la risposta più frequente indica nelle diagonali del quadrato il *network ottimale*. La congettura è abbastanza buona ma non fornisce la vera soluzione. Le lamine saponose, opportunamente guidate, lo mostrano con ogni evidenza.

A questo scopo costruiamo con due lastre di materiale trasparente e quattro pioli distanziatori, un dispositivo del tipo mostrato nella Figura 3 ed immergiamolo nella soluzione saponata. Fra le lastre parallele si dispone un "nastro" formato da 5 pellicole rettangolari perpendicolari alle lastre, che uniscono i pioli sistemati nei vertici del quadrato. Appare nitido il disegno di una rete simmetrica con 4 punti terminali e 2 nodi interni, da ognuno dei quali si diramano 3 segmenti. Possiamo misurarne la lunghezza (inferiore di quasi il 4% a quella delle diagonali) e gli angoli fra coppie di segmenti uscenti dai nodi (di 120° ciascuno).

Ci si può convincere che questa è effettivamente una delle due reti ottimali (l'altra si ottiene con una rotazione di 90°): infatti, essendo costante l'altezza del nastro rettangolare, la proprietà di area minima del sistema laminare si tradurrà nella proprietà di minima lunghezza della rete in questione! A questo punto

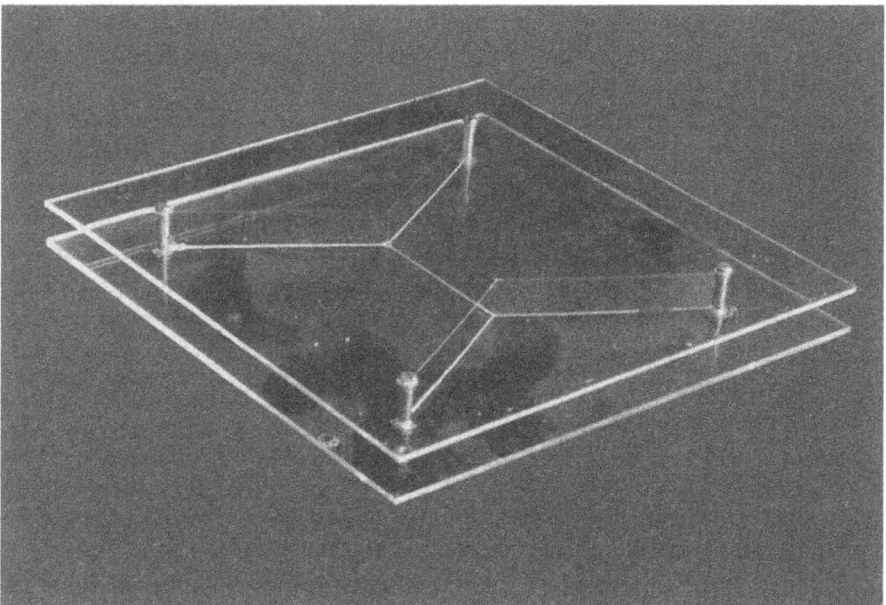

Fig. 3. La rete di lunghezza minima che collega i vertici del quadrato

Fig. 4. Il sistema laminare nel tetraedro

si può forse intuire che le pellicole di sapone (e i sistemi di superfici di area minima che esse rappresentano) possono incontrarsi solo a gruppi di 3 lungo linee di intersezione comune. Inoltre, nelle diramazioni, la tensione superficiale agisce perpendicolarmente alla linea d'intersezione, con la stessa intensità su ogni lamina: affinché le 3 forze siano in equilibrio è necessario che formino angoli uguali. Questo spiega la legge degli incroci a 120°.

Una seconda struttura, particolarmente significativa per la comprensione della seconda legge di Plateau, si produce usando come telaio il reticolo degli spigoli di un tetraedro regolare (Fig. 4). Si ottengono 6 lamine piane triangolari, con base sugli spigoli del tetraedro e vertice nel centro geometrico. Esse sono riunite a terne lungo i segmenti che congiungono i 4 vertici della piramide con il suo centro. L'evidente simmetria del sistema laminare mostra che le facce sono tra loro congruenti, così come gli spigoli e gli angoli. Opportuni calcoli o misurazioni su modelli geometrici confermano che gli angoli diedri fra coppie di pellicole adiacenti misurano 120°, mentre gli angoli piani fra coppie di linee di intersezione misurano circa 109°.

Questa *struttura tetraedrale* si presenta "in piccolo" nella bolla tripla precedentemente descritta, in "disordinati" agglomerati di bolle (come una schiuma di sapone) e in ogni altro sistema laminare complesso, ottenibile usando ad esempio reticoli cubici o a forma di prisma (Fig. 5).

Vale forse la pena di ricordare che esistono prove matematiche della minimalità della struttura tetraedrale e della validità delle leggi di Plateau – dimostrazioni ottenute a più di un secolo di distanza dalle accurate osservazioni del loro scopritore. Si veda a questo proposito l'esemplare articolo divulgativo [13], scritto dai protagonisti di questi poderosi avanzamenti teorici. Ma può essere altrettanto interessante rilevare, assieme ai passi da gigante compiuti dalla matematica in questo periodo, anche le numerose questioni aperte e i traguardi che sembrano ancora lontani. Se da un lato, come dicevamo, la realizzazione di un certo fenomeno non ha il carattere di "verità matematica", d'altro lato succede che di molte configurazioni che con ogni probabilità risolvono il problema di Plateau manchi l'effettiva dimostrazione di ottimalità e sia possibile studiarle solo attraverso le corrispondenti soluzioni ottenute con i sistemi laminari o con opportuni modelli virtuali. È il caso, ad esempio, del sistema di superfici di area minima delimitate dagli spigoli del cubo: non è noto se la struttura sperimentale raffigurata nella Figura 5 corrisponda effettivamente alla soluzione teorica del problema.

In conclusione, abbiamo visto che questo territorio, più volte esplorato, in cui la ricerca è comunque molto attiva e aperta a nuovi sviluppi, offre notevoli spunti per la divulgazione matematica. Negli *Science Centers* di tutto il mondo è facile incontrare *exhibit* sulle bolle di sapone, talvolta presentati come semplici

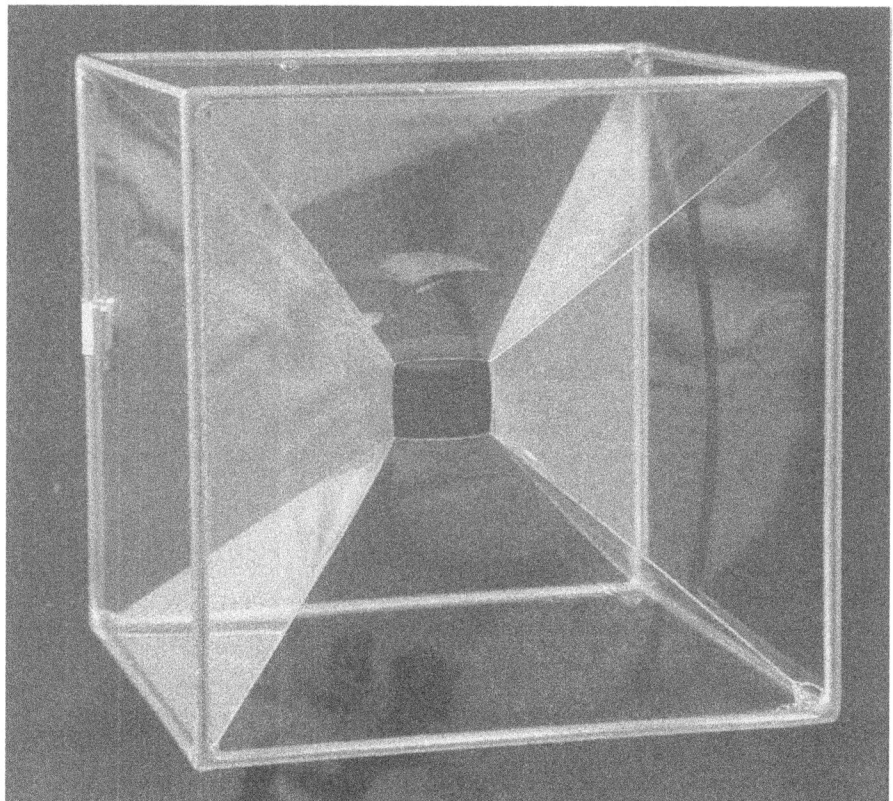

Fig. 5. Il sistema laminare nel cubo

curiosità, isole disperse in un grande mare. Una mostra che vuole affrontare l'argomento in maniera più ampia, cercando di far emergere il fitto intreccio di relazioni che lo sorreggono, è stata recentemente progettata e realizzata presso il Laboratorio di Ricerca sui Materiali e i Metodi per la Didattica e la Divulgazione della Matematica del Dipartimento di Matematica dell'Università di Trento. In essa viene presentata una serie di esperimenti sui fenomeni di tensione superficiale, accompagnati da riflessioni lungo le linee appena discusse; un percorso scandito da oggetti e strumenti fatti per essere toccati e manipolati, per creare superfici trasparenti e tentarne la descrizione in termini geometrici, cercando di far leva sul fascino naturale delle lamine di sapone per parlare di Matematica in modo non semplicistico ma al tempo stesso accattivante. Accanto alla mostra, disponibile per allestimenti su richiesta, viene curata la produzione di materiale illustrativo e documentario, come le foto che appaiono in questo articolo o il fascicolo di approfondimento [14]. Per informazioni, è possibile visitare il sito *web* del Laboratorio (www.math.science.unitn.it/LRM3D2/).

Bibliografia

[1] H. S. Tropp (1976) The origins and history of the Fields Medal, *Historia Mathematica* 3, pp. 167-181
[2] J. Plateau (1873) *Statique expérimentale et théorique des liquides soumis aux seules forces moléculaires*, Gauthier-Villars, Paris
[3] C. V. Boys (1974) *Le bolle di sapone e le forze che le modellano*, Zanichelli, Bologna
[4] R. Courant, H. Robbins (1971) *Che cos'è la matematica?*, Boringhieri, Torino
[5] S. Hildebrandt, A. Tromba (1996) *The parsimonious universe*, Springer-Verlag, New York
[6] C. Isenberg (1978) *The science of soap films and soap bubbles*, Tieto Ltd., Clevedon, Avon, UK
[7] M. Emmer (1991) *Bolle di sapone: un viaggio tra arte, scienza e fantasia*, La Nuova Italia, Firenze
[8] M. Emmer (1984) *Le bolle di sapone*, film e video della serie *Art and Mathematics*, Roma (durata 27'; versione italiana, francese, inglese; URL http://users.iol.it/m.emmer)
[9] I. Peterson (1991) *Il turista matematico*, Rizzoli, Milano
[10] D. Lovett (1994) *Demonstrating science with soap films*, Institute of Physics Publishing, Bristol - Philadelphia
[11] K. Polthier (2000) Visualizzazione matematica ed esperimenti online, in: *Matematica e cultura 2000*, M. Emmer(a cura di), Springer, Milano, pp. 209-225
[12] F. Morgan (2001) Proof of the double bubble conjecture, *The American Mathematical Monthly*, 108, pp. 193-205
[13] F. J. Almgren Jr., J. E. Taylor (1976) La geometria delle bolle di sapone, *Le Scienze*, 99, pp. 48-60
[14] M. Cazzanelli, K. Soraruf, I. Tamanini (2001) *Matematica e bolle di sapone*, Laboratorio LRM^{3}D^2, fascicolo n. 9, Dipartimento di Matematica, Università di Trento

Bolle di sapone: altro che gioco da bambini!

MICHELE EMMER

A Valeria

Premessa

A Venezia possono accadere delle cose strane, insolite, magiche alle volte, delle cose che possono accadere solo a Venezia. Ci sono dei luoghi magici a Venezia, forse.

Ci sono a Venezia tre luoghi magici e nascosti. Uno in calle dell'Amor degli Amici; un secondo vicino al ponte delle Maravegie; il terzo in calle dei Marrani nei pressi di San Geremia in Ghetto Vecchio. Quando i Veneziani sono stanchi delle autorità costituite vanno in questi tre luoghi segreti e aprendo le porte che stanno nel fondo delle corti se ne vanno per sempre in posti bellissimi e in altre storie.

Così inizia uno dei più bei *romanzi a fumetti* di Hugo Pratt, *Corte Sconta detta Arcana* [1] (in realtà Calle Botera): da questo luogo arcano Corto Maltese partiva per i deserti siberiani all'avventura.

Ma di magie se ne possono creare anche di più modeste, che magari non fanno viaggiare lontano ma sognare, fantasticare, sì. Prendete a caso un campo (campo Sant'Angelo, sede della *Galleria Venezia Viva,* dove si organizzano le mostre legate ai congressi di *Matematica e cultura*), immaginate una sera di maggio, quando l'aria è magari ancora pungente, ma la luce è tersa, trasparente; verso sera, quando la luce sta calando. Delle fiaccole appese ai muri; ed ecco la magia: dei bambini si mettono a correre. Rincorrono una delle cose più semplici ma affascinanti, magiche che si possono creare: delle bolle di sapone. Diceva Mark Twain che se al mondo ci fosse una sola bolla, essa non avrebbe prezzo.

Quelle bolle di sapone erano la magia finale di un piccolo (come chiamarlo) spettacolo di *Immagini, poesia, musica, giochi e un poco di scienza* che gli Emmer, famiglia di acrobati delle bolle di sapone, hanno dato il giorno 11 maggio 1996.

Non erano al completo gli Emmer, mancava Matteo che era in Spagna. Ma c'era Tommaso, il poeta e medico (oggi sì, non allora), che ha sentito parlare delle bolle sin da quando era piccolo [2]:

Amicizia

Bolla di sapone:
iridescente apparenza
da fragili contorni.
Più durevole il soffio
così ampia la sfera,
pervasa d'istanti
vissuti insieme.
Un attimo...

e nulla più.
Ancora sapone
nella vaschetta,
ancora fiato
nell'anima.

Poi Valeria, che organizzava, leggeva, soffiava, puliva, insomma l'anima dello spettacolo. Che alle bolle ha dedicato una poesia [3]:

In piccole canne di paglia
intinte in soluzione acquosa
soffiavo nell'aria pianeti in
miniatura destinati a scoppiare
senza bang. Rimaneva un
amaro respirato e una ciotola
di noia da dimenticare.

Valeria e Tommaso si divertivano soprattutto a giocare con i tanti giocattoli e strumenti per fare le bolle che avevamo raccolto negli anni.

La musica che si sentiva diffusa nel campo era di Georges Bizet: *Jeux d'Enfants* [4]. Uno spettacolo che Valeria ed io avevamo presentato la prima volta in un teatrino di Chamonix [5] e poi alla Città della scienza a Napoli, a Castel San Pietro, davanti a ottocento persone, a un festival dell'Unità a Roma, alla città della Scienza ad Helsinki e in altri posti. Lo spettacolo cambiava ogni volta: più scienza, più giochi, più bolle a seconda dell'età del pubblico e a seconda della composizione di noi acrobati delle bolle: a volte uno, due, tre o quattro a giocare.

Ma quella sera a Venezia fu una cosa diversa, *arcana* per dirla con Pratt. Ed eravamo felici che non ci fossero rimaste immagini di quella magia: restava solo nel nostro ricordo. E come tutte le magie durò poco, due mesi, anche se abbiamo continuato a giocare con le bolle di sapone. Ma il ricordo non ce lo porterà via nessuno.

Le bolle e la scienza

Ora il *logo* che abbiamo da sempre scelto per il nostro spettacolo, un'immagine che compare nel libro *Bolle di sapone* [6], è un'opera dell'artista francese François Boucher (1703-1770): *La soffiatrice di bolle* del 1758. L'opera di Boucher, incisa da J. Daullé, era completata da una poesia:

> Abbi divertimento sulla terra e sul mare
> Infelice è il diventare famoso!
> Ricchezze, onori, false illusioni di questo mondo,
> Tutto non è che bolle di sapone.

Non sapevamo quando avevamo scelto quell'immagine che il 9 dicembre 1992 il fisico francese Pierre-Gilles de Gennes, professore al *Collège de France*, dopo il conferimento del premio Nobel per la fisica concludeva la sua conferenza a Stoccolma con l'opera di Boucher e con questa poesia, aggiungendo che nessuna conclusione gli sembrava più appropriata (Fig. 1).

De Gennes non voleva alludere ai significati allegorici che per molti secoli hanno avuto le bolle di sapone: simbolo della vanità, della fragilità delle ambizioni umane, della vita stessa. Le bolle di sapone erano uno degli argomenti della sua relazione, che era dedicata alla *Soft matter*, le bolle di sapone che come scri-

Fig. 1. François Boucher (1758) *La souffleuse de savon*, incisione di J. Daullé

ve "sono la delizia dei nostri bambini". Una riproduzione dell'incisione compare ad illustrare l'articolo [7].

Ma è giustificato un tale interesse per questi oggetti belli, colorati ma fragili, eterei, un soffio e nulla più? Ebbene, le bolle di sapone sono uno degli argomenti più interessanti in molti settori della ricerca scientifica: dalla matematica alla chimica, dalla fisica alla biologia. Ma non solo, anche nell'architettura e nell'arte, per non parlare del *design* e persino della pubblicità. Una storia che inizia molti secoli fa e che continua tuttora.

Arte e scienza: una storia parallela

È abbastanza naturale che tra i primi ad essere attratti dalle iridescenti lamine saponate siano stati gli artisti e i pittori in particolare. Mentre per i matematici le bolle di sapone sono modelli di una geometria delle forme molto stabili, per gli artisti e per la maggior parte di coloro che se ne sono occupati, le bolle di sapone sono state oggetto di interesse non tanto per il loro aspetto ludico quanto come simbolo, come allegoria della fragilità, della caducità delle cose umane, della vita stessa. Simbolo aereo e leggerissimo, sempre affascinante per la infinita varietà di colori e di forme.

È interessante notare che, pur se molti fenomeni legati alla tensione superficiale, come la formazione delle bolle di sapone, erano stati osservati fin dai tempi più antichi, la sistematica sperimentazione per spiegarne l'origine ha inizio solo nella seconda metà del XVII secolo. Anche per gli artisti è il secolo XVII quello in cui si manifesta il maggiore interesse per le bolle di sapone; è infatti in questo secolo che l'utilizzazione della bolla diviene una costante all'interno del più vasto tema della fragilità umana, tema per il quale vennero utilizzati tra gli altri il teschio e il fumo. Una serie di incisioni realizzate da Hendrik Goltzius (1558-1617) è ritenuta l'inizio della fortuna delle bolle nell'arte olandese del XVI e XVII secolo. La più nota si intitola *Quis evadet* (Chi sfugge) ed è datata 1594 (Fig. 2).

La storia dei rapporti tra le bolle di sapone e l'arte visiva è stata narrata, con tante immagini, in un libro pubblicato nel 1991 [5]. Una delle opere più famose, ricordata nei suoi scritti anche da de Gennes, è stata realizzata nella prima parte del Settecento da Jean Baptiste Siméon Chardin (1699-1779), in diverse versioni, dal titolo *Les Bulles de savon*.

È un quadro di rara bellezza e suggestione. Le bolle di sapone interessano Chardin perché lo interessano gli adolescenti, il loro mondo, i loro giochi. È molto probabile che a quel tempo il gioco delle bolle fosse diffusissimo tra i bambini e i ragazzi. È naturale che anche gli scienziati si incuriosiscano dei fenomeni che avvengono quando si formano delle bolle di sapone.

Gli scienziati si accorgono delle bolle di sapone

Nel 1672 lo scienziato inglese Hook presenta alla Royal Society una nota, riportata da Birch nella *History of the Royal Society* del 1756. Scriveva Hook che

Fig. 2. H. Golztius (1594) *Quis evadet*, incisione

con una soluzione di sapone vennero soffiate numerose piccole bolle mediante un tubicino di vetro. Si poté osservare facilmente che all'inizio dell'insufflazione di ciascuna di esse, la lamina liquida sferica che imprigionava un globo d'aria, era bianca e limpida, senza la minima colorazione; ma dopo un poco, mentre la lamina si andava gradualmente assottigliando, si videro comparire sulla sua superficie tutte le varietà di colori che si possono osservare nell'arcobaleno.

Se Hook è tra i primi ad attirare l'attenzione degli scienziati sul problema della formazione dei colori sulle lamine sottili, sia liquide che di vetro, è Isaac Newton nella *Opticks*, la cui prima edizione è del 1704, a descrivere in dettaglio i fenomeni che si osservano sulla superficie delle lamine saponate. Nel volume secondo, Newton descrive le sue osservazioni sulle bolle di sapone:

Oss. 17. Se si forma una bolla con dell'acqua resa prima più viscosa sciogliendovi un poco di sapone, è molto facile osservare che dopo un po' sulla sua superficie apparirà una grande varietà di colori. Per impedire che le bolle vengano agitate troppo dall'aria esterna (con il risultato che i colori si mescolerebbero irregolarmente impedendo una accurata osservazione), immediatamente dopo averne formata una, la coprivo con un vetro trasparente, ed in questo modo i suoi colori si disponevano secondo un ordine molto regolare, come tanti anelli concentrici a partire dalla parte alta della bolla. Via via che la bolla diventava più sottile per la continua diminuzione dell'acqua contenuta, tali anelli si dilatavano lentamente e ricoprivano tutta la bolla, scendendo verso la parte bassa ove infine sparivano.

Il fenomeno che Newton aveva osservato è noto con il nome di interferenza: avviene quando lo spessore delle lamine è paragonabile alla lunghezza d'onda della luce visibile. Il motivo sta nel fatto che nel liquido saponato i diversi colori che compongono la luce solare si muovono con velocità differenti. Si può eseguire un facile esperimento con un telaio rettangolare che viene estratto verticalmente da una soluzione saponata; la luce riflessa dalla lamina produce un sistema di frange orizzontali, dovute essenzialmente al fatto che la lamina saponata ha la forma di un cuneo costituito dalle due facce non parallele della lamina stessa. Per gli scienziati del XVIII secolo non era tuttavia affatto chiaro il legame tra le lamine saponate e alcuni fenomeni naturali che seguono schemi di massimo e di minimo; è solo nel XIX secolo che si capirà come le lamine saponate forniscono un modello sperimentale per problemi di matematica e fisica, inserendosi così a pieno titolo in quel settore della matematica che si chiama *Calcolo delle Variazioni*.

La Regina Didone e il matematico cieco

Uno dei problemi più importanti di cui le lamine di sapone forniscono un modello sperimentale di soluzione è chiamato il *problema di Plateau*, dal nome di un fisico belga di cui si riparlerà in seguito. Per illustrare il problema i matematici fanno ricorso a un esempio molto antico tratto dall'*Eneide* di Virgilio. Si tratta della fondazione di Cartagine da parte della regina Didone:

> Giunsero in questi luoghi, ov'or vedrai/ sorger la gran
> cittade e l'alta rocca/ de la nuova Cartago, che dal fatto/
> Birsa nomossi, per l'astuta merce/ che, per fondarla, fèr di
> tanto sito/ quanto cerchiar di bue potesse un tergo.
> (Taurino quantum possent circumdare tergo.)

Il nome dato alla città di Cartagine, è *Byrsa*, parola greca che significa pelle di bue; la leggenda a cui allude Virgilio è quella secondo cui Didone, arrivata in Africa, chiese al potente Iarba, re dei Getuli, un tratto di terra per potervi costruire una città. Il re, non volendogliela concedere, le assegnò in segno di scherno tanta terra quanta ne potesse circondare con la pelle di un bue. L'astuta Didone tagliò la pelle in strisce sottilissime e si vide assegnata tutta la terra, affacciata sul mare, che poté circondare con le striscioline attaccate una all'altra. Così costruì Cartagine. Se non si è mai sentito parlare di calcolo delle variazioni e di superfici minime ci si può chiedere che relazione ci sia tra Didone, la fondazione di Cartagine e il problema di Plateau. La proprietà di cui si sta parlando è nota con il nome di proprietà isoperimetrica (iso = stessa, quindi isoperimetrica = stessa lunghezza): a parità di lunghezza di perimetro esterno, se si vuole racchiudere la maggiore area possibile all'interno, quale figura piana bisogna scegliere come contorno? La risposta è la circonferenza che tra le figure piane possiede appunto la proprietà isoperimetrica. Tornando al problema della fondazione di Cartagine, la soluzione trovata da Didone potrebbe essere stata quella di costruire con le striscioline di pelle di bue una circonferenza; in tal modo avrebbe ottenuto con la lunghezza delle striscioline la più ampia estensione di territorio all'interno. In *The World of Mathematics*, una vera e propria enciclopedia del sapere matematico, un capitolo è dedicato a *Queen Dido, Soap Bubbles and a blind mathematician* (La Regina Didone, le bolle di sapone e un matematico cieco, Plateau) [8]. Vi si legge che

> diversi fenomeni naturali presentano quello che viene chiamato il principio di minimo. Il principio si manifesta quando una quantità di energia impiegata nel portare a termine una data azione è la minima richiesta per il suo svolgersi, quando la traiettoria di una particella o di un'onda che si muove da un punto a un altro è la più breve possibile, quando un movimento è compiuto nel più breve tempo possibile, e così via. La proprietà di minimo e il suo inverso, la proprietà di massimo, trovano espressione in alcune semplici proposizioni di geometria, suggerite dall'esperienza pratica, come quella che un segmento è la distanza più breve tra due punti nel piano, o, che di tutte le curve chiuse di eguale lunghezza, la circonferenza racchiude l'area maggiore. Molte di queste proprietà di per sé evidenti, erano note anche agli antichi.

È possibile verificare che la soluzione di Didone era corretta. Si prende un filo metallico in forma di circonferenza e lo si immerge nell'acqua saponata, quindi lo si estrae: al filo metallico resta attaccata una lamina saponata in forma di cerchio che risolve il problema.

Che la matematica sia al servizio della scienza è un luogo comune, ma quello che viene compreso meno di solito è che gli esperimenti stimolano a volte l'immaginazione matematica, aiutano nella formulazione di concetti e indicano direzioni privilegiate agli studi matematici. Anche esperimenti virtuali, realizzati con il computer naturalmente. In alcuni casi un esperimento (reale o virtuale) è l'unico mezzo per determinare se esiste una soluzione di uno specifico problema; molto complicato è a volte riuscire a dare una rigorosa dimostrazione matematica della correttezza della soluzione trovata sperimentalmente. Il problema che in matematica porta il nome di Plateau consiste nel considerare una curva qualsiasi nello spazio e cercare di trovare la superficie che ha quella curva come bordo ed ha la minore area possibile. Se si riesce a costruire un modello tridimensionale della curva, lo si immerge nell'acqua saponata e lo si ritira fuori, si ottiene in moltissimi casi, una superficie saponosa che è la soluzione sperimentale del problema.

Se per il fisico può essere sufficiente avere una dimostrazione di questo tipo, per il matematico è essenziale riuscire a dare una dimostrazione rigorosa dell'esistenza della soluzione cercando di vedere, se possibile, che sia in accordo con le esperienze fisiche. È chiaro che se si arriva a dimostrare l'esistenza della soluzione con un metodo abbastanza generale, si otterranno soluzioni per problemi analoghi anche nel caso di curve molto complesse per le quali è impossibile costruire un modello e simulare quindi il comportamento tramite le lamine di sapone. La soluzione matematica generale del problema di Plateau era difficile da ottenere.

Antoine Ferdinand Plateau (1801-1883) inizia la sua carriera scientifica nel campo dell'ottica. Nel 1829 durante un esperimento espone troppo a lungo i suoi occhi alla luce del sole, il che causa dei danni irreversibili alla sua vista. Dal 1843 è completamente cieco. È in questi anni che inizia a interessarsi alla natura delle forze molecolari presenti nei fluidi, arrivando a scoprire le forme che assumono le lamine di sapone contenute in particolari intelaiature metalliche immerse nell'acqua saponata. Nel 1873 pubblica il risultato di quindici anni di ricerche nei due volumi del trattato *Statique expérimentale et théorique des liquides soumis aux seules forces moléculaires* [9].

La soluzione del problema di Plateau: le leggi di Plateau

Plateau stesso enuncia il principio generale che è alla base del suo lavoro; tale principio permette di realizzare tutte le superfici di curvatura media nulla e le superfici minime, di cui si conoscono o le equazioni o la generatrice geometrica.

Si tratta di tracciare un contorno chiuso qualsiasi con le sole condizioni che esso circoscriva una porzione limitata della superficie e che sia compatibile con la superficie stessa; se allora si costruisce un filo di ferro identico al contorno in questione, lo si immerge interamente nel liquido saponoso e lo si estrae, si ottiene un insieme di lamine saponate che rappresenta la porzione di superficie in esame. Plateau non può fare a meno di notare che queste superfici si realizzano "quasi per incantesimo". Per prima cosa Plateau si occupa della forma che si ottiene quando si soffia con una cannuccia in un liquido saponoso (Fig. 3).

Come tutti sanno non si ottengono delle bolle di sapone, sferiche, staccate le une dalle altre ma un sistema di superfici saponose nessuna delle quali è perfettamente sferica. Si formano delle lamine, più o meno piatte, che separano tra loro le diverse bolle. Si considerino due bolle di sapone che vengono soffiate insieme; se in entrambe è contenuto lo stesso volume di aria si otterrà una struttura come quella che si vede nella Figura 4.

Si possono poi aggiungere altre bolle e costruire così un agglomerato molto complesso.

La dimostrazione che nel caso di due bolle di eguale volume si ottiene la figura 4 era una congettura da dimostrare dal punto di vista matematico. La dimostrazione, ottenuta utilizzando in modo essenziale il calcolatore, è stata annunciata da Joel Hass (University of California a Davis) e da Roger Schlafly (presidente della società Real Sotware) il 6 agosto 1995 durante il Math festival di Bur-

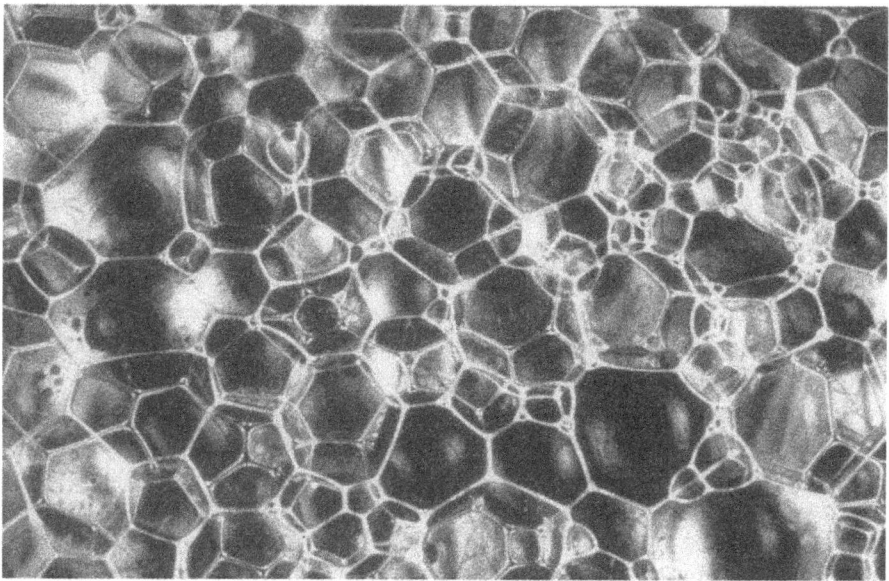

Fig. 3. Bradley R. Miller (1979) *Soap Film*, fotografia. © B.R. Miller. Miller è un artista americano che da anni lavora con le bolle e le lamine di sapone

lington (negli USA) nella sezione dedicata alla *Geometria delle Bolle di Sapone*. Come racconta Frank Morgan, che ha scritto un libro sulla matematica delle lamine di sapone [10] l'idea venne ai due mentre erano in kayak sull'American River nel Nord della California. L'articolo di Ivars Peterson che annunciava la dimostrazione su *Science News* (n. 148, 12 agosto 1995) aveva come titolo: *Toil and*

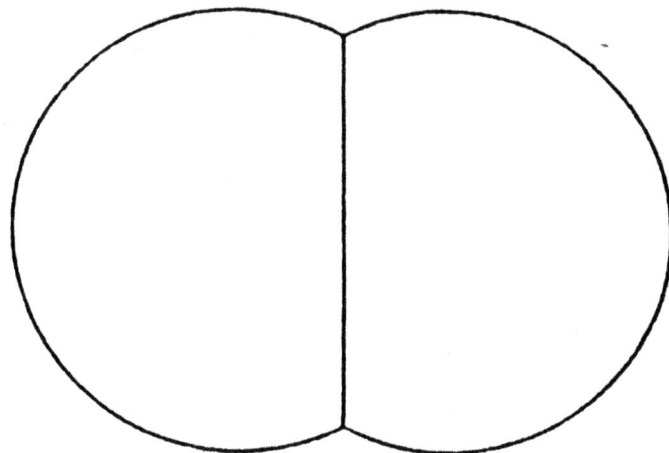

Fig. 4. Si considerino due bolle di sapone che vengono soffiate insieme; se in entrambe è contenuto lo stesso volume di aria si otterrà una struttura come quella del disegno

Trouble over Double Bubbles (Problemi e guai riguardo alle doppie bolle) e faceva riferimento ai versi di Shakespeare nel *Macbeth* (Atto 4, scena 1)

> Double, double, toil and trouble
> Fire burn and cauldron bubble.

Immagini molto interessanti sono state ottenute per le doppie bolle da John Sullivan presso il Geometry Center dell'Università del Minnesota a Minneapolis. Oltre alla soluzione *standard* si possono con il computer ottenere soluzioni non ottenibili con il liquido saponoso (Fig. 5). Ecco allora una *double bubble* che Morgan chiama *non standard*. Si può dimostrare che queste due bolle, una a forma di nocciolina e l'altra a forma di ciambella (o toro in matematica) non hanno eguale volume e hanno un'area superficiale maggiore di quella standard (Fig. 6).

Soffiando con delle pipette nel liquido saponoso, ci si accorge che più si soffia più complesso diventa l'agglomerato di lamine; si potrebbe pensare che conseguenza di questo fatto sia che il modo in cui le diverse lamine si incontrano possa dare luogo a infinite configurazioni. Ed è qui la grande scoperta di Plateau, incredibile a prima vista: comunque elevato sia il numero di lamine di sapone che vengono a contatto tra loro, non vi possono essere altro che due tipi di configurazioni. Precisamente le tre regole sperimentali che Plateau scopre a proposito delle lamine saponate sono che:

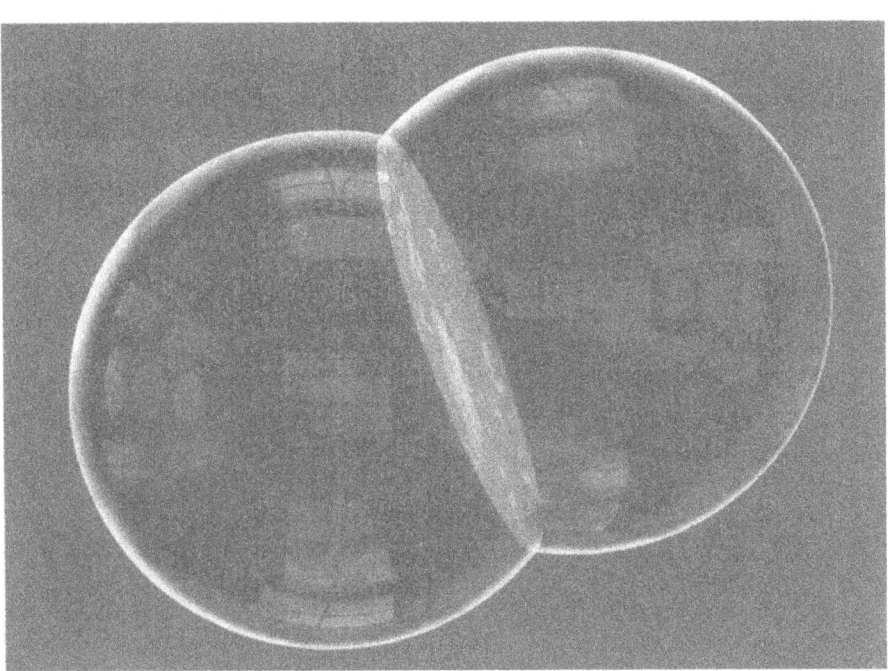

Fig. 5. Simulazione al computer di John Sullivan, University of Illinois at Urbana Champaign, 1995. © J. Sullivan

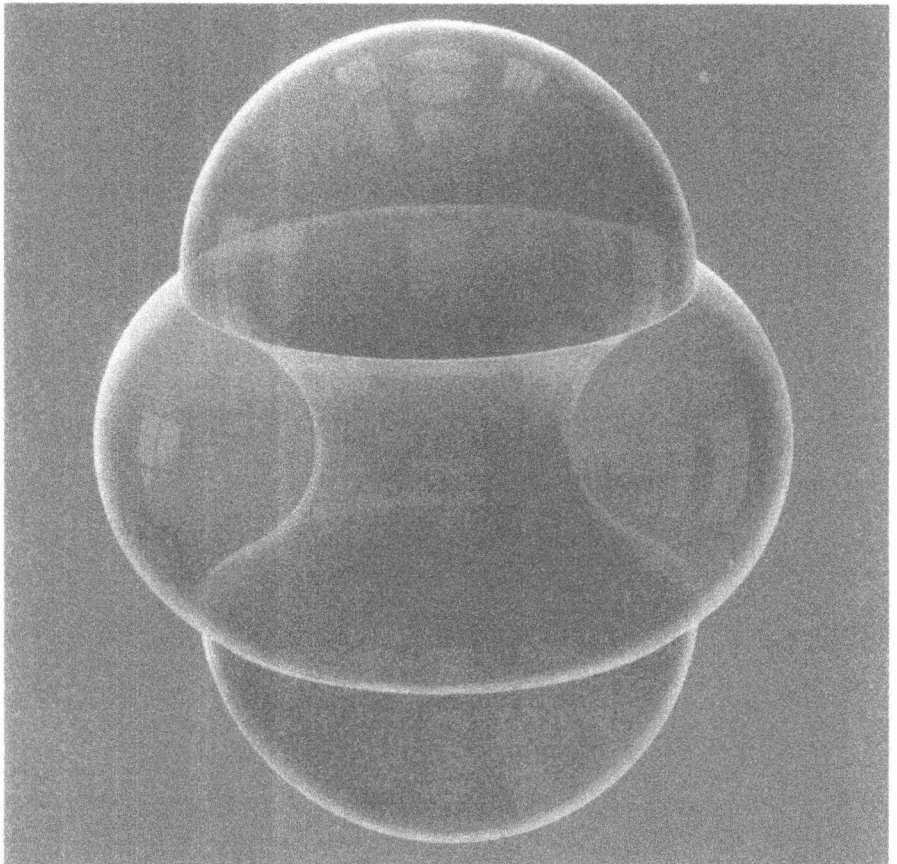

Fig. 6. Simulazione al computer di John Sullivan, University of Illinois at Urbana Champaign, 1995. © J. Sullivan

1) un sistema di bolle o un sistema di lamine attaccate a un supporto in filo di ferro è costituito da superfici piane o curve che si intersecano tra loro secondo linee con curvatura molto regolare;

2) le superfici possono incontrarsi solo in due modi: o tre superfici che si incontrano lungo una linea o sei superfici che danno luogo a quattro curve che si incontrano in un vertice;

3) gli angoli di intersezione delle superfici lungo una linea o delle superfici delle curve di intersezione in un vertice sono sempre eguali, nel primo caso sono di 120°, nel secondo di 109° 28' (Figg. 7, 8).

Plateau utilizza le regole scoperte per dare forma a un gran numero di strutture di acqua saponata. Per far questo basta costruire dei piccoli telai di ferro e immergerli nel sapone. Una volta estratti si ottiene per ogni telaio un sistema di lamine che è la verifica sperimentale del problema di Plateau per quel telaio. Uno dei primi telaietti che Plateau considera è in forma di scheletro di cubo. Le lami-

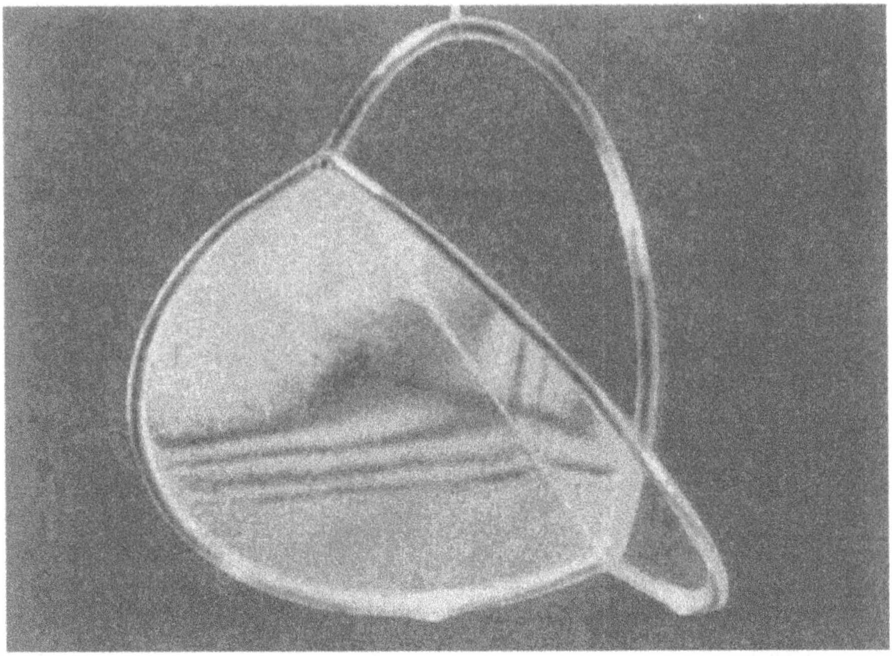

Fig. 7. Fotogramma dal film di Michele Emmer, *Soap Bubbles*. © M. Emmer [11]

Fig. 8. Fotogramma dal film di Michele Emmer, *Soap Bubbles*. © M. Emmer [11]

ne, una volta immerso ed estratto il telaio, raggiungono la forma stabile in pochi istanti.

Il sistema di lamine che si ottiene rispetta le regole degli angoli e inoltre le lamine vanno a incontrarsi al centro in una lamina di forma quadrata, lamina che risulta sempre disposta parallelamente a una delle facce del telaio cubico. Se poi si reimmerge nell'acqua saponata e si estrae il telaietto dal sapone non del tutto, in modo tale che le lamine catturino un piccolo volume d'aria e quindi si estrae del tutto il telaietto, la bolla d'aria catturata si sistema immediatamente, per ragioni di simmetria, al centro della struttura laminare (Fig. 9).

Si ottiene un cubo le cui facce di acqua saponata sono collegate tramite altre lamine al telaio cubico. Il cubo al centro ha le facce leggermente convesse per rispettare le regole sugli angoli. Nel caso del telaio tetraedrico, se si ripete l'operazione, si ottiene un sistema analogo (Fig. 10).

Uno dei risultati più affascinanti è quello che si ottiene quando il telaio esterno ha forma di dodecaedro (Fig. 11).

Il nuovo sapone: il computer

Plateau con i suoi esperimenti aveva posto ai matematici due problemi: quello che è noto come problema di Plateau e l'altro sulla geometria delle lamine di sapone. Il primo a porsi il problema di trovare la superficie di area minima deli-

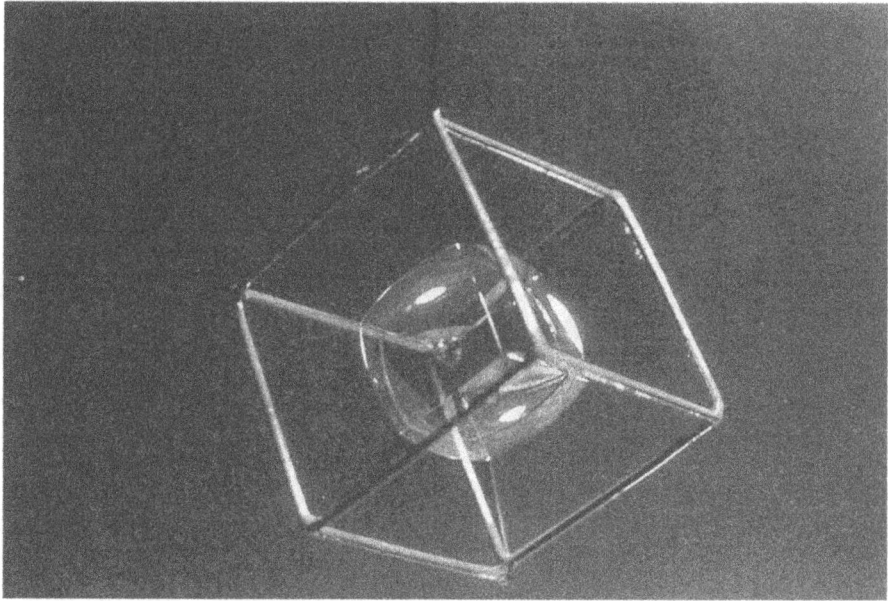

Fig. 9. M. Emmer, E. Bisignani (1986) *Soapy Hypercube* (Ipercubo di sapone), fotografia. © M. Emmer. Esposto alla Biennale d'arte di Venezia del 1986

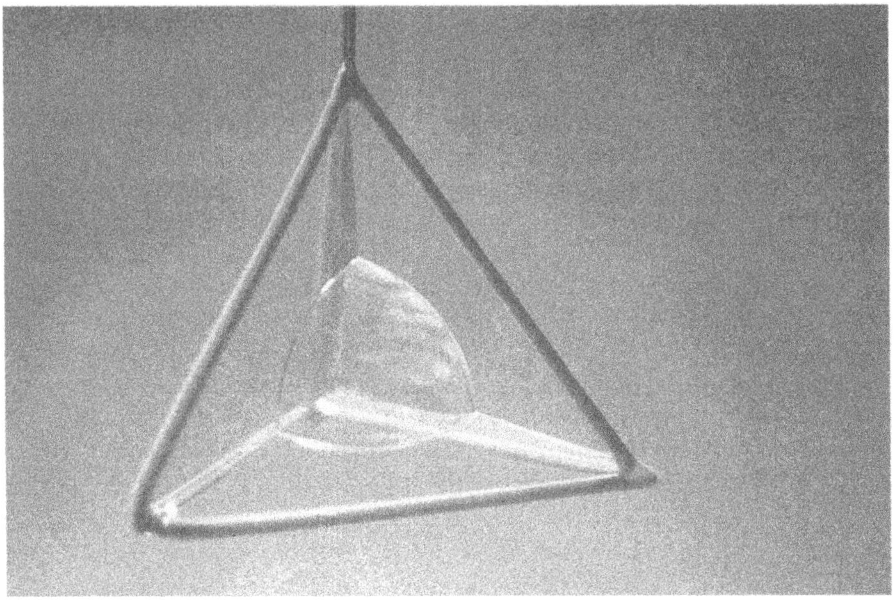

matematica e cultura 2002

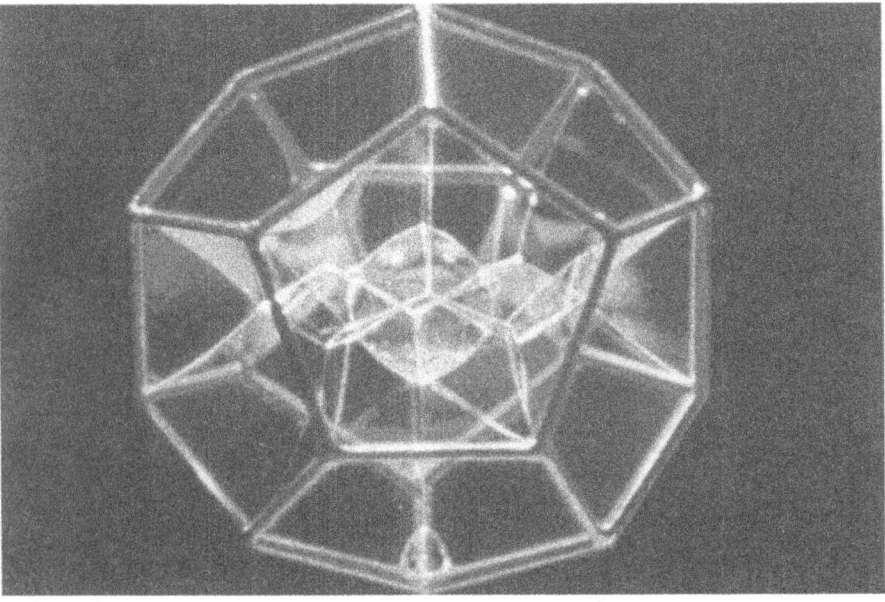

Fig. 10. M. Emmer, E. Bisignani, *Telaio tetraedrico* (1978), fotogramma dal film di Michele Emmer. © M. Emmer

Fig. 11. M. Emmer, E. Bisignani, *Telaio dodecaedrico* (1978), fotogramma dal film di Michele Emmer. © M. Emmer

mitata da un contorno chiuso era stato Eulero nel XVIII secolo. Data di nascita ufficiale della teoria delle superfici minime è considerato il 1761, anno in cui viene pubblicato il lavoro di Lagrange *Traité de mécanique céleste: supplément au livre X*.

Per molto tempo l'unica soluzione esplicita al problema di Plateau fu quella ottenuta da Schwarz per un contorno quadrilatero sghembo. È nel 1931 che il matematico J. Douglas pubblica un lavoro dal titolo *Solution of the problem of Plateau* [12]. Negli stessi anni il matematico ungherese Tibor Radò pubblicava i due lavori *On Plateau's problem* e *The problem of Least Area and the problem of Plateau* [13], cui seguiva nel 1933 il volume *On the Problem of Plateau* [13] nel quale si faceva il punto sulle ricerche nel settore. Per i suoi lavori sulle superfici minime Douglas otteneva nel 1936 la medaglia Fields, il più alto riconoscimento per un matematico, che viene assegnata ogni quattro anni in occasione del Congresso mondiale di matematica. Come è noto non esiste il premio Nobel per la matematica. Poteva sembrare che i lavori di Radò e Douglas e poi di Courant avessero chiuso, alla fine degli anni Quaranta, il discorso sul problema di Plateau. Restavano in realtà molte questioni aperte dagli esperimenti di Plateau. In particolare rimanevano aperte le questioni legate alla formazione di spigoli liquidi (di singolarità) nelle superfici saponose, come si ottiene per esempio immergendo il telaio cubico nel sapone.

È all'inizio degli anni Sessanta che viene introdotto un approccio completamente nuovo al problema di Plateau da parte di Ennio De Giorgi e di Reifenberg [14]. L'idea era quella di generalizzare il concetto di superficie, di area e di contorno per arrivare ad ottenere una soluzione generale del problema di Plateau. Il metodo usato era quello del calcolo della variazioni, quindi cercare all'interno delle superfici considerate quelle che minimizzavano l'energia del sistema, nel caso specifico dell'area. Utilizzando i metodi diversi e indipendenti di Reifenber e di De Giorgi il problema di Plateau poteva dirsi risolto nella sua generalità. Restava il problema dello studio delle spigolosità (delle singolarità) che veniva affrontato e risolto da diversi studiosi, tra i quali Mario Miranda, Enrico Giusti e Enrico Bombieri in Italia e Federer, Fleming e Almgren negli USA. Enrico Bombieri nel 1974 otteneva la medaglia Fields anche per i suoi contributi alla teoria delle superfici minime. Restava un'altra questione: la geometria delle lamine di sapone così come erano state scoperte sperimentalmente da Plateau. Le leggi di Plateau erano corrette e era possibile dimostrare che i modelli che aveva trovato per diversi contorni erano corretti?

In questo lavoro forniamo una classificazione completa della struttura locale delle singolarità nello spazio tridimensionale; i risultati sono che l'insieme singolare di un insieme minimo (gli spigoli cioè) consiste di curve abbastanza regolari lungo le quali si incontrano tre lamine della superficie in angoli eguali di 120° e da punti isolati ove si incontrano quattro di tali curve dando luogo a sei lamine anch'esse con angoli eguali.
[Insomma il comportamento è o quello della figura 7 o quello della Figura 8]. I risultati si applicano alle molte superfici reali che sono generate dalla tensione superficiale, come un qualsiasi aggregato di lamine di sapone, e quindi

forniscono una dimostrazione dei risultati sperimentali ottenuti da Plateau più di cento anni fa.

Così inizia uno dei lavori di matematica più noti di questi ultimi venti anni. Scritto da Jean E. Taylor, si intitola *The Structure of Singularities in Soap-Bubble-Like and Soap-Film-Like minimal Surfaces* (La struttura delle singolarità nelle superfici minime stabili cioè del tipo bolle e lamine di sapone) [15]. La Taylor fu in grado di classificare e esaminare i casi che si potevano presentare dimostrando così che Plateau aveva avuto ragione. Con Fred Almgren la Taylor scrisse un ben noto articolo sulle loro ricerche pubblicato su *Scientific American* nel 1976 [16].

Non tutte le superfici minime possono essere ottenute con le lamine di sapone, solo quelle stabili; è essenziale, perché ciò sia possibile, che siano rispettate alcune proprietà topologiche. Sino al 1982 erano note solo tre superfici minime di una classe particolare: le superfici di questo tipo sono dette "superfici minime complete immerse", ove ciò significa che la superficie si estende all'infinito e non si autointerseca mai; le tre superfici sono il piano, la catenoide e l'elicoide. Una porzione di tutte e tre può essere ottenuta mediante lamine saponate. Queste tre superfici sono tutte senza manici (si pensi ad una tazzina); per dirla in modo preciso, il loro genere topologico è zero. Per quasi duecento anni i matematici si sono chiesti se esistessero superfici minime complete immerse di genere topologico più grande di zero, cioè con almeno un manico. Due mate-

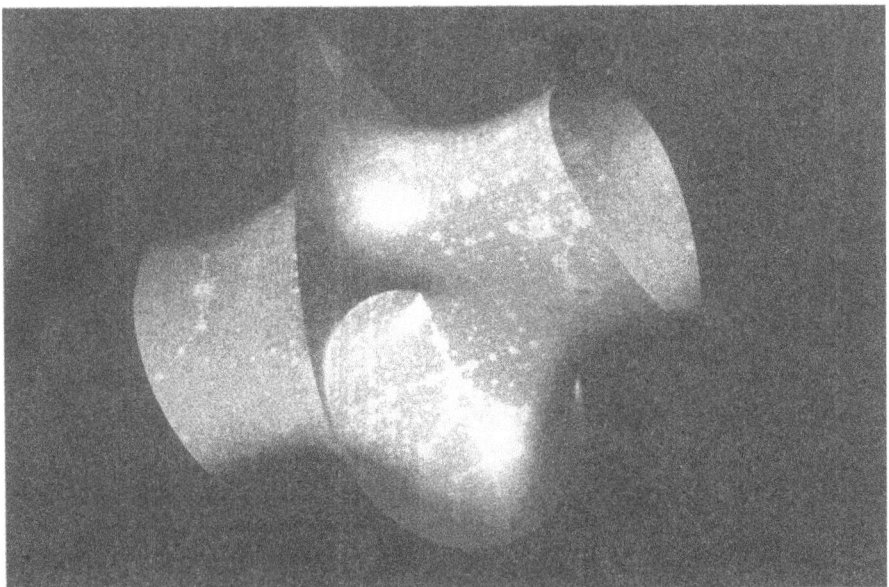

Fig. 12. D. Hoffman, W.H. Meeks III, J.T. Hoffman (1985) *Superficie minima completa immersa di genere topologico 1*, computer graphics a partire dalle equazioni di C. Costa. © Hoffman, Meeks, Hoffman

matici americani, David Hoffman e William Meeks III, utilizzando le equazioni trovate da un matematico brasiliano, Costa, sono stati in grado di dimostrare l'esistenza di una classe di superfici minime di tipo topologico comunque elevato, superfici minime con buchi, non ottenibili quindi con le lamine saponate. Il metodo da loro usato è consistito nello studiare visivamente, sul terminale video di un elaboratore, le superfici costruite a partire dalle equazioni di Costa per cercare di capire quale ne fosse la struttura; dallo studio delle immagini i due matematici sono riusciti a cogliere alcune simmetrie delle figure e da queste osservazioni sono poi stati in grado di dimostrare analiticamente l'esistenza delle soluzioni. Fu il primo esempio di una dimostrazione matematica di notevole difficoltà in cui la computer graphics aveva giocato un ruolo essenziale [17] (Fig. 12).

Nell'ambito del *Geometry Project* dell'Università del Minnesota a Minneapolis, Fred Almgren e John Sullivan hanno studiato la visualizzazione della geome-

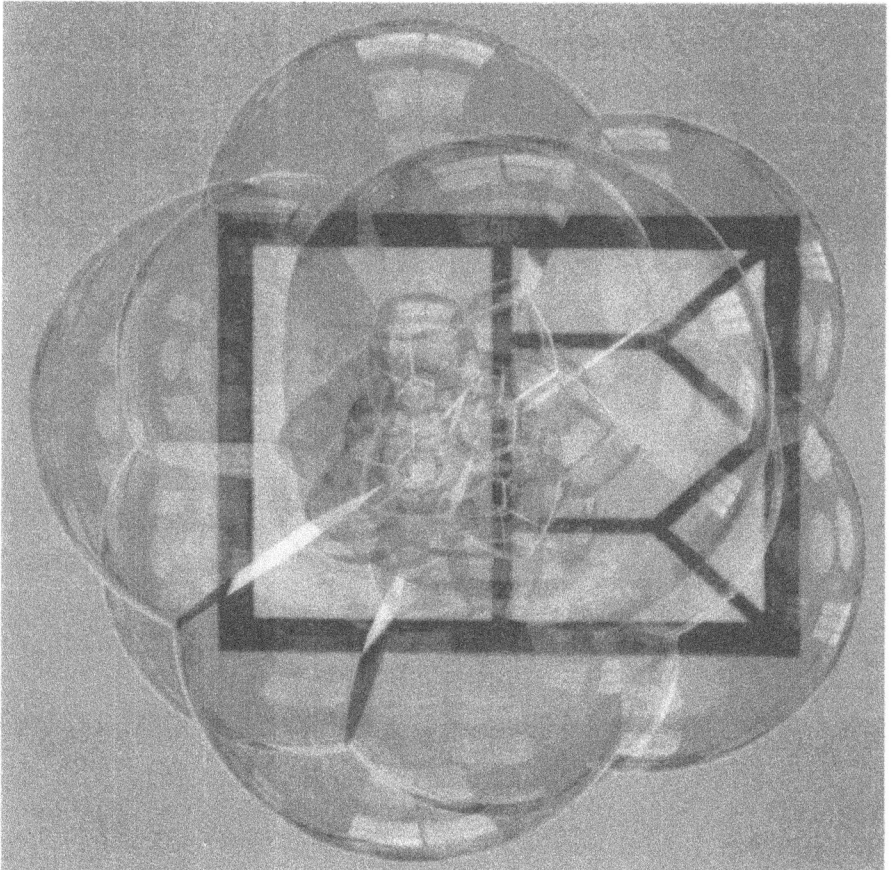

Fig. 13. F. Almgren, J. Sullivan (1990) *Agglomerato di bolle di sapone,* computer graphics. © Geometry Supercomputer Project, Minneapolis

tria delle lamine saponate [18]. Si sono preoccupati non solo dell'aspetto geometrico ma anche di quello fisico, simulando un ambiente con finestre e luce che illuminasse le superfici delle lamine in modo che l'effetto fosse il più possibile simile a quello di lamine reali (Fig. 13). In questo modo è stato possibile studiare la geometria di un agglomerato di lamine composto di 119 bolle di sapone! La simulazione ha riguardato anche la formazione e il movimento nell'aria degli agglomerati di bolle.

Si può affermare che oramai l'acqua saponata non si utilizza più per studiare le superfici minime. È il computer il nuovo sapone. Le nuove forme scoperte dai matematici hanno molto interessato gli artisti che hanno creato forme ispirandosi alle astratte forme matematiche [19]. Forme realizzate sia con materiali tradizionali (marmo, pietra, legno) che con la computer graphics (Fig. 14).

Non poteva mancare l'interesse per l'evoluzione nello spazio e nel tempo delle lamine e delle bolle di sapone, realizzate o con il computer o con la tradizionale acqua saponata. Il film *Bolle di sapone* [11] è stato realizzato con Fred Almgren e Jean Taylor utilizzando i modelli con acqua saponata; il loro intervento nel film venne filmato nel 1979 alla Princeton University; invece la sequenza dei modelli di lamine di sapone che danzano al suono del *Valzer delle rose* di Carl Maria von

Fig. 14. C. Séquin (1996) *Scultura virtuale tipo marmo di superficie minima a forma di toroide detta di Scherk-Collins*, computer graphics. © Sequin

Fig. 15. A. Arnez, K. Polthier, M. Steffens, C. Teitzel, *Superficie minima di Riemann*, fotogramma dal film *Touching Soap Films*, computer graphics animation [20]. © A. Arnez, K. Polthier, M. Steffens, C. Teitzel

Weber sono state filmate in una notte in un albergo di Manhattan, nella *52th street*, a New York. I telaietti erano stati forniti da Fred Almgren e Jean Taylor; operatore era Elio Bisignani, teneva i telaietti e curava la regia Michele Emmer; aiutavano Valeria Emmer e Christoph Klemm, cugino Svizzero di Valeria; dormivano nella stanza accanto Matteo e Tommaso. C'è voluta una buona dose di fortuna per ottenere alcune delle immagini!

Nel 1998 si tiene a Berlino il congresso mondiale di matematica (ICM'98). In tale occasione viene bandito un concorso internazionale per realizzare un video con le migliori immagini matematiche realizzate in tutto il mondo. Il video viene montato e editato da Hans-Christian Hege e Konrad Polthier [20]. Tra i venti video prescelti viene inserita anche la sequenza del valzer delle bolle di sapone. Stessa cosa accadrà due anni dopo con il video realizzato in occasione del congresso europeo di Barcellona del 2000 [21].

La Springer, visto l'interesse suscitato dai due video, avvierà una serie di video di matematica di cui sono stati pubblicati i primi titoli.

Se nel mio film erano le bolle *naturali* ad essere riprese, nel nuovo film sulle superfici minime prodotto da A. Arnez, K. Polthier, M. Steffens e C. Teitzel dell'Università di Bonn e della Technische Universitat di Berlino nel 1995 è stato tutto realizzato con la animazione computerizzata [22] (Fig. 15).

Naturalmente il nuovo sapone computerizzato nulla toglie al fascino del giocare con le bolle di sapone. Aveva ragione Mark Twain quando ha scritto:

Una bolla di sapone è la cosa più bella, e la più elegante, che ci sia in natura... Mi chiedo quanto sarebbe necessario per comprare una bolla di sapone se al mondo ne esistesse soltanto una.

Bibliografia

[1] H. Pratt (1977) *Corte Sconta detta Arcana*, Milano Libri Edizioni
[2] T. Emmer (1992) *Il dente del Narvalo*, Centro Internazionale della Grafica, Venezia; segnalazione al Premio Montale
[3] V. Marchiafava (1991) Senza titolo, in: M. Emmer, *Bolle di sapone: un viaggio tra arte, scienza e fantasia*, La Nuova Italia, Firenze. Nel libro la poesia compare senza il nome dell'autore
[4] G. Bizet (1838-1875) *Jeux d'Enfants*, composti nel 1871; sono 17 quadri, *Les bulles de savon* è il numero 12
[5] M. Emmer, V. Marchiafava (1993) *Les Bulles de savon: une spectacle de Mathématiques*, in: A. Giordan, J.-L. Martinad, D. Raichvarg (eds.) *Science et Technique en Spectacle*, Centre J. Franco, Chamonix, pp. 61-70
[6] M. Emmer (1991) *Bolle di sapone: un viaggio tra arte, scienza e fantasia*, La Nuova Italia, Firenze; le ultime copie del libro sono state, a quanto mi risulta, mandate al macero nel 1997
[7] P.G. de Gennes (1992) Soft matter, *Science*, vol. 256, 24 aprile, pp. 495-497
[8] J.R. Newman (ed.) (1956) *The World of Mathematics*, Simon & Schuster, New York, pp. 882-885
[9] J. Plateau (1873) *Statique expérimentale et théorique des liquides soumis aux seules forces moléculaires*, Tomi I e II, Gauthier-Villars, Paris
[10] F. Morgan (1995) *Geometric measure Theory: A Beginner's Guide*, Academic Press, Boston
[11] M. Emmer (1978) *Soap Bubbles*, serie Art and Mathematics, film e video, durata 30 minuti; edizioni italiana, francese, inglese; distribuzione: http://users.iol.it/m.emmer/
[12] J. Douglas (1931) Solution of the problem of Plateau, *Trans. Amer. Math. Soc.*, vol. 33, pp. 263-321
[13] T. Radò (1930) On Plateau's problem, *Ann. Math.*, vol. 31, pp. 457-469;
T. Radò (1930) The problem of Least Area and the problem of Plateau, *Math. Zeitschrift*, vol. 32, pp. 762-796;
T. Radò (1933) On the Problem of Plateau, *Ergebnisse der Mathematik*, zweiter band, Springer-Verlag Berlin, pp. 115-125
[14] E. De Giorgi, F. Colombini, L.C. Piccinini (1972) *Frontiere orientate di misura minima e questioni collegate*, Scuola Normale Superiore, classe di Scienze, Pisa;
E.R. Reifenberg (1960) Solution of the Plateau Problem for m-Dimensional Surfaces of Varying Topological Type, *Acta Mathematica*, vol. 104, pp. 1-92
[15] J.E. Taylor (1976) The Structure of Singularities in Soap-Bubble-Like and Soap-Film-Like Minimal Surfaces, *Ann. Math.*, vol. 103, pp. 489-539
[16] F. Almgren, J. Taylor (1976) The Geometry of soap bubbles and Soap Films, *Scientific American*, pp. 82-93 (ed. it. Le Scienze, 1976)
[17] M.J. Callahan, D. Hoffman, J.T. Hoffman (1988) Computer Graphics Tools for the Study of Minimal Surfaces, *Comm. ACM*, vol. 31, n. 6, pp. 648-661
[18] F. Almgren, J. Sullivan (1993) Visualization of Soap Bubble Geometry, in: M. Emmer (a cura di) *The Visual Mind: Art and Mathematics*, MIT Press, Boston, pp. 79-84
[19] C.H. Sequin, J. Smith (1999) *Parameterized Procedural Synthesis of Artistic Geo-*

metry, in: M. Emmer (a cura di) *Visual Mathematics*, Special issue, *Int. J. of Shape Modeling*, vol. 15, n. 1, pp. 81-99;
C.H. Sequin, J. Smith (2002) Parameterized Sculpture Families, in: M. Emmer (a cura di) *The Visual Mind 2: Art and Mathematics*, MIT Press, in corso di stampa
[20] H. Karcher, K. Polthier (2000) *Touching Soap Films*, video, 41 minuti, computer graphics, Springer-Verlag, Berlin
[21] H.-C. Hege, K. Polthier (eds.) (1998) *Video Math Festival at ICM'98*, video, Springer-Verlag, Berlin
[22] S. Xambò-Descamps, S. Zarzuela (eds) (2000) *Video and Multimedia at 3ECM*, Springer-Verlag, video e DVD, Berlin

Riferimenti in rete

http://www.math.uiuc.edu/~jms
http://www.msri.org/publications/sgp/jim/images/surflib/index.html
Per la serie di video di matematica della Springer: http://www.springer.de
Per la serie di video di matematica di Michele Emmer: http://users.iol.it/m.emmer/

La *Bolla Magica*

Tom Noddy

Non sono un matematico. Sono un soffiatore di bolle professionista. Questa affermazione provoca lo stesso genere di sorpresa e divertimento tra i matematici come pure tra gli altri gruppi di individui – ma solo i matematici riescono a vedere qualcos'altro in quello che faccio. Sono un animatore professionista e spesso lavoro nei night-club, nei teatri di varietà, ai gala aziendali e alle fiere commerciali, ma anche presso università, centri di ricerca, in classi scolastiche e in altri luoghi educativi.

Ho presentato varie volte il mio spettacolo, *Bubble Magic*, come parte di lezio-

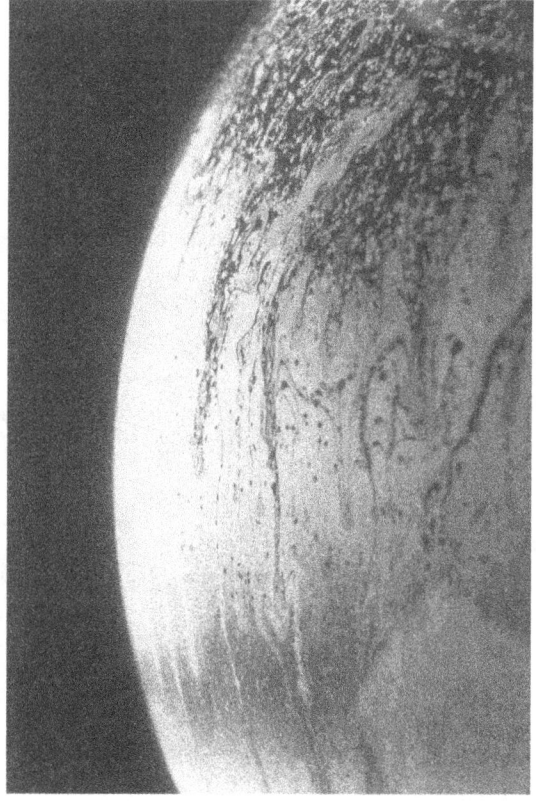

Fig. 1. Superficie di una bolla di sapone

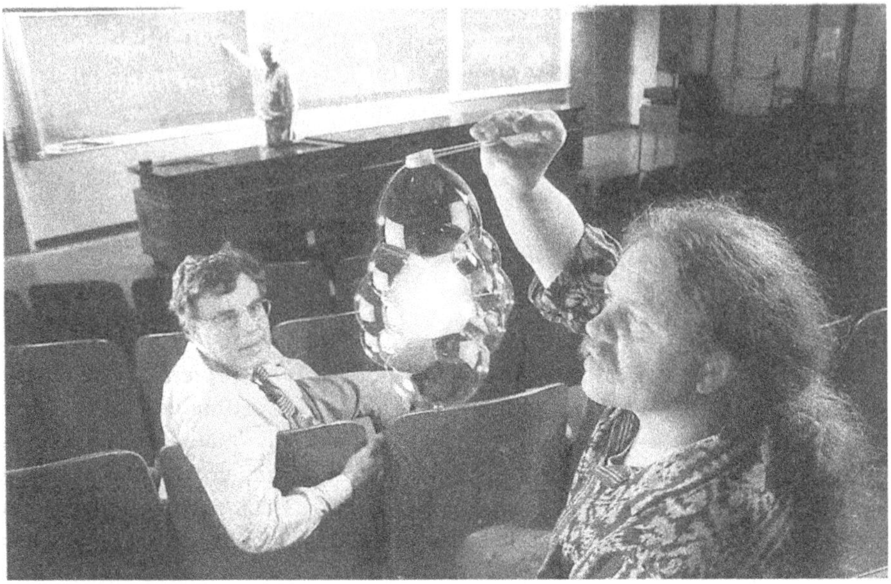

Fig. 2. Bolle in aula

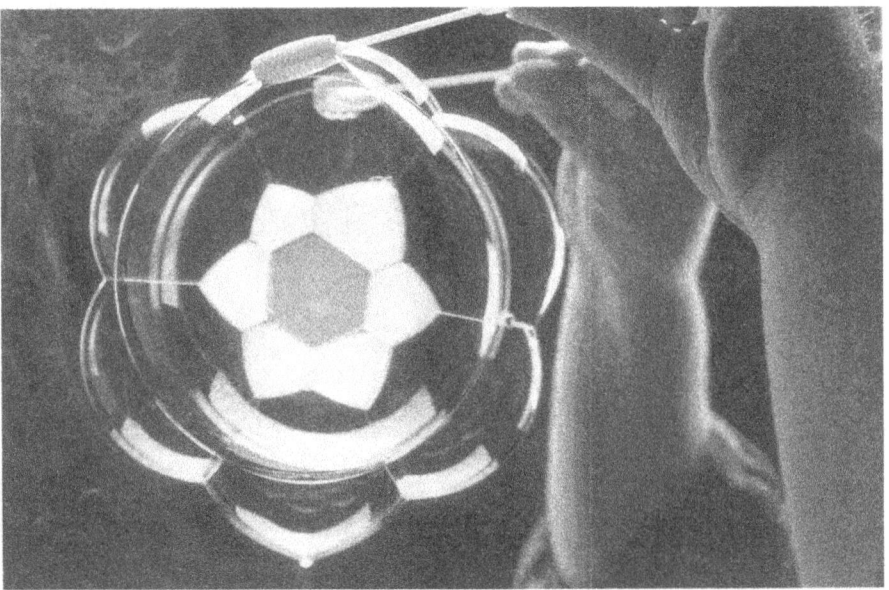

Fig. 3. Stella

ni di matematica (la prima con Anthony Tromba alla University of California a Santa Cruz) e dimostrazioni di fisica. I matematici sono sovente già al corrente dei Problemi di Plateau o delle altre questioni topologiche che spesso sono messe in relazione con le bolle in quanto modelli. Ho incontrato Michele Emmer quando mi sono esibito in Germania, su invito di Konrad Polthier al *Congresso Internazionale di Matematica* tenutosi a Berlino nel 1998. Ho entusiasticamente accettato di venire a Venezia al Convegno *Matematica e Cultura 2001*.

Quanto presentato a Venezia è simile a ciò che generalmente faccio nei luoghi di intrattenimento con la seguente eccezione: ho aggiunto un numero di bolle di forma geometrica che, per i non addetti ai lavori, risulta di solito un po' noioso. Per queste persone, la vista di una bolla a forma di *dodecaedro* e di un'altra a forma di *ottaedro tronco* non presenta differenze interessanti. Per i matematici e per i fisici, invece, spesso questa è la parte più coinvolgente del mio spettacolo.

Le foto che accompagnano questo testo mostrano alcune delle bolle che io presento: un tornado di fumo che esce da una bolla che si sgonfia, bolle che scoppiano all'interno di bolle, una lunga catena di bolle e la semplice bellezza dei colori dell'onda di interferenza mostrata dalle pellicole sottili dell'acqua saponata. Inoltre ci sono fotografie di alcune delle forme che posso produrre all'interno di un grappolo di bolle: tetraedri, cubi, dodecaedri, figure stellate compo-

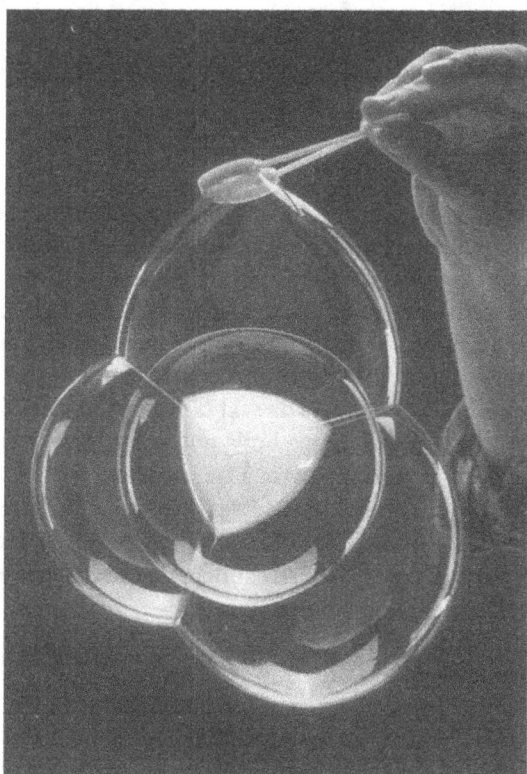

Fig. 4. Dodecaedro

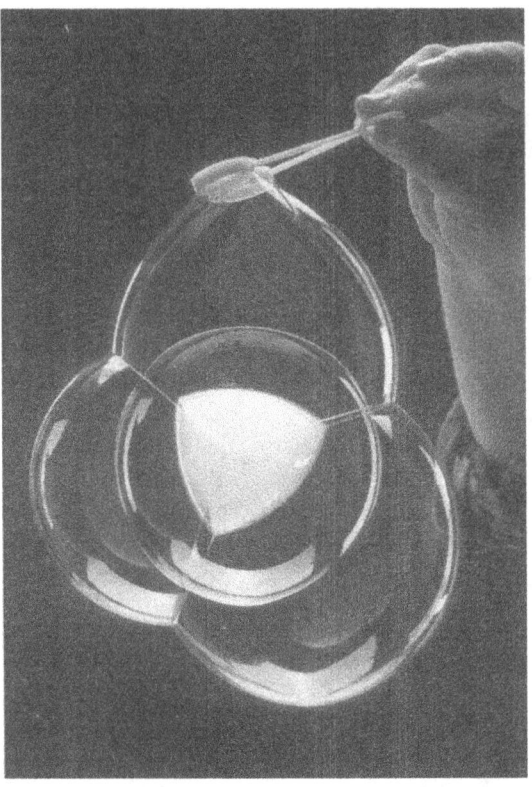

Fig. 5. Tetraedro

ste di una serie di bolle adiacenti. Quando creo un'unica bolla per darle una forma particolare, lo faccio componendo dapprima un grappolo di bolle in una particolare posizione e poi inserisco una cannuccia al centro di questo grappolo e soffio una bolla interna la cui forma è determinata dalle forze che circondano il grappolo. Utilizzo il fumo per riempire la bolla interna e illuminarla in modo da differenziarla dal grappolo che la contiene. Una bolla *cubica* è, naturalmente, una bolla circondata da sei bolle di misura più o meno simile. (Nota: dal momento che le pareti di una bolla non si incontrano mai formando angoli di 90°, ma si incontrano sempre a tre a tre formando angoli uguali di 120° e quattro lati che si incontrano in un vertice danno origine sempre ad angoli di 109° 28' 16", il cubo è, di fatto, un cubo sferico le cui pareti si incurvano all'infuori). Il *tetraedro* (tetraedro sferico) è circondato da quattro bolle di misura più o meno simile. Sul palco spesso creo una bolla *dodecaedrica pentagonale*, che chiamo Bubble Jewel (Bolla Gioiello) (dato che gli angoli richiesti per un dodecaedro regolare pentagonale sono molto simili agli angoli che le bolle creano naturalmente, questa ha un po' meno l'aspetto di una protuberanza e le sue facce sono quasi piatte): una singola bolla riempita di fumo circondata da dodici bolle quasi della stessa misura.

Pitagora conosceva le figure che oggi sono sovente chiamate "solidi perfetti" o "solidi di Platone". Pitagora si riferiva ad essi come ai "solidi sacri" e per lui essi rappresentavano elementi: il tetraedro rappresentava il fuoco, il cubo rappresentava la terra, l'ottaedro e l'icosaedro rappresentavano l'acqua e l'aria. Quando i pitagorici scoprirono il dodecaedro, pensarono di aver scoperto una forma che rappresentava qualcosa al di là dei quattro elementi terrestri: il dodecaedro rappresentava il divino e, come tale, fu considerato come la più sacra tra tutte le figure. Per un membro del culto pitagorico, rivelare la forma del dodecaedro regolare a qualcuno non ammesso al culto era considerato un peccato passibile di punizione.

Dei cinque "solidi sacri" le bolle di sapone sono in grado di formarne solo tre.

Le bolle possono organizzarsi solo in forme tridimensionali che abbiano tre spigoli che si incontrano nei loro vertici dato che le bolle formano sempre quattro bordi in un punto e uno di essi è necessariamente una parte della struttura circostante e non una parte della figura più interna. Poiché l'ottaedro e l'icosaedro richiedono entrambi angoli in cui concorrono più di tre spigoli, non si trovano bolle in quelle forme. Stranamente i due "solidi sacri" che le bolle di sapone non possono formare sono quelli che rappresentano l'acqua e l'aria.

Come menzionato, ci sono alcune cose che io sono in grado di fare con le bolle di sapone, alle quali di norma il mio pubblico non è particolarmente interessato. Mostro certamente la bolla cubica e talvolta il tetraedro e il dodecaedro, ma se proseguo con altre forme geometriche vedo spesso gli occhi appannarsi mentre tento di rendere loro l'argomento interessante. Ma quando sono solo con le bolle (o meglio, quando mi trovo insieme a studiosi o studenti di scienze), mi concentro sulla varietà di forme apparentemente senza limiti a cui posso costringere le mie bolle. Per fisici e matematici un grande *rombocubottaedro* non è proprio la stessa cosa di un *cubo tronco* o di un *prisma decagonale*.

Molti anni fa ho letto un libro sulle forme che la natura predilige nel suo sforzo di minimizzare *la forma* sotto varie costrizioni. Questo libro (*Patterns in Nature*, di Peter S. Stevens) dava informazioni sulla forma delle bolle di sapone. Stevens parlava di un problema posto tempo addietro da Lord Kelvin in cui si domandava quale forma sarebbe stata la "forma ideale per la schiuma uniforme". Vale a dire, se tutte le bolle in una schiuma dovessero assumere la medesima forma ripetuta più volte, quale avrebbero avuto?

Sapendo che le bolle prendono forme minime con vertici a tre spigoli e sapendo che la forma di una schiuma richiederebbe che la forma base fosse capace di "impilamento" con se stessa (incontrando tutte facce e spigoli senza soluzione), Kelvin propose che la forma ideale fosse quella di un *ottaedro tronco* (14 facce, 8 esagoni e 6 quadrati). Ho visto questa forma descritta come "la scomposizione più semplice dello spazio in parti congruenti". Il che certamente suona come il genere di cosa che una bolla di sapone preferirebbe. Tuttavia, quando altri studiosi guardarono dentro la schiuma per trovare esempi di questa forma non riuscirono a trovare nessun esempio di ottaedro tronco. Un americano di nome Matzke negli anni Trenta utilizzava aria compressa e una valvola ad ago per produrre la schiuma più uniforme che potesse ideare e poi usava un microscopio a sezione binoculare per osservare le forme prodotte. Contò più di seicento bolle di sapone e sorprendentemente, scoprì che nessuna di loro era la cosiddetta "cella di Kelvin". Il libro che stavo leggendo terminava il racconto con l'affermazione che "apparentemente la natura non dà mai retta al suggerimento di Kelvin".

Mi piace leggere lo humour radicato nella scienza, ma quell'uso della parola "mai" non mi abbandonò. Pensavo che seicento dovesse essere parsa una gran quantità di bolle a Matzke, ma l'ultima volta che ho lavato i piatti ho fatto milioni di bolle. Seicento mi pareva un campione piuttosto piccolo per concludere con la parola "mai". Pensavo di iniziare con un approccio diverso. Se le bolle fossero mai capaci di prendere la forma della cella di Kelvin, allora sicuramente nella schiuma marina, nella schiuma di birra, o di sapone, e nella schiuma dei giocatori di baseball c'è sicuramente un qualche uso di quella "forma ideale".

Sono bravo nella manipolazione delle bolle di sapone, così tentai di produrre intenzionalmente un esempio della *Kelvin Cell*, invece di affidarmi al metodo di produzione casuale utilizzato da Matzke. Ho creato molti grappoli diversi di quattordici bolle (come gli scienziati, un ragazzo delle bolle come me ha tempo per questo genere di cose). Esiste un considerevole numero di modi per mettere insieme quattordici bolle e così ho impiegato molto tempo per trovarne uno che desse qualche probabilità di produrre 8 esagoni e 6 quadrati. Quando avevo trovato una forma che lo permettesse, ci volle altro tempo per diventare abbastanza

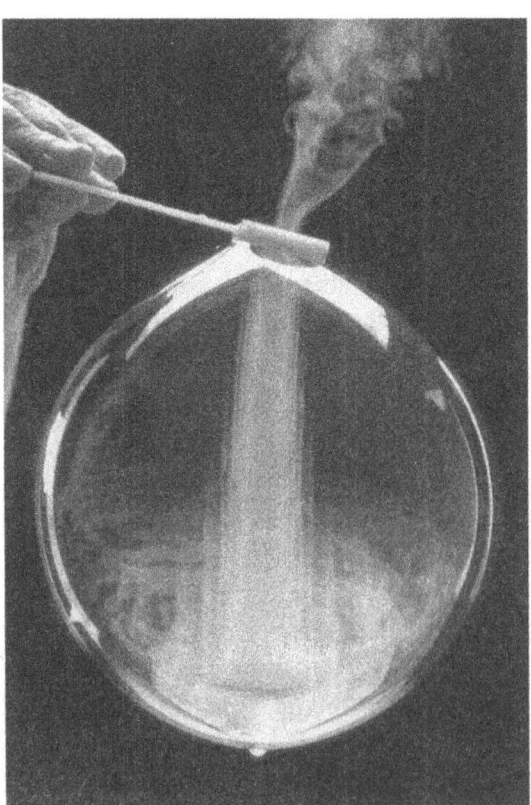

Fig. 6. Il fumo esce dalla bolla

Fig. 7. Superficie di una bolla di sapone

veloce nel produrre quella tale forma prima che la bolla iniziale si rompesse, permettendomi di tentare di riempire il centro con una singola bolla e vedere se avesse preso la forma desiderata. Scoprii che questa era diversa dal cubo, dato che la bolla interna poteva velocemente uscire per diventare una quindicesima bolla esterna invece di restare all'interno del grappolo a riempire lo spazio. Stetti con lei e (per farla breve) alla fine riuscii a produrre una bolla a forma di ottaedro tronco che ha 8 esagoni e 6 quadrati... la cella di Kelvin.

Questo successe parecchi anni fa ma, ancora oggi, non è facile per me fare tutto in maniera così corretta da produrre ogni volta questa forma. Quando mi esibii dal palco del Congresso Internazionale di Matematica nel 1998, ogni mio sforzo per mostrare questa forma al pubblico di matematici fu inutile. A Venezia, al convegno di *Matematica e Cultura*, sono riuscito al primo tentativo. Sono consapevole che la mia abilità non può essere paragonata a quella di coloro che ricercano cure per le malattie dell'uomo o di coloro che scoprono mondi lontani o avanzano prospettive di pace nei territori tribolati. Forse non è neppure così importante come il lavoro che svolgo nei teatri, dove vedo un'aria stupita sulle facce di un pubblico sfinito. Ma mi piace la connessione con Lord Kelvin, il fatto che egli ponga un vecchio quesito e il fatto che i matematici seri non solo sorridevano ma anche scuotevano il capo pensosamente.

Ci sono numerose fotografie che sono sicuro verranno pubblicate insieme a questo semplice testo. Sono felice e onorato di essere stato invitato a questa manifestazione da Michele Emmer.

jolly

Superfici a una sola faccia

GIAN MARCO TODESCO

La pagina che state leggendo ha due facce: una formica che si trovasse a camminare su un lato del foglio e volesse raggiungere il lato opposto sarebbe costretta ad attraversare il bordo. Se il foglio avesse una dimensione infinita, la formica non potrebbe in alcun modo passare dall'altra parte. Oltre al piano, molte altre superfici, come la sfera, il cilindro e il toro, possiedono questa caratteristica. Esistono anche superfici unilatere, ovvero dotate di una sola faccia, ma l'idea che una superficie debba necessariamente avere due facce è così radicata nel nostro senso comune che le proprietà delle superfici unilatere appaiono spesso bizzarre e paradossali.

Nelle pagine seguenti esamineremo tre esempi di superfici ad una sola faccia. I modelli rappresentati sono delle animazioni interattive: il calcolatore aggiorna continuamente l'immagine sullo schermo che può essere manipolata a piacimento. È possibile cambiare il punto di vista e/o deformare con continuità il modello. Quest'ultima caratteristica risulta particolarmente utile per presentare delle relazioni di parentela fra superfici in apparenza molto diverse.

Il nastro di Möbius

La prima superficie di cui ci occupiamo fu scoperta nel 1858 in maniera indipendente da Johann Benedikt Listing e August Ferdinand Möbius e porta il nome di quest'ultimo. Se ne può costruire facilmente un modello prendendo una striscia di carta lunga e stretta e incollando fra loro i due lati corti dopo aver dato una torsione di mezzo giro alla striscia (Fig. 1).

Fig. 1

La costruzione è semplice, ma nello stesso tempo le proprietà dell'oggetto sono così inaspettate e interessanti da rendere la realizzazione di un nastro di Möbius di carta una tappa indispensabile per chi voglia lasciarsi affascinare dalla matematica.

Le proprietà che vogliamo studiare in questo caso, come nei successivi, non dipendono dalla forma o dalle dimensioni. Sono proprietà topologiche: quelle che rimangono invariate quando trasformiamo il modello tirandolo, allungandolo e deformandolo a volontà, ma senza fare tagli, incollature o pieghe.

Da questo punto di vista l'animazione computerizzata permette una rappresentazione migliore dei modelli concreti anche se la maggior parte delle proprietà del nastro di Möbius si possono esplorare con il modello di carta. (Giocare con la carta riserva comunque delle interessanti sorprese. Ad esempio è possibile costruire un nastro di Möbius di carta unendo i due lati lunghi del rettangolo? Sembrerebbe di no, ma...)

La caratteristica più saliente che si osserva cominciando ad esplorare il modello è che la superficie ha un solo bordo e una sola faccia. Se poniamo sul nastro di Möbius due formiche nello stesso punto, una sotto e una sopra, in modo che siano separate dalla striscia di carta, la prima formica può raggiungere la seconda camminando lungo il nastro e senza dover mai attraversare il bordo.

L'artista grafico olandese Maurits Cornelius Escher ha rappresentato in maniera vivida ed efficace questo concetto disegnando delle grosse formiche che camminano in fila indiana lungo il nastro di Möbius[1].

La prima animazione è un omaggio a quest'immagine. Al posto delle formiche abbiamo un insieme di ruote che rotolano lungo la striscia. Rispetto all'incisione, il computer aggiunge la dimensione del movimento (Fig. 2).

Il primo esercizio che è possibile realizzare con il modello di carta consiste nel tagliare il nastro lungo la sua linea mediana. Quando le forbici separano l'ultima

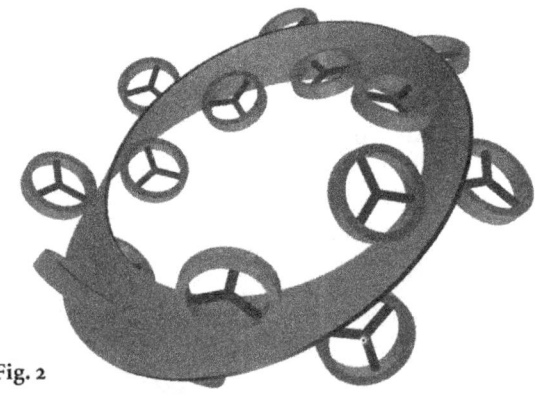

Fig. 2

Maurits Cornelius Escher, Moebius Strip II, 1963, xilografia.

Superfici a una sola faccia

Fig. 3

fibra di carta, congiungendo la fine del taglio con l'inizio, il nastro di carta non si separa in due come ci si potrebbe aspettare, ma si riduce a un nastro più lungo e stretto.

La carta tende ad aggrovigliarsi e ad arricciarsi durante il taglio: questo rende più spettacolare il momento finale, ma nasconde i dettagli. La sequenza animata prodotta con il computer appare meno inaspettata e sorprendente, ma permette di visualizzare in maniera più chiara il processo (Fig. 3).

Il taglio può essere fatto anche in posizione decentrata, per esempio a un terzo della larghezza della striscia. In questo caso le forbici percorrono due volte la lunghezza del nastro. Alla fine la striscia presenta due tagli paralleli che non la dividono in tre parti, come ci si potrebbe aspettare, ma solo in due: la parte centrale dà origine a un nastro simile a quello di partenza (ma più stretto), mentre le due parti esterne formano un unico anello lungo il doppio, analogamente a quanto accadeva con un taglio solo (Fig. 4).

Anche in questo caso il calcolatore permette di mantenere l'immagine chiara durante tutto il processo. Inoltre è possibile variare con continuità la posizione del taglio, dalla posizione centrale (taglio unico) a quella intermedia (a un terzo della lunghezza) fino a scomparire lungo il bordo.

L'ultima proprietà del nastro di Möbius che vogliamo considerare riguarda il numero cromatico. Il numero cromatico di una superficie è il minimo numero di colori necessario per colorare qualunque mappa disegnata su quella superficie in modo tale che regioni adiacenti abbiano sempre colori distinti. Ad esempio sul piano bastano quattro colori per colorare gli stati di una qualunque possibile carta geografica senza mai dover assegnare lo stesso colore a due stati con-

Fig. 4

finanti (questo fatto è stato dimostrato nel 1976 da Kenneth Appel e Wolfgang Haken). Una carta disegnata sul nastro di Möbius può invece richiedere fino a sei colori.

Parlando di colorazione di regioni sulle superfici ad una sola faccia è necessario precisare esattamente che cosa intendiamo per regione. Ogni piccola area disegnata su un pezzo di carta ha ovviamente un "retro". Nel caso delle mappe sul piano (e sulle altre superfici a due facce) il "retro" si trova in una regione inaccessibile (alle nostre solite formiche esploratrici) e quindi possiamo ignorarne l'esistenza. Sul nastro di Möbius le cose sono invece diverse; diventa quindi importante precisare che sul nastro non facciamo distinzioni fra "fronte" e "retro". Se coloro di rosso il "fronte" sto contemporaneamente colorando di rosso anche il "retro". Possiamo immaginare che il nastro sia fatto con un materiale molto poroso e assorbente e che il colore si possa vedere da entrambi i lati della carta. In pratica è difficile (anche se non impossibile) realizzare un buon modello tangibile che illustri la colorazione di regioni su una superficie unilatera. Il modello virtuale non ha queste limitazioni.

L'animazione ci permette di provare a colorare una mappa disegnata sul nastro di Möbius. Ci sono sei regioni rettangolari inizialmente colorate di grigio. Un click con il mouse permette di assegnare un colore alla regione desiderata. È così possibile rendersi conto che sei colori sono necessari. Nell'immagine qui sotto abbiamo un esempio di colorazione (Fig. 5).

Il piano proiettivo

L'oggetto di cui ci stiamo per occupare è una superficie chiusa ad una faccia e senza bordo: il piano proiettivo. Classicamente il piano proiettivo viene definito come l'insieme di tutte le rette dello spazio che passano per l'origine delle coordinate. Queste rette insieme ai piani passanti per l'origine possono essere visti, rispettivamente, come i punti e le rette di una geometria diversa dalla normale geometria piana euclidea. È facile rendersi conto che per due "punti" passa una sola "retta" e che valgono molti altri assunti della geometria piana ordinaria. In effetti sono veri, in questa geometria, i primi quattro postulati di Eucli-

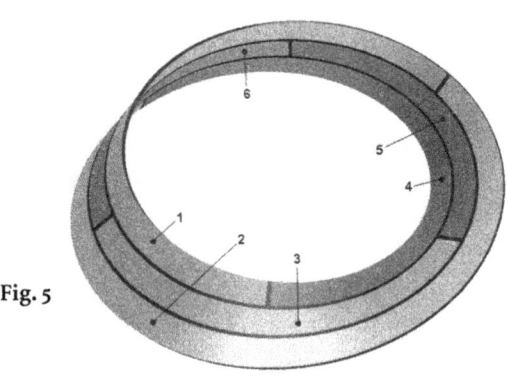

Fig. 5

Superfici a una sola faccia

de, mentre non vale il quinto: non esistono infatti "rette" parallele. Quindi possiamo concludere che la geometria del piano proiettivo non è una geometria euclidea.

L'idea del piano proiettivo venne sviluppata nell'ambito degli studi sulla prospettiva da parte dei matematici e dei pittori del rinascimento. Lo sviluppo di tecniche per dipingere quadri prospetticamente corretti portava allo studio della geometria dei raggi di luce che entrano nell'occhio del pittore, cioè della geometria dei fasci di rette passanti per uno stesso punto.

Per creare una rappresentazione più chiara del piano proiettivo consideriamo una sfera centrata nell'origine delle coordinate. Ogni retta del fascio corrisponderà ad una coppia di punti diametralmente opposti (antipodali) sulla superficie della sfera. I piani che passano per l'origine corrisponderanno ai cerchi massimi. Coppie di punti antipodali e cerchi massimi rappresentano dunque i "punti" e le "rette" della geometria proiettiva (Fig. 6).

L'unico difetto di questa rappresentazione è l'utilizzo di coppie di punti invece che di punti singoli.

(Se avessimo definito il piano proiettivo come l'insieme di semirette uscenti dall'origine non avremmo avuto questo problema, ma ne avremmo altri molto peggiori. Ad esempio sarebbe possibile tracciare infinite "rette" fra due "punti" diametralmente opposti: nella geometria classica si suppone che per ogni coppia di punti passi una retta sola; questo assunto viene utilizzato, anche se non esplicitamente enunciato, da Euclide nei suoi *Elementi* e farne a meno ci priverebbe di un enorme numero di teoremi).

È possibile trovare una superficie che sia un modello topologico del piano proiettivo (anzi ne esistono diverse). I punti di questa superficie corrispondono biunivocamente ai "punti" del piano proiettivo, ovvero alle rette dello spazio che passano per l'origine. Inoltre punti "vicini" sulla superficie corrispondono a rette "vicine" nello spazio. Vedremo che questa superficie ha interessanti proprietà e un'insospettata parentela con il nastro di Möbius.

Per cercare di eliminare il problema delle coppie di punti consideriamo solo metà della nostra sfera, ad esempio il solo emisfero inferiore. È chiaro che ogni retta passante per l'origine, salvo quelle che passano per l'equatore, corrisponde

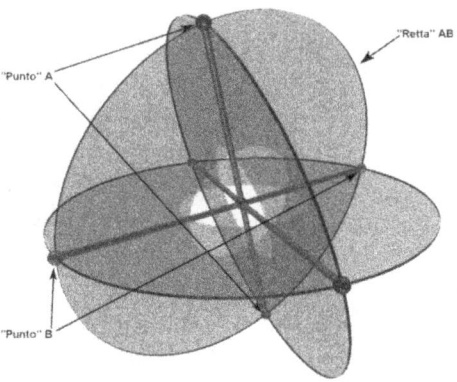

Fig. 6

ad un unico punto sull'emisfero inferiore. Ogni retta che passa per l'equatore corrisponde invece ad una coppia di punti antipodali.

Prendiamo ora una retta orientata nella direzione nord-sud. Questa retta sarà rappresentata dal solo polo sud. Cominciamo a muoverla lentamente in modo che il punto che la rappresenta si sposti verso nord lungo il meridiano 0°. Quando la retta tocca l'equatore anche il punto che la rappresenta raggiunge l'equatore, sempre sul meridiano 0°, ma adesso la rappresentazione comprende anche il punto antipodale che è comparso sul meridiano 180°. Se la retta si continua a muovere nello stesso modo, il punto a longitudine 0° scompare, mentre il suo gemello a longitudine 180° si allontana dall'equatore diretto verso il polo sud (Figg. 7, 8).

Il fatto che la rappresentazione della retta scavalchi l'equatore saltando da una parte all'altra della semisfera non è molto soddisfacente: rette vicine fra loro nello spazio si trovano a corrispondere a punti molto distanti sulla semisfera. Per migliorare il modello dobbiamo deformare la semisfera in modo da eliminare il bordo (l'equatore). Inoltre la deformazione deve aver l'effetto di avvicinare punti equatoriali opposti, mantenendo una certa distanza fra gli altri punti equatoriali. Ad esempio consideriamo quattro punti A,B,C e D inizialmente vicini all'equatore la cui longitudine sia rispettivamente 0°, 90°, 180° e 270°. Dopo la trasformazione il punto A si dovrà trovare vicino al punto C, ma lontano da B e D.

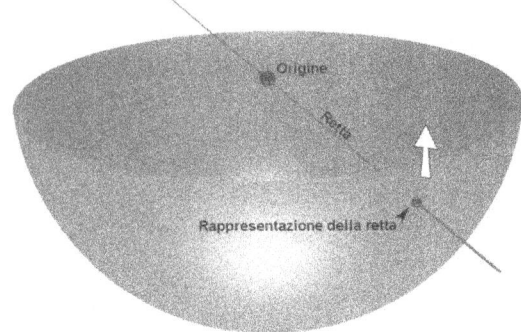

Fig. 7

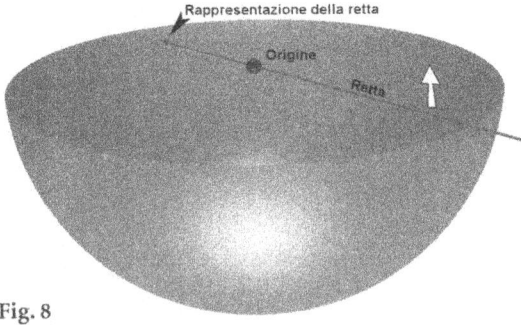

Fig. 8

Fig. 9

A questo punto rientra in gioco il nastro di Möbius. Il nastro ha un unico bordo. Se assegnassi un valore di longitudine ad ogni punto del bordo, da 0° a 360°, scoprirei che punti con longitudine opposta sono l'uno di fronte all'altro lungo il nastro e quindi, se il nastro è molto sottile, sono vicini fra loro. Esattamente il tipo di relazione che voglio imporre ai punti vicino all'equatore del modello.

Nell'animazione realizzata con il computer, il bordo del nastro è colorato in funzione della "longitudine": i punti la cui longitudine dista 180° hanno lo stesso colore. Questo permette di controllare visivamente la relazione anzidetta (Fig. 9).

A questo punto posso ritagliare dall'emisfero una sottile striscia lungo l'equatore e sostituirla con il nastro di Möbius, incollando il bordo del nastro con il bordo dell'emisfero (operazione nient'affatto facile da immaginare, anche se concettualmente possibile. Vedremo fra qualche riga i dettagli). Le due superfici incollate insieme dovrebbero formare una superficie senza più bordo i cui punti corrispondono biunivocamente alle rette passanti per l'origine. Questa superficie è uno dei modelli del piano proiettivo.

Siamo abituati a pensare che le superfici limitate e senza bordo (come la sfera e il toro) dividano lo spazio in un "dentro" e un "fuori". D'altro canto la superficie che stiamo costruendo, contenendo un nastro di Möbius, ha una sola faccia. Quindi non può avere un "dentro" e un "fuori": una formica che si trovasse a camminare "dentro" la superficie potrebbe, seguendo il nastro di Möbius, arrivare "fuori" senza mai bucare la sua prigione il che sembra un fatto assai bizzarro.

In realtà la nostra intuizione non è totalmente fuori strada. I modelli del piano proiettivo non possono essere realizzati nello spazio tridimensionale senza che la superficie intersechi se stessa nello stesso modo in cui è impossibile disegnare un nastro di Möbius su un foglio di carta senza che il bordo intersechi se stesso. Nel mondo tridimensionale possiamo realizzare nastri di Möbius senza intersezioni e in un ipotetico mondo con quattro dimensioni spaziali sarebbe possibile creare un modello del piano proiettivo senza intersezioni [1].

Quando guardiamo la superficie generata dal computer dobbiamo ricordarci che la linea lungo la quale la superficie interseca se stessa è un difetto della rappresentazione e non fa parte del modello.

Vediamo adesso le ultime fasi della costruzione.

Prima di incollare il nastro di Möbius all'emisfero bisogna "srotolare" il nastro stesso in modo che il bordo diventi un cerchio. Questa operazione non presenta problemi se consideriamo solo il bordo del nastro, come si vede nelle figure seguenti (Figg. 10-12).

Le cose si complicano se c'è anche la superficie. La trasformazione è difficile da visualizzare e anche il risultato finale (disponibile in numerose immagini statiche su Web o sotto forma di modelli solidi nelle collezioni dei dipartimenti di matematica) non è di immediata comprensione. In questo caso è molto utile l'animazione del processo di "srotolamento" che permette, grazie al movimento, di

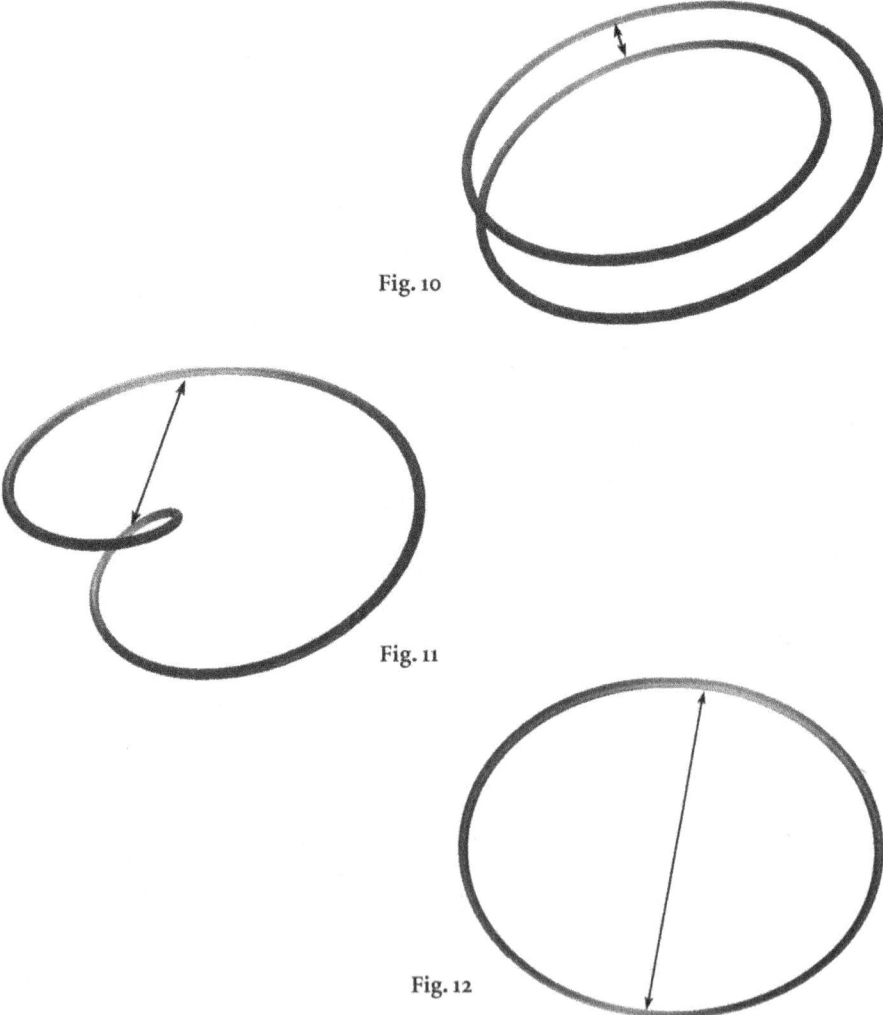

Fig. 10

Fig. 11

Fig. 12

Fig. 13

raggiungere una comprensione più profonda della struttura della superficie. Le immagini seguenti danno un'idea del processo. La superficie è visualizzata a strisce in modo da permettere di vedere anche le parti nascoste (Fig. 13).

Alla fine del processo otteniamo una superficie identica al nastro di Möbius, ma con il bordo disposto ad anello. Questa superficie si chiama *crosscap* (in italiano, *cappuccio incrociato* o *cuffia incrociata*) (Fig. 14).

Possiamo a questo punto cucire il bordo della semisfera con il bordo della cuffia incrociata ottenendo uno dei modelli del piano proiettivo (Figg. 15, 16).

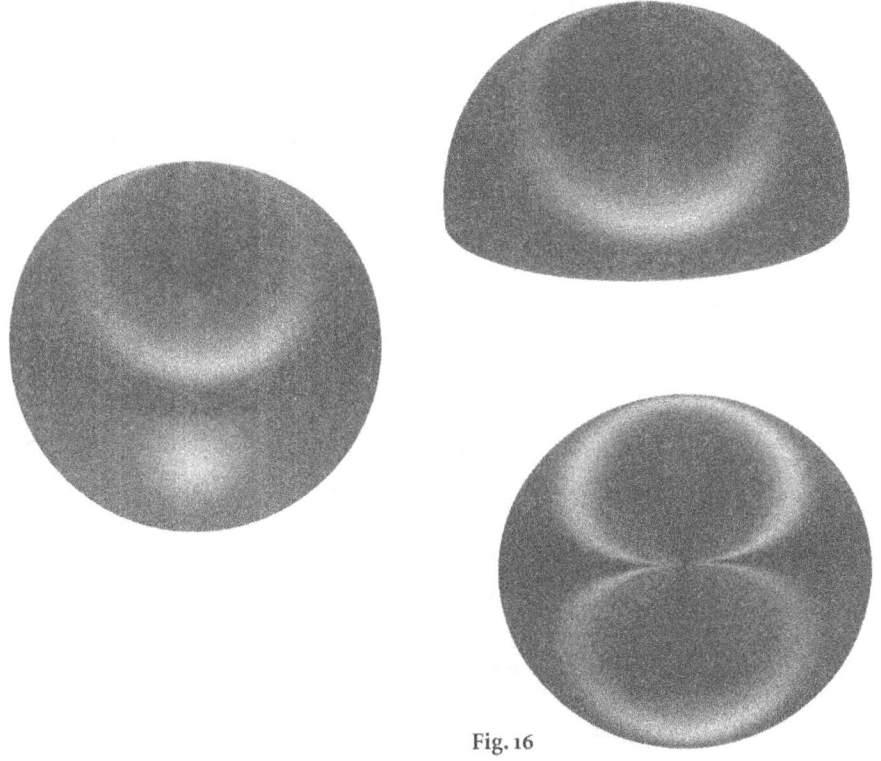

Fig. 16

Fig. 17

La bottiglia di Klein

L'ultima superficie di cui ci occuperemo prende il nome dal matematico Felix Klein.

Il metodo di costruzione è simile a quello che abbiamo usato per il nastro di Möbius. In questo caso si parte da un cilindro, e si incollano i due cerchi terminali. Anche in questo caso bisogna dare un "mezzo giro" alle estremità prima di incollarle, solo che questa volta l'operazione è più complessa. Anche la bottiglia di Klein, come i modelli del piano proiettivo, non può essere realizzata nello spazio tridimensionale senza autointersezioni. Come si vede nella figura seguente il cilindro si assottiglia ad una estremità, si piega, attraversa la superficie passando "all'interno" e poi si salda alla base della bottiglia (Fig. 17).

Superfici a una sola faccia

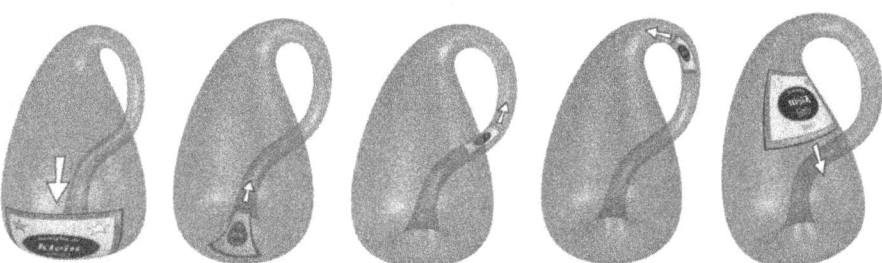

Fig. 19

È facile vedere che aver unito i cerchi dalla parte "sbagliata" assicura che la parte "esterna" della bottiglia sia collegata con la parte "interna": anche questa superficie non ha bordo, ma è unilatera.

Per illustrare questa proprietà non utilizzeremo la marcia delle formiche, ma un metodo diverso (che può essere usato anche per il nastro di Möbius).

Attacchiamo un'etichetta alla bottiglia (Fig. 18). A differenza delle etichette normali, questa non è appiccicata "fuori" o "dentro" la bottiglia di Klein, ma fa parte della superficie. Come nel caso della colorazione delle mappe sul nastro di Möbius l'etichetta è visibile sia da una parte sia dall'altra del "vetro".

Facciamo scorrere l'etichetta lungo tutta la bottiglia fino a riportarla nella posizione originale. Il processo deve essere abbastanza lento in modo che sia possibile seguire attimo per attimo l'evoluzione dell'etichetta sulla superficie semi-trasparente (Fig. 19).

Alla fine del giro l'etichetta risulta rovesciata come se fosse vista attraverso uno specchio (Fig. 20). Un altro giro, sempre nella stessa direzione, rimetterà le cose a posto.

Fig. 20

Usando un termine matematico possiamo dire che la superficie "non è orientabile". Questa è una proprietà delle superfici unilatere ed è una proprietà intrinseca. Non dipende dallo spazio che circonda la superficie, ma dalle caratteristiche topologiche della superficie stessa. Immaginiamo che un intrepido abitante di Flatlandia (l'universo bidimensionale inventato nel 1884 da Edwin Abbot nel racconto omonimo, [2]), parta per un'esplorazione verso i limiti del suo universo e dopo un lungo viaggio, senza mai invertire la rotta, si ritrovi al punto di partenza. Certamente dedurrebbe di trovarsi in un universo chiuso. Poi supponiamo che scopra che tutti i suoi ritrovati connazionali hanno il cuore dalla parte sbagliata e tutti gli orologi a lancette girano nel senso opposto. Dopo un istante di smarrimento il coraggioso esploratore potrebbe supporre che il suo universo abbia la forma di una bottiglia di Klein.

Come il modello del piano proiettivo, anche la bottiglia di Klein contiene un nastro di Möbius, anzi ne contiene due, come viene sottolineato da questo limerick anonimo:

A German topologist named Klein
Thought the Möbius Loop was divine
   Said he, "If you glue
   The edges of two
You get a weird bottle like mine."

In altre parole dovrebbe essere possibile incollare due nastri di Möbius per ottenere una bottiglia di Klein (mentre per ottenere il piano proiettivo bisognava incollare un nastro di Möbius con una semisfera).

Questa scomposizione della bottiglia di Klein non è immediatamente evidente. Anche in questo caso è utile usare un'animazione. Nell'immagine di partenza vediamo una bottiglia di Klein divisa in due. Una delle due parti è resa trasparente: possiamo ammirare il collo della bottiglia che si piega elegantemente verso l'interno e si raccorda con il fondo (Fig. 21).

Fig. 21

Superfici a una sola faccia

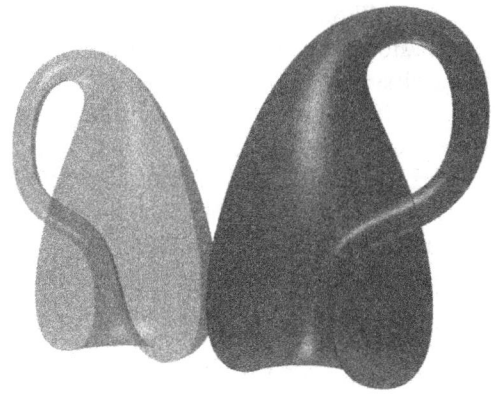

Fig. 22

Nei fotogrammi successivi le due metà si aprono come le valve di una conchiglia e si deformano con continuità fino ad apparire chiaramente equivalenti a due nastri di Möbius (Fig. 22, 23).

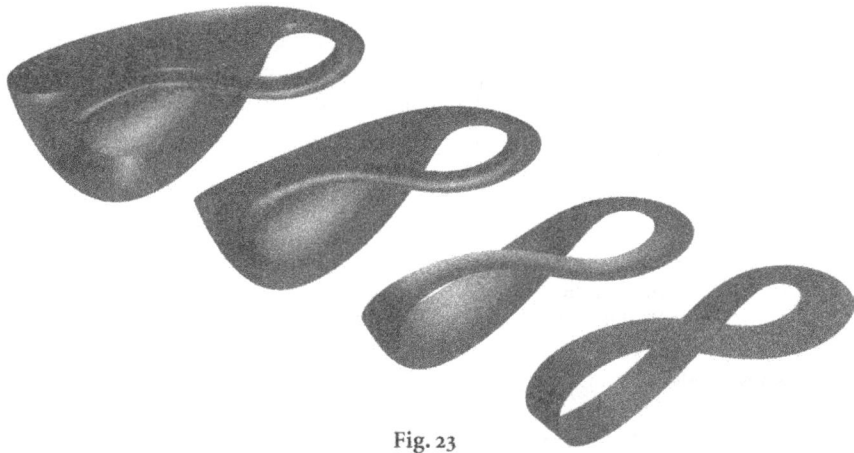

Fig. 23

Conclusioni

La nostra percezione delle forme e dello spazio deriva dalla costante osservazione e manipolazione degli oggetti che popolano la nostra vita quotidiana. Questi oggetti sono, per la maggior parte, concretizzazioni di forme semplici come sfere, cilindri, piani ecc.

Quando consideriamo oggetti più complessi la nostra intuizione non ci soccorre e a volte ci inganna. Rappresentazioni accurate degli oggetti matematici, siano disegni, immagini generate con il computer, sculture di gesso, modelli in vetro o addirittura fatti all'uncinetto, facilitano enormemente la comprensione e di fatto migliorano la nostra capacità di visualizzazione.

In questa schiera di strumenti per la divulgazione, le animazioni interattive sono particolarmente efficaci per illustrare alcuni concetti di topologia elementare. La visione di oggetti in movimento facilita la creazione di precise immagini mentali di strutture anche molto complicate. La possibilità di deformare a piacimento le superfici permette la rappresentazione di trasformazioni impossibili da realizzare su un modello solido. Infine l'immaterialità del software rende, in linea di principio, estremamente facile e conveniente la diffusione delle animazioni in tutto il mondo.

La potenza dei personal computer è cresciuta a tal punto che animazioni complesse e graficamente sofisticate, che utilizzano materiali semi-trasparenti e *texture*, possono "girare" su sistemi di costo relativamente basso in maniera interattiva, permettendo cioè un controllo totale sul punto di vista, sulla velocità dell'animazione, sui criteri di visualizzazione ecc. Infatti la presenza sul *world wide web* di animazioni interattive di questo tipo, sotto forma di *applet* Java, o applicativi scaricabili gratuitamente, è molto cresciuta negli ultimi anni.

Bibliografia

[1] T. Banchoff (1993) *Oltre la terza dimensione*, Zanichelli, Bologna
[2] E.A. Abbot (1996) *Flatlandia*, Adelphi, Milano 1966. Si veda anche M. Emmer (1994) *Flatland*, video in animazione, 22 minuti, Roma

Riferimenti in rete

Questo elenco raccoglie una selezione (necessariamente incompleta) di pagine web dedicate alla visualizzazione di superfici unilatere.

Gli indirizzi sono stati controllati il 5 novembre 2001.

Nastro di Möbius
Möbius
http://www-groups.dcs.st-and.ac.uk/~history/Mathematicians/Mobius.html
Informazioni biografiche su August Ferdinand Möbius

Möbius strip
http://www.cut-the-knot.com/do_you_know/moebius.html
La pagina dedicata al nastro di Möbius nel sito di Cut the Knot

Möbius strip II
http://www.worldofescher.com/gallery/MobiusStripIILg.html
La splendida incisione di Maurits Cornelius Escher raffigurante il nastro di Möbius

John Robinson and Ronnie Brown – Making the Möbius band
http://www.cpm.informatics.bangor.ac.uk/sculmath/mb.htm
Istruzioni per il montaggio e qualche modello in metallo

Construction of the Möbius strip and other surfaces
http://www.fc.up.pt/atractor/mat/Moebius/fr_constmoeb-e.htm
Animazioni interattive che illustrano varie superfici imparentate con il nastro di Möbius

Piano Proiettivo

Visualization of topologically non-trivial objects: projective plane and projective space
http://viswiz.gmd.de/~nikitin/vismat_html/vismat_html.html
Definizione del piano proiettivo e presentazione di diverse animazioni realizzate con il computer (è possibile vedere diverse immagini fisse tratte dalle animazioni)

The Projective Plane
http://www.geom.umn.edu/zoo/toptype/pplane/
Immagini sintetiche di tre rappresentazioni del piano proiettivo nello spazio tridimensionale

The Möbius Band and the Projective Plane
http://www.cpm.informatics.bangor.ac.uk/sculmath/plane2.htm
Viene illustrato il legame fra il nastro di Möbius e il piano proiettivo (seguendo una strategia leggermente diversa da quella presentata qui)

Educational video
http://viswiz.gmd.de/~nikitin/video/
In uno dei filmati si assiste alla costruzione del piano proiettivo a partire da un nastro di Möbius e da un disco

Bottiglia di Klein

Klein
http://www-groups.dcs.st-and.ac.uk/~history/Mathematicians/Klein.html
Informazioni biografiche su Felix Christian Klein

Acme Klein Bottle
www.kleinbottle.com/
L'autore vende modelli in vetro della bottiglia di Klein. Il sito è interessante e ricco di informazioni presentate in modo umoristico e fantasioso

Tour Klein / The Klein Bottle
http://www.math.brown.edu/~banchoff/art/PAC-9603/tour/klein/klein.html
Una bella immagine sintetica della bottiglia di Klein

Lots of view of the Klein Bottle
http://comp.uark.edu/~cgstraus/k/klein.2.html
Altre informazioni sulla bottiglia di Klein. I disegni sono tutti fatti con carta e matita

Varie

The math of non-orientable surfaces
http://www.math.ohio-state.edu/~fiedorow/math655/yale/math.htm
Informazioni generali sulle superfici non orientabili illustrate mediante numerose immagini animate

Homemade topological shapes
http://web.meson.org/topology/
Vengono presentati modelli del nastro di Möbius, del piano proiettivo e della bottiglia di Klein realizzati all'uncinetto!!

arte e geometria

Dio è ovunque

Charles Perry

Dio è ovunque è una frase che molti di noi hanno udito ben presto nella propria vita. Poi col passare del tempo le definizioni rituali di *Dio* vengono a dipendere dalla particolare religione.

Non entreremo nel merito di quelle definizioni o nelle crisi che esse causano. Non ci impelagheremo neppure nelle ragioni della nostra esistenza. Lasciateci solo ringraziare per essere qui. Possiamo farlo con la nostra arte e con la nostra scienza.

Le immagini recenti, trasmesse dal telescopio Hubble, della nebulosa Eagle, che si estende per centinaia di milioni di anni luce, sono state un colpo nella direzio-

Fig. 1. *Rondo*, stazione di Kinshicho, Tokio. 5,3 m, alluminio. *Rondo* a imitazione del rondò di Mozart è un nastro di Möbius avvolto tre volte su se stesso mentre scivola avanti e indietro proprio come la musica

Fig. 2. *Just Before Time*, residenza dell'artista. 65 cm, bronzo.
Just Before Time fu ideato immaginando la curvatura di un nastro di Möbius nel vuoto dello spazio appena prima del Big Bang

Fig. 3. *Galactic collision*, residenza dell'artista. 65 cm, bronzo.
Utilizza il tema della collisione di due galassie come tema dell'intersezione di due anelli che formano un nastro di Möbius nello spazio

Dio è ovunque

Fig. 4a, 4b. *Broken Symmetry*, Museum of Art, Università dell'Indiana. 6,5 m, alluminio. Giocando con il tema della simmetria, l'oggetto si rovescia mentre viaggia da un lato all'altro

Fig. 5. *Arch of Janus*, residenza McKenzie, Greenwich, CT. 4,5 m, in granito. Nastro di Möbius sul tema dell'arco di Giano a Roma

Fig. 6. *Blade*, Cummer Museum of Art, Jacksonville, FL. 1 m, bronzo. Modello di nastro di Möbius per il futuro

ne del *Dio è ovunque*. Lo spettrale calderone di stelle formatosi era solo un minuscolo esempio in una immensa nuvola di polvere.

Riconduciamo questo alla terra. Lungo la strada, ricordiamo quelle prime fotografie della Terra dallo spazio extra-atmosferico. Ora appaiono come fatti molto comuni, ma erano sbalorditive solo pochi anni fa. Procediamo ancora e raggiungiamo la terra dove avviene quasi tutto quello che conosciamo della vita.

Incontriamo un'altra citazione in direzione opposta. Questa volta riguarda l'architettura. *Dio è nei dettagli* di Mies Van Der Rohe negli anni Cinquanta, si applica facilmente e apertamente alla biochimica, alla fisica e alla meccanica quantistica. Ancora una volta troviamo i fremiti della raffinatezza del nostro universo.

Ci rendiamo conto che siamo solo una parte del pulviscolo che si muove su questa terra. In senso fisico è tutto ciò che siamo. È difficile immaginare che la nostra esigua quantità di massa riesca a fare cose di così grande importanza.

Se si osserva l'infinitamente piccolo nel nostro mondo, o, al di fuori di esso, verso l'universo ribollente, è onnipresente la paura dell'ignoto e dell'inconoscibile. È il limite della nostra conoscenza, le nostre frontiere di esplorazione. Ogni cosa all'interno di questi confini, ha i propri misteri, se la guardiamo con lo stesso sgomento.

Questo può essere l'ampio scenario per l'arte, oggi. L'arte dovrebbe affermare cosa sia attraverso la sua presenza. L'arte deve avere successo per sé e da sé senza bisogno di spiegazione. La spiegazione può aggiungersi all'arte ma non dovrebbe essere un pre-requisito perché noi possiamo goderne. Ai giorni nostri spesso non avviene. Alcuni credono che una spiegazione sia necessaria a priori per comprendere l'arte. Invece l'opera dovrebbe essere in grado di giustificarsi da sé. Si tratta di un fatto che avremmo dovuto apprendere dalla storia dell'arte. Larga parte della produzione artistica del nostro passato era illustrazione, eppure è riuscita ad avere successo per se stessi.

Nella mia scultura desidero distillare alcuni frammenti e essenze dell'universo. È un'opera di distillazione verso la forma pulita, semplice e finita che raggiunge il centro della nostra intuizione. Talvolta queste forme sono invenzioni, il loro centro sta nella matematica o nella fisica e il loro inizio deriva da teorie o domande semplici. Trovo che le scienze siano la mitologia del nostro tempo moderno. La scienza cambia le storie del nostro mondo. Si dice che la fantascienza di oggi sia sovente la scienza del futuro. Potremmo dire che anche il contrario è vero. La scienza dell'oggi è troppo spesso la finzione scartata del futuro (Figg. 1-6).

Fig. 7. *Sea & Sky*, Kokubu Civic Center, Kokubu, Giappone.
5,3 m, alluminio.
Nastro di Möbius su un tema suggerito dal sito

Riccardo Licata

Michele Emmer

> *Vi sono molte più cose in cielo e in terra di*
> *quante non ne sognino i filosofi.*
> W. Shakespeare, *Amleto*
> (Atto primo, scena quinta)

Non vi è dubbio che il grande vantaggio della matematica stia nella astrazione. I vantaggi dell'astrazione sono nel potere dell'universalità che permette di applicare una singola regola in circostanze diverse, nel portare chiarezza in situazioni altrimenti confuse tramite definizioni e dimostrazioni certe, pur con una grande libertà per la nostra immaginazione.

Si deve quindi parlare di creatività nella matematica come se ne parla nelle arti e nella musica. Ma che cosa c'è all'origine della creatività? Ecco l'opinione di un grande matematico scomparso qualche anno fa, Ennio De Giorgi:

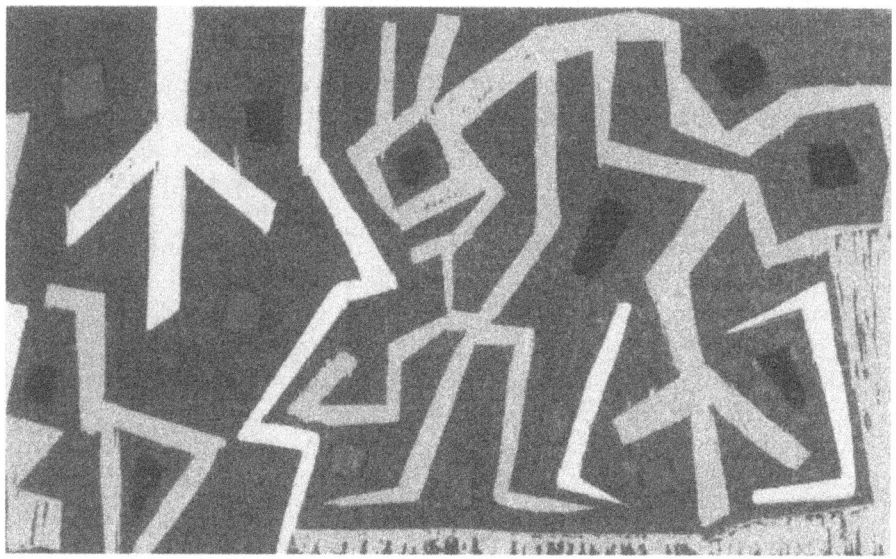

Fig. 1. Riccardo Licata, *Senza titolo*, 1996, xilografia a più matrici

Fig. 1. Riccardo Licata, *Senza titolo*, 1991, tecniche sperimentali su plexiglas

Io penso che all'origine della creatività in tutti i campi ci sia quella che io chiamo la capacità o la disponibilità a sognare; a immaginare mondi diversi, cose diverse, a cercare di combinarle nella propria immaginazione in vario modo. A questa capacità forse alla fine molto simile in tutte le discipline, matematica, filosofia, teologia, arte, pittura, scultura, fisica, biologia, si unisce poi la capacità di comunicare i propri sogni; e una comunicazione non ambigua richiede anche la conoscenza del linguaggio, delle regole interne proprie di diverse discipline.

Sogni, linguaggi, cifre, forme. I matematici indagano lo spazio, gli artisti creano lo spazio. I matematici hanno una loro logica, un loro linguaggio; gli artisti hanno anche loro un linguaggio, una logica, un loro mondo riconoscibile, anche se non sempre comprensibile. Certo mondi diversi, cifre e simboli diversi. Entrare nel loro mondo, coglierne degli aspetti, delle emozioni. Sto parlando degli artisti, dei matematici? Certamente di Riccardo Licata il cui mondo visivo, musicale, simbolico, cifrato è astratto e riconoscibilissimo, coerente, ma sempre diverso. Poetico, unico. Come la matematica.

Venezia

Introduzione

È divenuta oramai una consuetudine dei convegni matematica e cultura che si svolgono sempre dal venerdì pomeriggio al sabato sera, di organizzare una giornata dedicata a Venezia nella giornata di domenica. Inoltre negli stessi giorni del convegno si tiene una mostra nella Galleria Venezia Viva a Campo Sant'Angelo. Per il convegno del 2001 la mostra era dedicata a Licata. In questa sezione degli atti vengono riprodotte alcune delle opere in mostra e l'introduzione al catalogo. Inoltre la domenica è stato possibile visitare la fornace e la collezione particolare di vetri di Gian Paolo Seguso, della Seguso Viro, a Murano. Testo e illustrazioni sono inserite in questa sezione. Infine la domenica prevedeva una gita all'isola di San Francesco del deserto, isola fuori dal gran giro turistico della laguna, fortunatamente. Questo è la ragione per la pubblicazione dell'ultimo testo; si ringrazia l'autore e il Centro Internazionale della Grafica di Venezia per averlo permesso.

Mi sono poi ricordato di aver letto una storia di Corto Maltese scritta da Hugo Pratt molti anni fa che si svolgeva in parte nella piccola isola. Ho pensato di aggiungere un omaggio al grande maestro di storie veneziane, con cui ho avuto la fortuna di parlare un paio di volte. Le cinque tavole in bianco e nero sono tratte da *L'angelo della finestra d'oriente* del 1973, mentre l'immagine a colori è tratta da una delle mie storie preferite, *Sirat al bunduqiyyah* del 1979. Ringrazio la Lizard edizioni srl e la società Cong S.A. che detiene i diritti.

Hugo Pratt
da "L'angelo della finestra d'oriente"

© CONG S.A.

Vergogna dopo vergogna

GIAMPAOLO SEGUSO

Cosa posso raccontare del mio vetro pertinente al tema del convegno? Mi ritrovai con questa domanda piena di dubbi e di timori, quando Emmer mi rivolse l'invito a dare un contributo al convegno. Una mostra, mi sembrava la cosa più naturale. Ma quale mostra? Senz'altro avevo la paura di chi percepisce l'invito-rischio della sfida e l'emozione della piacevole compagnia.

Per togliere perplessità, Emmer insistette facendomi capire che il convegno ha un tema così ampio che si può paragonare a un cappello che può raccogliere qualsiasi capigliatura. Mi feci coinvolgere perché dentro, in fondo, ero già convinto.

Una settimana dopo, in una bella mattina di primavera, con mio figlio Andrea, guidati dal direttore del Museo Civico di Padova ho avuto la fortuna di gustare

gli affreschi di Giotto della Cappella degli Scrovegni prima della chiusura per il restauro. Che meraviglia. Rileggere la fede, percorrere la scrittura, restare affascinati dai simboli e dal mistero cristiano e toccare la bellezza. A un certo punto avvolti dalla magia e dall'entusiasmo di esser protagonisti di un percorso dentro la bellezza e stupiti da Giotto per la grande conoscenza e competenza del suo "mestiere", ci viene detto che quella magnificenza era stata fatta in 267 giorni. Rimango sbigottito. Ma come? Ma come è stato possibile – mi chiedo – in così poco tempo. Il segreto mi viene presto svelato. All'interno della cappella esisteva un vero e proprio laboratorio dove giovani, uomini, artigiani prestavano la loro opera accanto e sotto la direzione di Giotto. Il maestro aveva la sua orchestra per comporre la sua musica e amalgamava i suoni, le atmosfere, i crescendo e gli sfumati. Tutto attorno si muoveva al suo gesto, perfino il colore obbediva al suo cenno.

Di getto mi viene questa mia vergognosa presunzione. Oggi, sette secoli dopo, esiste un laboratorio che vuole insegnare e fare vetro alla stessa maniera. Che mette a disposizione di giovani e non, entusiasmi, conoscenze, invenzioni per tramandare l'arte del mestiere e, se possibile, stupire.

Mi sembrava un sogno e come in un sogno dico a mio figlio Andrea: "Noi stiamo facendo la stessa cosa, stiamo copiando quello che Giotto ha fatto sette secoli fa – e aggiungo – anche noi abbiamo la nostra orchestra: la Seguso Viro. E, così, lavorando ad un unico progetto, in poco tempo, facciamo molto."

Documenti narrano che alla fine del 1300 un Seguso, filius Antinii, viveva di vetro a Murano, e che da allora la lunga catena non ha mai saltato un anello, di generazione in generazione, di padre in figlio. Questa "arte" è stata tramandata come in una staffetta ininterrotta dove i protagonisti – i Vincenzo, i Benedetto, i Giovanni, i Lorenzo, gli Alvise, gli Isidoro, gli Andrea, gli Antonio, l'Archimede – erano sempre Seguso. Mi viene spesso chiesto se ho ricordi o vestigia del mio passato, al di là dei documenti negli archivi. Ahimè no! Nulla. Solo un'osella della Serenissima Repubblica, datata 1793, dove lo stemma di famiglia si presenta accanto ad altri tre ceppi, a dimostrare l'importanza che nella "scola" – oggi si direbbe, più banalmente, nella categoria – i Seguso godevano. Ho compreso solo in età matura quello che mi è stato lasciato in eredità... è il DNA, la passione, o meglio, nel suo significato primitivo, il sangue. C'è l'ho nel sangue. Dove "sangue" non è solo provenienza, ma è anche linfa vitale, è vita. Non so, per quale strana causa, il vetro per me rimane allo stesso tempo mezzo di espressione e signore del mio operare. Costantemente devo seguire le sue regole, obbedire alla sua natura per cercare di dominarla alla ricerca di un linguaggio espressivo che sappia raccontarsi. Resto dominato e dominante, sempre comunque apprendista, principiante di bottega ogni mattina all'inizio di una nuova avventura.

Ecco che, in questo mio spirito di combattente, la sfida si innesta e nasce la mia provocazione. Tutto è matematica? Anche la mie trasparenze? E perché no... farsi raccontare e raccontare attraverso riferimenti matematici gli effetti che un'opera di vetro può offrire a causa della trasparenza, dello spessore, della concavità, della convessità, per la luce e così via.

Vergogna dopo vergogna

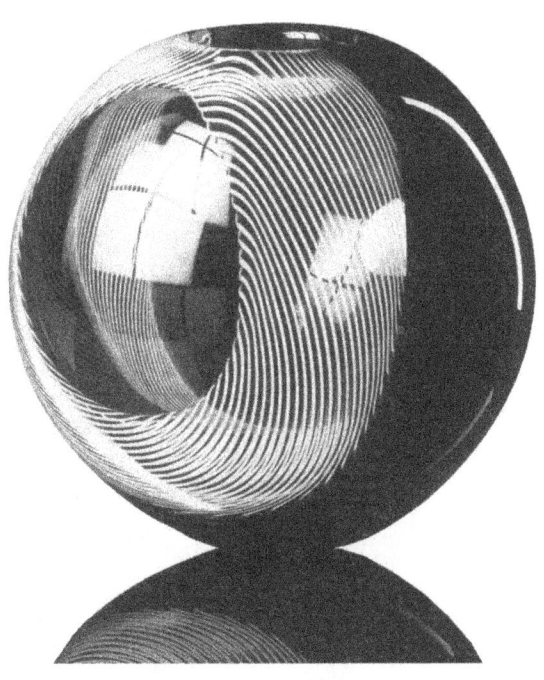

Ho sempre sostenuto, quando affrontavo la necessità di descrivere la materia vetro, che un oggetto di Murano si veste di luce e di trasparenze. La mia affermazione voleva naturalmente solo sottolineare l'aspetto affascinante del risultato estetico.

Invece no, questa provocazione mi dice che sono regole a governare il gioco, il gioco dei miei effetti e delle mie sorprese! Raccolgo la sfida e immagino un racconto fatto da una, dieci, venti sfere soffiate con un foro, praticamente dei normali vasi a forme di sfera, vestiti di volta in volta di tecniche diverse (filigrana, retortoli, spirali, incalmi e chi più ne ha più ne metta) di diverso spessore, in più colori, in paste vitree contrastanti, per raccontare con il vetro di matematica.

Così "regole" inventano effetti o forse sono cause di essi; l'artista vetraio diventa l'inconsapevole artigiano di formule, lo scalpellino del particolare non casuale, l'inceneritore del superfluo caotico!

Lasciatemi però sognare e credere: il tutto frutto di passione, di abnegazione, di pazienza, di amore senza limiti e senza regole.

Prima o dopo

Tutto, proprio tutto
di me
è vincolato a regole?
Se così è, ogni cosa,
prima o dopo,
si potrà spiegare.
Sarò spiegato dalla scienza.
Perché mi muovo,
perché ho fame,
perché amo,
perché invecchio,
perché prego,
perché muoio,
me lo spiegherai tu
o scienza.
Tutto questo però mi sembra
lontano da me,
un vortice che non mi appartiene.
E forse mi salverà
soltanto
la mia pazza vergogna,
che tu, o scienza,
mai potrai spiegarmi.

San Francesco nel deserto

Luciano Menetto

"... per trovare a conversione acerba troppo la gente..."

Con ogni probabilità nessuna cinta muraria avrebbe potuto proteggere così compiutamente la crescita di una civiltà, per di più ironica e tollerante come quella veneziana, quanto la segreta navigabilità della laguna. Non è difatti solo un'illusione che il tempo sia scivolato attorno all'isola di San Francesco del Deserto senza intaccarne la sostanza, senza sconvolgere e cancellare.

Osservata da lontano è un fitto bosco di cipressi di una tonalità resa ancora più intensa dal contrasto con il riflesso luminoso delle acque ferme e poco profonde che la circondano. È ancora una volta la dimostrazione del potere dell'acqua che sola può creare un eremo a poche centinaia di metri dal passaggio del turismo forsennato diretto a Burano e dalla vita contadina della vicina isola di Sant'Erasmo, dedita alla coltura dei superstiti, rigogliosi orti lagunari. L'isola è un'oasi francescana dove trova pace e cura chiunque ne abbia bisogno, sia pianta, uccello o uomo, nel pieno rispetto del dettato di San Francesco che la tradizione vuole sull'isola verso gli anni Venti del Duecento.

Francesco tornava dall'Egitto e dalla Palestina, amareggiato *"per trovare a conversione acerba troppo la gente"*. Ritornava in compagnia del discepolo Illuminato da Rieti a bordo di una nave veneziana pendolare di una rotta già secolare che univa il Levante a Torcello. È facilmente comprensibile che i due frati non si trovassero a loro agio nel trambusto della contrattazione, nel mercanteggiare di spezie e olio, seta, sale e rame nel tintinnio diabolico di argento e oro: cercarono pace e silenzio nella solitudine dell'isola "delle due vigne" all'ombra di un antico oratorio. È in questo angolo che il proprietario dell'isola (Jacopo Michiel) fece erigere pochi anni dopo la prima chiesa dedicata a Francesco, la prima dedicatagli in assoluto nel mondo. Lo stesso Michiel donò l'isola ai frati Francescani minori, ospiti del convento dei Frari a Venezia, i quali iniziarono la costruzione del nuovo convento, abbandonato solo nel 1420 (e fino al 1453). Fu probabilmente durante questi tre decenni desolati che l'isola si aggiunse l'appellativo "del deserto". L'isola è sempre stata abitata dai religiosi, anche con innesti di comunità di altri ordini – quali i Minori Osservanti che restaurarono sia il convento che la chiesa e disegnarono il chiostro rinascimentale – fino all'arrivo di Napoleone e al famoso editto di chiusura del 1806.

È difficile crederlo, ma l'isola della pace divenne un deposito di armi e munizioni, finchè Francesco I d'Austria destinò il luogo ai Francescani Minori che vi fecero ritorno nel 1858.

La laguna distrugge, la laguna costruisce. Guardando dalle terrazze di San Francesco in direzione di Torcello si incontrano le distese di barena coperte di *limonium* e di *salicornia* che le colorano di viola e di verde. Se si potesse viaggiare nel tempo si scorgerebbero le chiese, le case, le barche e la villa romana (una delle ville di Altino cantate da Marziale) di Costanziaca, isola scomparsa, disintegrata dalla corsa dell'acqua assieme alle sue calli, al porto e alle voci dei suoi abitanti. È stata abitata per mille anni e non rimane traccia se si esclude qualche frammento di pietra o di terracotta che spunta dall'argilla dell'argine. Navigando nel tempo si potrebbe approdare alla vicina isola di Santa Cristina e perdersi nel vuoto del monastero, nei chiostri e tra gli orti dove vive in solitudine da trent'anni l'abbadessa Filippa Condulmer. A poche centinaia di metri si incontrerebbe l'isola di San Lorenzo e Ammiana e dove ora il vento scuote canne e nidi di svassi, si potrebbero ammirare le sette chiese dove vollero essere sepolti i primi dogi, edifici ricordati per essere stati "la meraviglia di chiunque portavasi a visitarli". Ma sarebbe un viaggio ingiusto. Forse è meglio passare e dimenticare, come insegna la marea.

S. Francesco nel deserto. Si ringrazia il Centro Internazionale della Grafica di Venezia per aver concesso la riproduzione dell'immagine

Autori

John D. Barrow	*DAMTP, Center for Mathematical Sciences, Cambridge University*
Carmen Bonell	*Departamento de Composición Arquitectónica, Escuela Técnica Superior de Arquitectura del Vallés, Universidad Politécnica de Cataluña, Barcelona España*
Paolo de Bernardis	*Dipartimento di Fisica, Università "La Sapienza", Roma*
Michel Ciment	*Storico e critico del cinema Università di Paris VII, Paris, France*
Apostolos Doxiadis	*Scrittore e regista teatrale e cinematografico Atene, Grecia*
Maria Dedò	*Dipartimento di Matematica "F. Enriques", Università di Milano*
Michele Emmer	*Dipartimento di Matematica, Università "La Sapienza", Roma*
Paulus Gerdes	*Ethomathematics Research Centre, Maputo, Mozambique*
Denis Guedj	*Matematico e scrittore Università di Paris VIII, Paris, France*
Margherita Hack	*Dipartimento di Astronomia, Università di Trieste*
Giorgio Israel	*Dipartimento di Matematica, Università "La Sapienza", Roma*
Marco Li Calzi	*Dipartimento di Matematica Applicata, Università "Ca' Foscari" di Venezia*
Silvia Masi	*Dipartimento di Fisica, Università "La Sapienza", Roma*
Luciano Menetto	*Poeta e scrittore, Venezia*
Martina Morasso	*Danzatrice e coreografa, Tanztheater Irina Pauls, Heidelberg*
Pietro Morasso	*DIST Università di Genova*

James W. McAllister	*Facoltà di Filosofia, Università di Leiden, Paesi Bassi*
Tom Noddy	*Fantasista delle bolle di sapone, USA*
Robert Osserman	*Mathematical Sciences Research Institute, Berkeley, CA*
Charles Perry	*Artista, Norwalk, CT, USA*
Alfio Quarteroni	*Ecole Polytechnique Fédérale, Lausanne e Politecnico di Milano*
Luca Ronconi	*Regista, Milano*
Giampaolo Seguso	*Seguso Viro Murano, Venezia*
Simon Singh	*Scrittore scientifico freelance Londra, Inghilterra*
Italo Tamanini	*Dipartimento di Matematica, Università di Trento*
Gian Marco Todesco	*Digital Video s.r.l.*

Ringraziamenti

Le immagini inserite nell'articolo "Da *Kubrick e il fantastico*" di Michel Ciment tratte dal film "2001: Odissea nello spazio" sono di proprietà della United International Pictures, che ringraziamo per la gentile concessione.

Collana Matematica e cultura

Volumi pubblicati

M. Emmer (a cura di)
Matematica e cultura
Atti del convegno di Venezia, 1997
1998 – VI, 116 pp. – ISBN 88-470-0021-1 (*esaurito*)

M. Emmer (a cura di)
Matematica e cultura 2
Atti del convegno di Venezia, 1998
1999 – VI, 120 pp. – ISBN 88-470-0057-2

M. Emmer (a cura di)
Matematica e cultura 2000
2000 – VIII, 342 pp. – ISBN 88-470-0102-1 (*edizione inglese in prep.*)

M. Emmer (a cura di)
Matematica e cultura 2001
2001 – VIII, 262 pp. – ISBN 88-470-0141-2

M. Emmer, M. Manaresi (a cura di)
Matematica, arte, tecnologia, cinema
2002 – XIV, 285 pp. – ISBN 88-470-0155-2 (*edizione inglese in prep.*)

M. Emmer (a cura di)
Matematica e cultura 2002
2002 – VIII, 277 pp. – ISBN 88-470-0154-4

GPSR Compliance
The European Union's (EU) General Product Safety Regulation (GPSR) is a set of rules that requires consumer products to be safe and our obligations to ensure this.

If you have any concerns about our products, you can contact us on

ProductSafety@springernature.com

In case Publisher is established outside the EU, the EU authorized representative is:

Springer Nature Customer Service Center GmbH
Europaplatz 3
69115 Heidelberg, Germany

www.ingramcontent.com/pod-product-compliance
Lightning Source LLC
Chambersburg PA
CBHW071612100426
42873CB00003B/25